개정판

# 식품위생학

# FOOD HYGIENE

PREFACE

# 머리말

사회적, 경제적 소득 수준이 향상됨에 따라 안전한 식품에 대한 추구 및 기대는 소비자뿐만 아니라 식품 공급사슬상의 종사자 모두에게 매우 중요한 문제이며 관심사가 되었다. 그러나 식품의 국제적 교역이 급증하면서 수입식품의 증가, 기후 변화에 따른 농약 및 항생물질의 사용 증가로 항생제 내성균 증가, IT산업 발전에 따라 식품 생산 및 유통 환경의 변화, 분석기술의 발달에 따른 새로운 물질 검출, 인구 구조 변화에 따른 외식, 간편식 증가 등 식품 섭취 행태의 변화는 식품의 안전을 위협하는 새로운 환경을 제공하게 되었다. 또한 식품안전관리 범위인 '농장에서 식탁까지'에서의 식품 공급사슬 환경의 복잡성과 다양성이 식품위생·안전관리 방법에도 큰 변화를 요구하게 되었다.

이 책의 구성을 간단히 소개하면 chapter 1에서는 국내·외 식품 환경의 변화에 따라 식품의 안전을 위협하는 생물학적, 화학적, 물리학적 위해요소들의 특징과 과학적인 data에 기반을 둔 식품위생안전 관리 도구 및 방법에 대한 최신 정보를 제시하였다. chapter 2, 3에서는 생물학적 위해요소에 의한 식중독 발생 현황 및 세균성 식중독에 대한 특징 및 예방법 등을 제시하였으며, chapter 4에서는 잔류농약, 식품알레르기 등을 포함한 화학물질에 의한 식중독 특징과 관리방법을 chapter 5에서는 식품 또는 식수 등이 매개가 되는 감염병에 대한 이해 및 예방법을 제시하였다. chapter 6, 7, 8에서는 식품의 안전성을 확보하기 위한 관리대상별 관리방법을 포함하여 위생검사 종류 및 방법을 설명하였으며, 식품안전관리인증HACCP의 중요성 및 식품산업체와 급식에서의 적용방법 등을 소개하였다. 마지막으로 chapter 9에서 식품첨가물의 안전성 평가 및 국내·외 기준규격 관리법 등에 대한 내용을 기술하며 식품 위생 및 안전을 위협하는 요인들에 대한 올바른 정보와 사전예방적 관리방법에 대한 이해를 돕기 위한 최신 정보를 포함시키려고 노력하였다.

이 책은 대학에서 식품산업 관련 전문분야 진출을 준비하는 학생들의 교재뿐만 아니라 식품산업체에서 식품 위생·안전 관리 분야에 종사하는 분들의 참고서적으로 사용이 가능하도록 집필하였다. 각 대학에서 식품위생학을 강의하고 식품 위생·안전 관리 분야에서 오랜 연구를 해온 저자들이 심혈을 기울여 노력하였으나, 부족한 부분이 많이 있을 것으로 생각된다. 식품 위생·안전 관리에 관심을 가지고 공부하는 분들에게 유익한 자료로 활용될 수 있기를 바라며, 앞으로 계속적인 수정 보완을 통해 정확하고 필요한 지식을 전달할 수 있는 책이 될 수 있도록 노력할 것을 약속드린다.

이 책이 출간되기까지 많은 격려와 도움을 주신 파워북 유제구 사장님과 편집·출판을 위해 애써주신 임직원들께 깊이 감사드린다.

저자 일동

CONTENT

# 차례

## 세균성 식중독 3

# 4 화학물질에 의한 식중독

## 식품과 감염병 5



## 위생안전 관리 6

## 식품위생 검사 7



## 식품 및 축산물 안전관리 인증기준 8

## 식품첨가물 9

CHAPTER

# 1

# 식품위생의 개요 및 행정

1. 식품 위생·안전 관리의 중요성
2. 과학적인 식품 위생·안전 관리도구
3. 미생물학적 위해요소관리 방법

## 1. 식품 위생·안전 관리의 중요성

### 1) 식품환경의 변화와 도전

최근 인구의 고령화, 여성의 경제활동 확대, 국민소득의 증가 및 식생활의 서구화 등의 영향으로 식품의 소비패턴이 변하고 있다. 또한 세계무역기구World Trade Organization, WTO의 출범과 함께 식품의 국제교역이 급증하면서 수입식품의 증가, 기후 변화에 따른 농약 및 항생물질의 사용 증가, 식품 생산 및 유통 환경, 식품 섭취 행태의 변화 등은 식품의 안전을 위협하는 위해요인의 다양성을 초래하고, 안전관리 대상 및 방법에 있어서도 큰 변화를 요구하게 되었다. 현재 전 세계적으로 식품안전이 위협받는 요인을 정리하면 다음과 같다 그림 1-1.

◎ 신선하고 최소 가공식품에 대한 소비자 요구도 증가
◎ 기술, 기후 변화 등 식품 생산 환경의 변화에 따른 새로운 유해물질 대두
◎ 식품의 대량생산과 식품 공급체인의 글로벌화
◎ FTA 등을 통해 형성된 자유무역 환경에 따른 수입식품 증가
◎ 고령화 시대에 따른 노인인구 증가 등 면역 취약 인구의 증가
◎ 급식, 외식 증가 등의 식생활 소비패턴의 변화
◎ 미생물의 환경 적응력(항생제 내성균 증가 등)

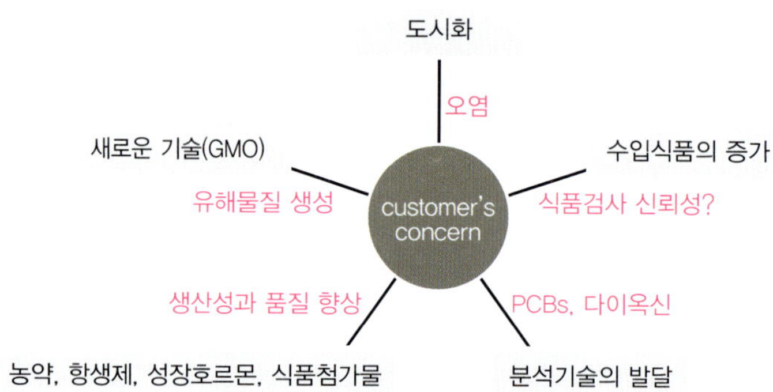


그림 1-1 **식품안전을 위협하는 요인**

## 2) 식품 위생·안전 관리

### (1) 식품 위생·안전의 정의

우리나라의 식품산업은 1962년 「식품위생법」을 제정하여 식품안전관리의 근간을 마련하였다. 우리나라 「식품위생법」 제2조(정의)제1항에 따르면 식품이란 "의약으로 섭취하는 것을 제외한 모든 음식"으로 정의하며 여기에는 농산물, 축산물, 수산물 및 그 가공품 등을 모두 포함하고 있다. 제2조제11항에서는 식품위생에 대한 정의를 "식품, 식품첨가물, 기구 또는 용기·포장을 대상으로 하는 음식에 관한 위생을 말한다."라고 명시되어 있다.

식품위생에 대한 정의를 살펴보면 세계보건기구World Health Organization, WHO에서는 식품위생을 "식품의 재배, 생산 및 제조부터 최종 섭취되기까지 모든 단계에서 식품의 안전성, 건전성을 확보하기 위해 필요한 모든 대책으로 정의하고 있다. 또한 세계식량농업기구Food and Agriculture Organization of the United Nations, FAO와 세계보건기구WHO가 합동으로 설립한 국제식품규격위원회Codex Alimentarius Commission에서는 "인간이 섭취하기에 적절한 안전하고 건전한 제품을 확보하기 위한 생산, 가공, 저장, 유통단계에서 필요한 조건과 방법"으로 식품위생을 정의하고 있다.

식품위생의 표기는 WHO 및 유럽국가에서는 'food hygiene', 미국에서는 'food sanitation'으로 사용하고 있다. 여기서 위생hygiene, sanitation이란 라틴어의 'sanitas'에서 유래된 것으로 건강health을 뜻하는데 위생적으로 좋은 건강상태를 유지하는 것으로 해석할 수 있다.

사람은 식품에서 영양분을 공급받아 삶을 영위하기 때문에 식품은 우리에게 반드시 필요한 물질이다. 그러나 때때로 식품의 안전을 위협하는 여러 유해물질에 오염된 식품을 섭취하면 우리의 건강이 위협받게 된다. 따라서 식품의 안전성을 확보하기 위

> **식품위생의 정의**
>
> **Food hygiene** comprises conditions and measures necessary for the production, processing, storage and distribution of food designed to ensure a safe, sound, wholesome product fit for human consumption.

해 식품의 섭취가 건강에 나쁜 영향을 주지 않도록 병원성 식중독균 및 화학적 유해물질이 함유되지 않도록 식품의 안전성이 보장된 조건과 조치가 식품위생이라고도 할 수 있다.

### (2) 식품위생의 목적

「식품위생법」 제1조에서는 「식품위생법」의 목적을 "식품으로 인한 위생상의 위해를 방지하고 식품영양의 질적 향상을 도모하며 식품에 관한 올바른 정보를 제공하여 궁극적으로 국민보건의 증진 및 향상에 이바지함"이라고 하였다. 이는 식품으로 유해물질의 혼입을 막고, 식품으로 인해 인체에 해가 될 수 있는 원인물질 및 위험요인을 제거하여 안전한 식품이 소비자에게 전달될 수 있도록 하는 것이 식품 위생·안전 관리의 주목적임을 의미한다.

식품 안전관리 범위에 대한 국내·외 원칙은 생산에서 소비단계까지를 의미하는 '농장에서 식탁까지' 일괄 관리체계를 구축하여 검증된 위해성평가를 통해 과학적 사실에 근거한 위해요소를 관리하고, 위해요소를 사전에 예방하는 사전예방적 관리HACCP를 목표로 한다 그림 1-2. 따라서 전 세계의 농장에서 오는 식재료가 우리의 식탁에 안전하게 오르도록 식품 안전과 품질에 대한 국제표준규격의 통합 및 식품유통 안전관리 강화가 필요하다.

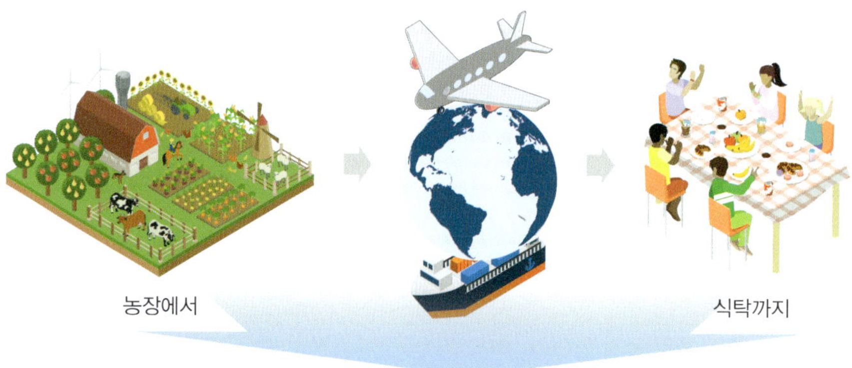


그림 1-2 식품 안전관리의 범위

### 3) 식품 위생·안전 관리 행정조직

#### (1) 식품위생행정제도

우리나라에서 식품위생관리와 관련된 법으로는 「식품위생법」이 주축이 되고 있다. 「식품위생법」은 1962년 1월 20일 법 제1007호로 제정·공포되었으며, 2021년 7월 27일 제18363호로 일부 개정되어 현재 총 13장 102조 및 부칙으로 구성되어 있다. 그 외 대통령령인 「식품위생법 시행령」, 총리령인 「식품위생법 시행규칙」 및 식품의약품안전처장의 훈령, 예규, 고시 등이 있다.

「식품위생법」은 식품위생상의 위해 방지를 위한 일정 요건과 의무를 요구한다. '시행령'은 「식품위생법」에서 위임받은 사항과 「식품위생법」을 시행하기 위해 필요한 구체적인 사항을 규정하며, 2021년 6월 22일 대통령령 31823호로 일부 개정된 전문 67조와 부칙으로 구성되어 있다. '시행규칙'은 「식품위생법」 및 '시행령'에서 위임된 사항과 시행에 필요한 사항을 규정함을 목적으로 하며, 2021년 6월 30일 총리령 제1715호로 일부 개정되어 현재 101조와 부칙으로 구성되었다. '고시'는 「식품위생법」, '시행령', '시행규칙'에서 위임받은 사항과 구체적인 집행에 관한 사항을 규정하고, 개정은 입법예고, 공포 등의 절차를 거치며 필요에 따라 공청회 또는 식품위생심의위원회 심의를 거쳐 발표하게 된다.

#### (2) 식품위생행정 조직 및 기능

우리나라의 식품위생행정의 중앙기구인 식품의약품안전처는 1996년 4월 보건복지부 소속 '식품의약품안전본부'로 출발하여 1998년 2월에는 식품의약품안전청으로 개칭되었으며, 2013년 3월에 '식품의약품안전처'로 격상되어 식품위생행정을 총괄적으로 담당하고 있다. 식품의약품안전처는 총리실 산하의 중앙행정기관으로, 소속기관에는 식품의약품안전평가원과 6개 지방청, 13개 검사소에서 식품위생행정 업무를 담당하고 있다.

소속기관인 식품의약품안전평가원에서는 식품, 의약품 등의 위해성평가 및 시험방법 개발, 의약품·의료기기 등의 허가와 심사를 담당한다. 6개 지방청에서는 위해식품, 의약품에 대한 지도, 단속, 회수, 폐기 및 수입식품 검사, 의약품 등과 관련해서 업체 실사를 관장한다. 17개 검사소는 식품위생행정을 과학적으로 뒷받침하는 시험·연구

기관으로 시·도 보건환경 연구원이 있다.

다음 그림 1-3, 1-4, 1-5는 식품의약품안전처 본부, 식품의약품안전평가원, 식품의약품안전처 지방청 행정조직도이다.

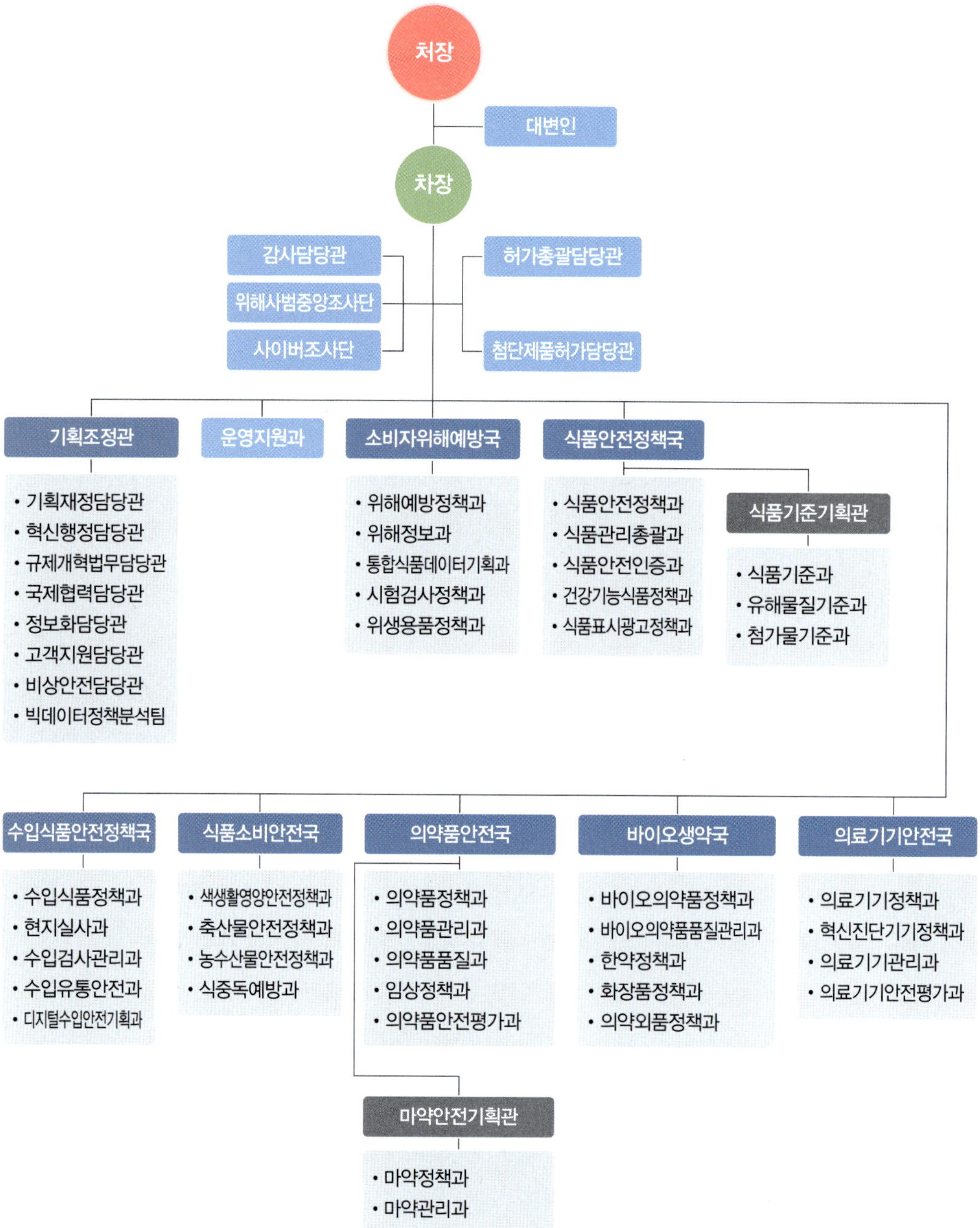


그림 1-3 **식품의약품안전처 본부 조직도**

출처 : 식품의약품안전처 홈페이지, 2021년 11월 현재

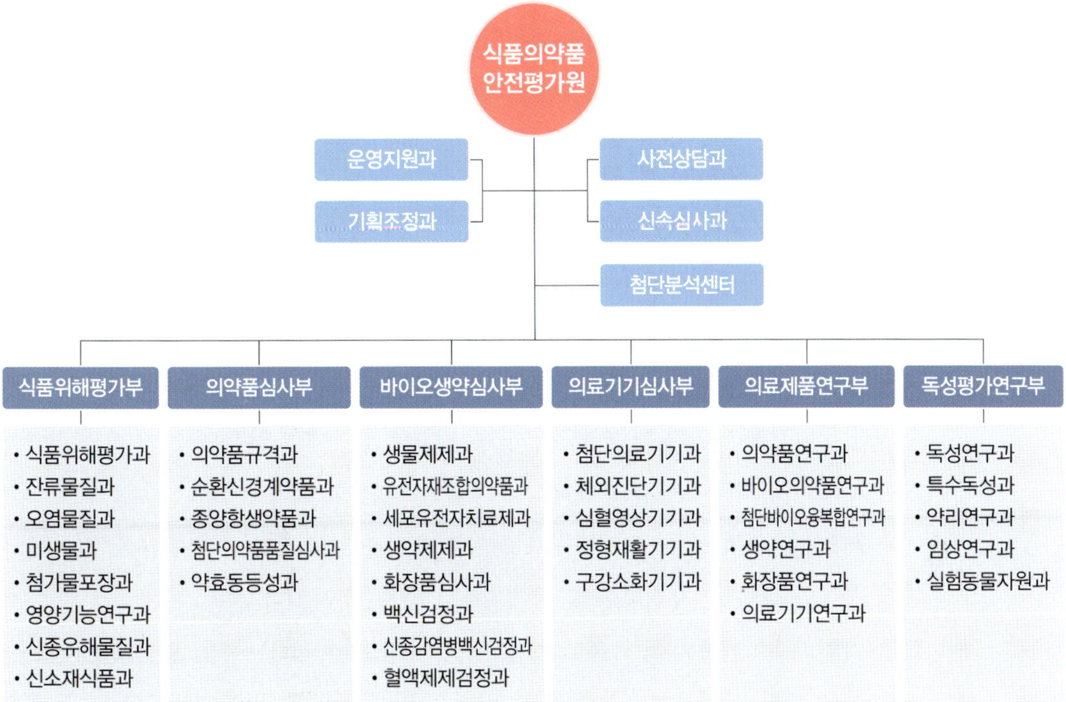


그림 1-4 **식품의약품안전평가원 조직도**

출처 : 식품의약품안전처 홈페이지, 2021년 11월 현재

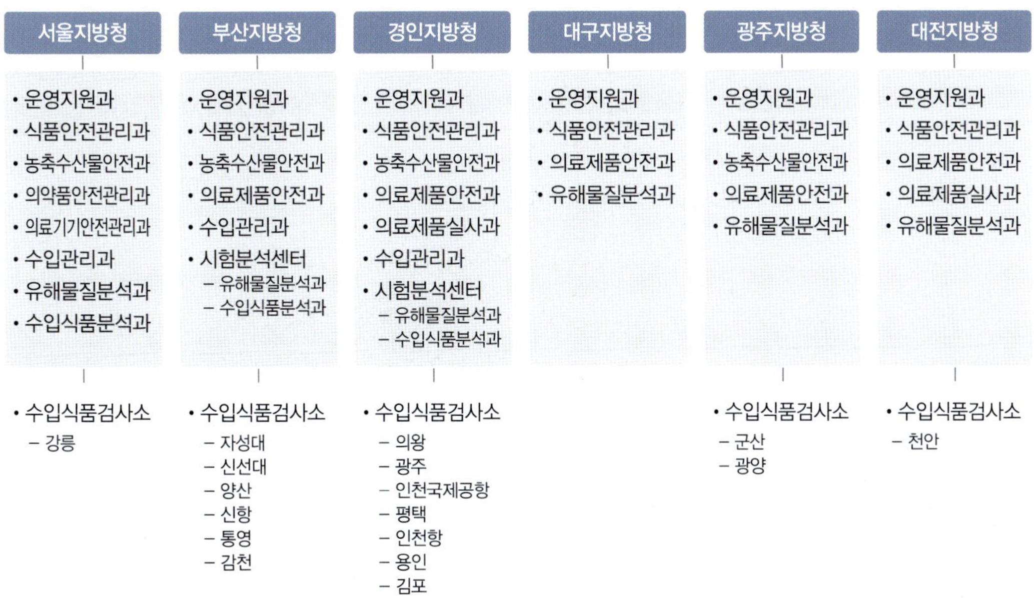


그림 1-5 **식품의약품안전처 지방청 행정 조직도**

출처 : 식품의약품안전처 홈페이지, 2021년 11월 현재

### (3) 식품위생행정제도

우리나라의 주요 식품위생행정제도로는 회수제도, 식품안전관리인증기준, 제조물책임법, 식품위생검사 등이 있다.

#### ① 회수제도 : 「식품위생법」 제45조

식품회수food recall제도는 식품이 유통되는 과정에서 위해한 식품으로 판명되었을 때 해당 식품영업자가 문제의 식품을 자발적 또는 행정당국의 회수명령에 의해서 회수 및 폐기하여 소비자를 위해식품으로부터 사전에 보호하기 위한 제도적 장치이다. 회수제도의 기능을 보면, 소비자의 입장에서 결함제품에 의한 피해의 확산을 방지하여 안전한 소비생활 영위가 가능하도록 하며, 기업의 입장에서 안전사고를 미연에 방지함으로써 소비자 피해에 대한 손해배상의 부담을 줄일 수 있다.

회수대상은 위해요인이 발생했거나 발생할 우려가 있는 식품, 식품첨가물, 기구, 용기 포장 등이다. 회수는 자진회수 및 강제회수로 구분할 수 있다.

◎ 자진회수 : 판매의 목적으로 식품 등을 제조·가공·소분·수입 또는 판매한 영업자는 해당 식품이 안전을 위반한 사실을 알게 되었을 경우 지체 없이 유통 중인 식품 등을 회수하거나 회수하는 데 필요한 조치를 하여 스스로 결함을 시정하는 것이다.

◎ 강제회수 : 위생상의 위해가 발생하였거나 발생할 우려가 있다고 인정되는 때에는 정부는 영업자에 대하여 유통 중인 당해 식품에 대해 회수폐기를 명할 수 있으며, 제조자는 정부의 명령에 의해 제조, 판매금지 및 결함사실 등의 리콜 절차를 이행하는 것이다.

#### ② 식품안전관리인증기준 : 「식품위생법」 제48조제1항

식품안전관리인증기준Hazard Analysis and Critical Control Point, HACCP은 식품의 원료관리 및 제조·가공·조리·소분·유통의 모든 과정에서 위해한 물질이 식품에 섞이거나 식품이 오염되는 것을 방지하기 위하여 각 과정의 위해요소를 확인·평가하여 중점적으로 관리하는 기준이다. 우리나라에서는 1995년 「식품위생법」 제32조제2항에 '위해요소중점관리기준'을 신설하여 적용하였으며, 현재는 식품별로 식품안전관리인증기준을 정하여 고시할 수 있도록 하고 있다.

이 기준은 식품의 원재료인 농수축산물의 재배·사육·채취 등의 생산단계부터 제

### 식품안전관리인증기준 대상식품(식품위생법 시행규칙 제62조)

1. 어육가공품 중 어묵·어육소시지
2. 냉동수산식품 중 어류·연체류·조미가공품
3. 냉동식품 중 피자류·만두류·면류
4. 과자류 중 과자·캔디류·빙과류
5. 음료류
6. 레토르트식품
7. 김치류 중 배추김치
8. 빵 또는 떡류 중 빵류·떡류
9. 코코아가공품 또는 초콜릿류 중 초콜릿류
10. 면류 중 국수·유탕면류
11. 특수용도식품
12. 즉석섭취·편의식품류 중 즉석섭취식품

12의2. 즉석섭취·편의식품류의 즉석조리식품 중 순대

13. 식품제조·가공업의 영업소 중 전년도 총 매출액이 100억 원 이상인 영업소에서 제조·가공하는 식품

조·가공·보존·유통을 거쳐 최종 소비될 때까지의 모든 단계에서 유입될 우려가 있는 위해요소에 대하여 조사·분석Hazard Analysis, HA한 후 주요 작업단계에 중요관리점Critical Control Point, CCP을 설정하여 중점 관리함으로써 식품의 안전성을 확보하는 제도로 최종 목적은 위해 식품의 유통을 사전에 예방할 수 있도록 마련한 과학적·체계적 식품안전 관리기법이다.

**③ 제조물책임법**

이 법은 제조물의 결함으로 발생한 손해에 대한 제조업자 등의 손해배상책임을 규정함으로써 피해자 보호를 도모하고 국민생활의 안전향상과 국민경제의 건전한 발전에 이바지함을 목적으로 한다. 여기서 제조물의 결함이라는 것은 제조상의 결함, 설계상의 결함, 표시상의 결함을 말한다. 「제조물책임법Product Liability Act, PL법」은 식품의 결함과 소비자가 입은 손해와의 인과관계만 증명할 수 있다면 기업의 책임 유무에 관계없이 기업을 제소할 수 있어 기업은 엄격한 위생관리를 통해 안전한 제품을 생산하도록 해야 한다.

#### ④ 식품위생검사제도

식품위생검사제도는 식품, 식품첨가물, 기구 및 용기, 포장 등에 대한 위생검사제도로서 식품위생관리의 시작인 동시에 마지막 단계가 되기도 한다. 식품위생검사의 중요한 의의는 다음과 같다.

◎ 식품에 의한 위해방지를 위하여 안전한 식품을 확보하고 그 안전성을 확인 및 유지하기 위한 수단으로 행해진다.

◎ 식품과 관련한 위해, 즉 식중독 등이 발생하였을 때 원인규명을 위하여 식품위생검사를 실시한다. 이때는 추정원인식품, 가검물 및 기타 검체 등 다양한 시료가 검사 대상이다.

◎ 식품위생관리의 대책 수립과 지도, 규제 등을 위하여 식품위생과 관련된 사실과 상황을 파악하고자 할 때 식품위생검사를 실시한다.

식품은 생산, 가공 과정 중에 발생하는 화학적·생물학적·물리적 위해요소에 의해 그 식품을 먹는 사람에게 건강에 위해를 줄 수 있다. 따라서 식품위생검사를 통해 식품에 화학적·생물학적·물리적 위해요소의 여부를 확인하여야 한다. 따라서 식품위생검사방법에는 관능검사, 생물학적 검사, 화학적 검사, 물리적 검사, 독성검사 등이 있다.

국내 식품위생검사는 일반식품과 수입식품으로 구분하여 검사를 실시한다.

◎ 일반식품의 검사 : 「식품위생법」에 의한 검사는 감시 차원에서 공무원이 행하는 수거검사와 식품영업자가 자율적으로 행하는 자가 품질검사로 구분할 수 있다.

◎ 수입식품의 검사 : 「수입식품안전관리특별법」에 따라 판매를 목적으로 하거나 영업상 사용하기 위하여 수입하는 식품(수산물 제외), 식품첨가물, 기구 또는 용기·포장에 대해 검사를 실시한다. 지방식품의약품안전청장은 미리 수입신고한 식품 등에 대하여 서류검사, 현장검사, 정밀검사 또는 무작위표본검사를 실시한다.

#### ⑤ 식품이력추적관리제도

식품을 제조가공단계부터 판매단계까지 각 단계별로 정보를 기록·관리하여 그 식품의 안전성 등에 문제가 발생할 경우 그 식품을 추적하여 원인을 규명하고 필요한 조치를 할 수 있도록 관리하는 것을 말한다. 이 제도는 소비자에게 구입하려는 식품에 대한 정보를 제공함으로써 안전한 식품선택을 위한 소비자 알권리를 보장하고 해당 식품의 안전성 등에 문제가 발생할 경우 신속한 유통차단과 회수조치를 할 수 있도록 관리하는 제도로 해당 제품의 소비기한 또는 품질유지기한이 경과한 날부터 1년 이상 확인할 수 있도록 하여야 한다(개정 2021.8.17.).

### (4) 식품 등의 기준 및 규격 설정

식품 중 유해물질의 기준·규격 설정은 유해물질을 관리하기 위한 수단으로 식품섭취를 통한 인체 위해발생 가능성을 차단하고 안전성을 보장할 수 있도록 유통, 판매를 목적으로 하는 식품 등의 위해요소 관리를 목적으로 설정해 놓은 법적 판단을 위한 규정이다.

특정식품에 특정 유해물질의 기준 규격을 설정하는 것은 물질에 따라 유해물질을 안전수준 이내로 관리하여 안전성을 보장하기 위함과 사용목적과 인정요건에 대한 준수 여부를 확인하는 것으로, 「식품안전기본법」 제4조에 따르면 국가는 규격 설정에 관한 책임과 의무가 있음이 제시되고 있다.

**식품안전기본법 제4조(국가 및 지방 자치단체의 책무)**

국가 및 지방자치단체는 식품 등의 생산·제조·가공·조리·포장·보존 및 유통 등에 관한 기준과 식품 등의 성분에 관한 규격(이하 "식품 등의 안전에 관한 기준·규격"이라 한다)을 정함에 있어 국민의 생명과 안전을 고려한 과학적 기준을 세워야 하며, '세계무역기구 설립을 위한 마라케쉬 협정'에 따른 국제식품규격위원회의 식품규격 등 국제적 기준과 조화를 이루도록 노력하여야 한다.

우리나라를 포함하여 전 세계 국가들은 식품으로 인해 국민들에게 발생할 수 있는 위해를 사전에 예방하기 위하여 기준·규격을 설정 운영하고 있다. 우리나라에서는 1962년 식품첨가물에 대한 기준 규격 제정을 시작으로 그 후 반세기 동안 식품산업과 과학기술의 발전으로 '식품첨가물, 일반식품, 기구 및 용기, 포장의 기준 규격'을 설정하였다. 또한 대형 식품사고 발생과 수입식품의 증가로 농약, 동물용 의약품, 중금속, 곰팡이독소, 미생물 등 식품별 특성에 맞는 규격이 설정되었다.

#### ① 식품안전관리요소 및 기준 설정 현황

Codex에서 발간한 식품위생 기본서에는 "식품안전food safety은 식품이 그 사용의 용

1) 의도적 사용물질 : 사전에 안전성을 평가하여 사용을 허가한 물질

2) 비의도적 오염물질 : 환경에서 유래하거나 제조·가공 등 과정에서 의도하지 않게 생성되는 물질

**그림 1-6 식품안전 관리요소 분류**

출처 : 식품의약품안전처, 식품 등 기준 설정 원칙, 2017

도에 따라 준비되어 섭취하게 될 때 사람에서 위해를 주지 않을 것이라는 보증이다"라고 정의하고 있다. 식품안전을 보증하기 위해 식품안전관리요소를 분류하면 다음 그림 1-6과 같다.

◎ 화학적 관리요소

- 의도적 사용물질(농약, 동물용 의약품, 식품첨가물 등)
  - 사전 승인이 되지 않은 물질은 안전성과는 별개로 원칙적으로 식품에 사용할 수 없도록 관리한다. 단, 사용목적의 타당성이 인정되고 안정성이 입증된 경우에 한하여 인체 노출 허용량Acceptable Daily Intake, ADI 등 이내에서 기준을 설정한다.
  - 농약, 동물용 의약품, 식품첨가물 등 특정 목적(병해충 방제, 질병치료, 보존성 향

### 화학적 위해요소 기준 설정 용어

- 최소량의 원칙(As low as reasonably achievable, ALARA) : 사회적 및 경제적·기술적·공공정책적 이득과 손실을 고려하여 합리적으로 달성 가능한 수준까지 노출량을 낮게 유지하여야 한다는 개념
- 노출안전역(Margin of Exposure, MOE) : NOAEL 등과 같이 독성이 관찰되지 않는 기준값을 인체 노출량으로 나눈 값으로, 화학물질이 적절하게 관리되고 있는지 혹은 여러 가지 화학물질 중 우선관리대상을 선정하는 등의 위해관리를 지원할 때 사용
- 1일 섭취한계량(Tolerable Daily Intake, TDI) : 환경오염물질 등과 같이 식품 등에 비의도적으로 혼입되는 물질(중금속, 곰팡이독소 등)에 대해 평생 동안 섭취해도 건강상 유해한 영향이 나타나지 않는다고 판단되는 양(단위: mg/kg bw/day)
- 주간 섭취한계량(Tolerable weekly Intake, TWI) : 체내 축적되는 성질을 지닌 중금속과 같은 식품오염물질에 적용되는 값으로 뚜렷한 건강위해 없이 일생 동안 매주 섭취할 수 있는 양

상 등)이나 특별 용도(유화제, 감미료 등)로 사용 승인된 물질에 대하여 대상(작물, 동물, 식품)별 사용기준 또는 잔류허용기준Maximum residual level, MRL을 설정한다.

- 비의도적 오염물질(중금속, 벤조피렌, 방사성물질 등) : 환경오염이나 제조과정 등에서 이행, 생성되는 물질에 대하여 최소량의 원칙As low as reasonably achievable, ALARA을 적용하여 필요 시 기준을 설정한다. 기준 설정 시 식품 중 오염물질의 농도(모니터링 자료)와 1일/주간 섭취한계량Tolerable Daily Intake, TDI; Tolerable weekly Intake, TWI, 노출안전역Margin of exposure, MOE 등을 고려한다.

◎ 생물학적 관리요소

- 미생물 : 식품의 생산, 제조, 보관, 유통환경 및 섭취방법 등에 따른 위해수준을 고려하여 기준을 설정한다. 인체에 영향을 주는 식중독균은 위생지표세균과 구분하여 기준을 설정하며 그 원칙은 다음과 같다.
  - 위생지표세균은 제조·가공 공정에 따라 비가열 시 대장균, 가열살균 시 대장균군, 세균수, 멸균 시 세균수 기준을 설정하여 위생관리를 한다.
  - 식중독균의 경우, 소량으로 위해를 일으키는 고위해성 균은 음성기준을, 다량으로 위해를 일으키는 저위해성 균은 위해성평가를 거쳐 정량기준 설정으로 안전관리를 한다.
  - 정량기준 설정 시 미생물 오염의 불균일성을 고려하여 5개의 시

**살균**
미생물의 영양세포 불활성화시켜 감소

**멸균**
미생물의 영양세포 및 포자 사멸

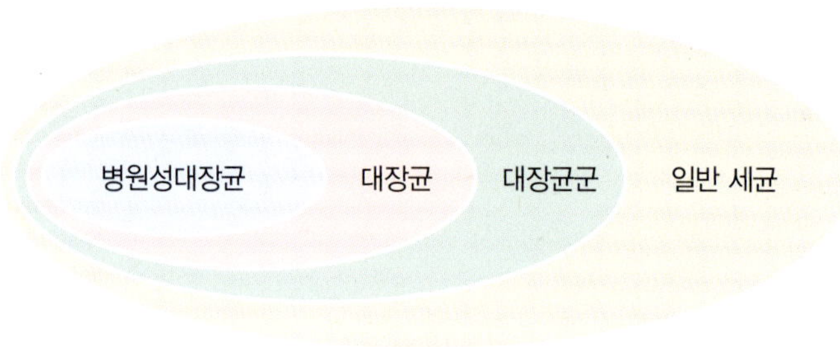


그림 1-7 **위생지표세균의 상호관계**

료를 대상으로 검출 수준의 범위 지정 등 미생물 기준의 과학적·합리적 적용을 위한 삼군법(n, c, m, M)을 적용한다.

- 식중독균 : 미생물 오염의 불균일성을 고려하여 시료수 확대, 검출 수준의 범위 지정 등 미생물 기준의 과학적·합리적 적용을 위한 이군법(n, c, m) 또는 삼군법(n, c, m, M)으로 관리한다.
  - 고위해성 식중독균 : 소량으로 식중독을 일으킬 수 있고, 감염 시 사망을 포함하여 합병증 또는 휴유증을 유발하여 음성으로 관리〔살모넬라, 장출혈성대장균, 리스테리아 모노사이토제네스, 캠필로박터 제주니/콜리, 여시니아 엔테로콜리티카, 크로노박터(엔테로박터) 사카자키, 클로스트리디움 보툴리눔〕, 이군법을 적용하여 관리한다.
  - 저위해성 식중독균 : 고위해성 식중독균에 비해 상대적으로 위해도가 낮아 위해성평가 후 정량규격으로 설정하여 관리(황색포도상구균, 장염비브리오, 바실러스

### 기준 설정 대상 세균 및 원칙(위생지표세균)

식품의 생산 제조, 보관 및 유통환경 전반에 대한 위생수준을 나타내는 지표로 병원성을 나타내는 것은 아니며 식품의 특성에 따라 세균수, 대장균 및 대장균군에 대해 삼군법(n, c, m, M) 으로 관리한다.

- 세균수 : 자연계에 널리 존재, 식품에도 존재할 수 있는 자연균총으로 사람에게 직접적인 질병을 일으키지는 않지만 제품의 부패 변질에 관여한다. 멸균 및 pH 4.6 이하의 살균제품에서는 음성규격을 적용하고, 그 외의 경우에는 제어가능 여부, 보관, 유통 중 미생물 오염 증식 등을 고려해서 정량기준으로 설정하여 관리한다.
- 대장균 : 분변오염의 지표균으로 제조·가공 시 가열처리되지 않은 식품의 위생관리를 위해 설정하여 관리한다.
- 대장균군 : 외부 환경에서 장기간 생존할 수 있고 사람과 동물의 장관에서 배출된 대장균과 형태 및 생화학적 특성이 유사하다. 가열 또는 살균제품에서 음성 또는 정량기준을 설정하여 관리한다.

세레우스, 클로스트리디움 퍼프린젠스), 삼군법을 적용하여 관리한다.

- 바이러스 : 식중독 원인체인 7종(노로, 로타, 아데노, 아스트로, 간염 A/E, 사포 바이러스)에 대해서는 특성상 제어가 어렵고, 감염력이 있는 것과 없는 것에 대한 구분이 쉽지 않으며, 시험법 한계 등에 따라 식품에서는 규격을 설정하고 있지 않으나, 노로바이러스의 경우만 식품용수에서 음성규격으로 관리한다.
- 곰팡이 : 곰팡이 자체보다 곰팡이가 생성할 수 있는 아플라톡신, 오크라톡신, 푸모니신 등 독소(화학물질)를 오염물질로 관리한다. 다만 곰팡이가 관찰되는 경우 식품으로 섭취할 수 없는 위생상태로 판단하여 물리적 위해요소의 이물로 관리한다.
- 기생충의 경우도 물리적 위해요소의 이물로 관리한다.

◎ 물리적 관리요소

- 이물
  - 식품 등의 제조, 가공, 조리, 유통 과정에서 정상적으로 사용된 원료 또는 재료가 아닌 것으로 섭취할 때 위생상 위해가 발생할 우려가 있거나 섭취하기에 부적합한 물질에 대해 기준을 설정하여 관리한다.
  - 육안으로 식별 가능하고 혐오감을 주거나 건강을 해칠 우려가 있거나 섭취하

### 알아두기

**예시** : 즉석조리식품의 경우 대장균은 n=5, c=1, m=0, M=10, 살모넬라는 n=5, c=0, m=0.25g, 황색포도상구균은 1 g당 100 이하로 관리함

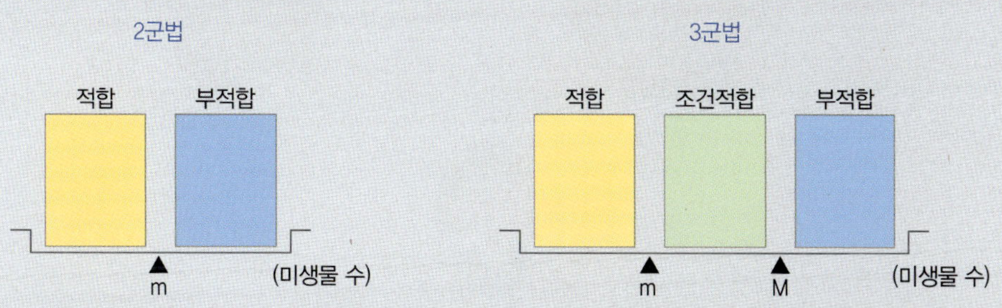


n : 검사시료 수
c : 최대 허용시료 수
m : 미생물 허용기준치로서 결과가 모두 m 이하인 경우 적합
M : 미생물 최대허용기준치로서 결과가 하나라도 M 초과하는 경우는 부적합으로 판정

출처 : 식품의약품안전처, 식품 등 기준 설정 원칙, 2017

기에 부적합한 재질, 크기 등의 자료에 기초하여 기준을 설정하여 관리한다.

- 압착강도 : 컵모양 젤리 제품에 대하여 기도폐쇄에 의한 질식사고 방지를 위해 설정(5 Newton 이하)한다. *컵 모양 등 젤리의 원료로 곤약, 글루코만난 사용금지

위와 같은 식품안전관리요소가 환경과 기후 변화에 따른 인체 유입경로는 다음 그림 1-8과 같다.

그림 1-8 **식품안전관리요소의 인체 유입경로**
출처 : 식품의약품안전처, 식품 등 기준 설정 원칙, 2017

식품안전을 보증하기 위해 관리해야 하는 화학적·물리적 위해요소에 대한 세부사항은 다른 장에서 좀 더 자세히 설명하기로 한다.

표 1-1은 각각의 위해요소별 기준 설정 현황이고, 표 1-2는 화학적 위해요소와 생물학적 위해요소의 특징을 비교한 것이다.

표 1-1 관리요소별 기준 설정 현황

| 구분 | | | 종류 |
|---|---|---|---|
| 화학적 위해요소 | 의도적 | 농약 | 242품목에 463종의 잔류농약 |
| | | 동물용 의약품 | 60품목에 185종의 잔류동물용 의약품 |
| | | 식품첨가물 | 611품목(합성 412품목, 천연 199품목) |
| | | 기구 등의 살균소독제 | 살균소독제 성분 13제제, 94종 |
| | 비의도적 | 중금속 | 7종(납, 카드뮴, 수은, 메틸수은, 비소, 주석) |
| | | 곰팡이독소 | 8종(총 아플라톡신, 아플라톡신 B1, 아플라톡신 M1, 파툴린, 푸모니신, 오크라톡신 A, 데옥시니발레논, 제랄레논) |
| | | 자연독소 | 4종(마비성 패독, 설사성 패독, 복어독, 히스타민) |
| | | 유기오염물질 | 2종(다이옥신, PCBs) |
| | | 제조과정 생성물질 등 | 3종(벤조피렌, 3-MCPD, 멜라민) |
| | | 기구 및 용기·포장 | 유래 이행물질 104종 |
| 생물학적 위해요소 | 비의도적 | 세균, 바이러스 등 | 식중독균 12종, 위생지표균 3종, 바이러스 1종 |
| 물리적 위해요소 | - | 이물 등 | 이물(유리, 금속 등), 압착강도(컵 모양 젤리) |

출처 : 식품의약품안전처, 식품 등 기준 설정 원칙, 2017

표 1-2 화학적 위해요소와 생물학적 위해요소의 특징 비교

| 화학적 위해요소 | 생물학적 위해요소 |
|---|---|
| • 오염 수준이 변하지 않음<br>• 가열에 의해 파괴되지 않음<br>• 전파되지 않음<br>• 안전에 대한 소비자의 책임이 약해 정부에 의해 관리되어야 함<br>• 대부분 만성 노출임 | • 오염 수준이 변함<br>• 가열에 의해 파괴될 수 있음<br>• 사람 간 전파 가능함<br>• 안전에 대한 소비자의 책임이 중요함<br>• 급성 노출임 |

## 2. 과학적인 식품 위생·안전 관리도구

환경의 오염, 검출기술의 발달 등에 따라 새로운 유해물질이 밝혀지고 식품경제의 발전, 글로벌화로 인하여 검사 및 감시 위주의 관리방식으로는 더 이상 식품의 안전을 제어할 수 없게 되었다. 과거의 식품안전관리방식은 사고 발생 후 대응하는 수동적 관리체계였으나 새로운 식품안전관리 방식은 사전예방적이며 이해관계자 상호 간에 책임을 공유하고 농장에서 식탁까지 일관되게 관리하는 것을 기본으로 한다.

유럽, 미국 등의 선진국을 비롯한 많은 나라가 식품안전관리는 과학적 기반의 조치 및 의사결정 절차를 수행하는 것으로 바뀌고 있다. 식품의 국제규격을 담당하고 있는 Codex에서는 리스크분석을 통한 과학적 식품안전관리 방식이 식중독의 감소와 식품안전성 확보에 크게 기여함을 강조하여 Codex에서는 식품안전관리를 위한 리스크분석 원칙을 개발하였다. 세계무역기구WTO 또한 국가 간 식품규격의 관리규정이 과학적이어야 함을 강조하고 있다.

### 1) 리스크분석

식품의 리스크분석risk analysis은 식품안전 분야에서 일관성, 과학성 및 투명한 의사결정을 위하여 미국과학원National Academy of Sciences, NAS에서 1983년 처음으로 제안한 모델이다. 식품안전관리 범위인 'farm to table'에서의 식품 환경의 복잡성과 다양성이 새로운 리스크분석의 기법을 요구하게 되었다. 리스크분석은 최적의 식품안전관리 방안을 선정하기 위해 체계적이고 투명하게 식품과 관련된 위해요소에 대하여 과학적 또

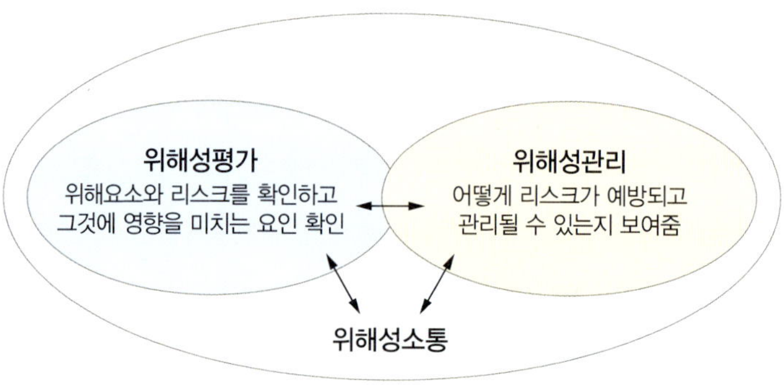


그림 1-9 리스크분석(risk analysis)의 구성요소

는 비과학적 정보를 수집하여 리스크를 분석 평가할 수 있는 체계화된 의사결정 절차이다.

리스크분석은 위해성평가, 위해성관리, 위해성 정보교류 세 가지 작업이 유기적으로 연결되어 있다.

### (1) 위해성평가

「식품위생법」 제6장 제15조제1항에 따르면, 식품의약품안전처장은 국내·외에서 유해물질이 함유된 것으로 알려지는 등 위해의 우려가 제기되는 식품 등이 「식품위생법」 제2장 제4조 또는 「식품위생법」 제3장 제8조에 따른 식품 등에 해당한다고 의심되는 경우에는 그 식품 등의 위해요소를 신속히 평가하여 그것이 위해식품인지를 결정하여야 한다.

국제적으로도 세계 교역의 개방화 및 자유화로 식품공급 무역체계의 안전성 문제가 중요해졌으며, 식품안전관리의 기본원칙을 과학적 원리에 따른 위해성평가risk assessment에 근거해야 한다고 제시하고 있다. WHO에서는 국제적으로 교역되는 식품의 안전성에 대한 각국들의 위생조치에 대하여 국제적인 조화의 필요성을 강조하고 있다. 따라서 위해성평가는 국제무역 분쟁 해소 방안 및 국가 차원의 식품안전관리 기준 마련을 위한 과학적 근거를 제공하는 데 그 목적이 있다. 무엇보다도 관리해야 하는 수많은 위해요소 및 식품 중에서 과학적 사실에 근거한 체계화된 위해성평가를 통해 위해성관리의 우선순위를 설정하는 것은 한정된 자원으로 위해성관리의 효율성을 위해 매우 중요하다.

**위해성평가 대상**

- 식품위생법 제2장제4조(위해식품등의 판매 등 금지) : 누구든지 다음 각호의 어느 하나에 해당하는 식품 등을 판매하거나 판매할 목적으로 채취·제조·수입·가공·사용·조리·저장·소분·운반 또는 진열하여서는 아니 된다. (개정 2013.3.23.)
- 식품위생법 제3장제8조(유독기구 등의 판매·사용 금지) : 유독·유해 물질이 들어 있거나 묻어 있어 인체의 건강을 해칠 우려가 있는 기구 및 용기·포장과 식품 또는 식품첨가물에 직접 닿으면 해로운 영향을 끼쳐 인체의 건강을 해칠 우려가 있는 기구 및 용기·포장을 판매하거나 판매할 목적으로 제조·수입·저장·운반·진열하거나 영업에 사용하여서는 아니 된다.

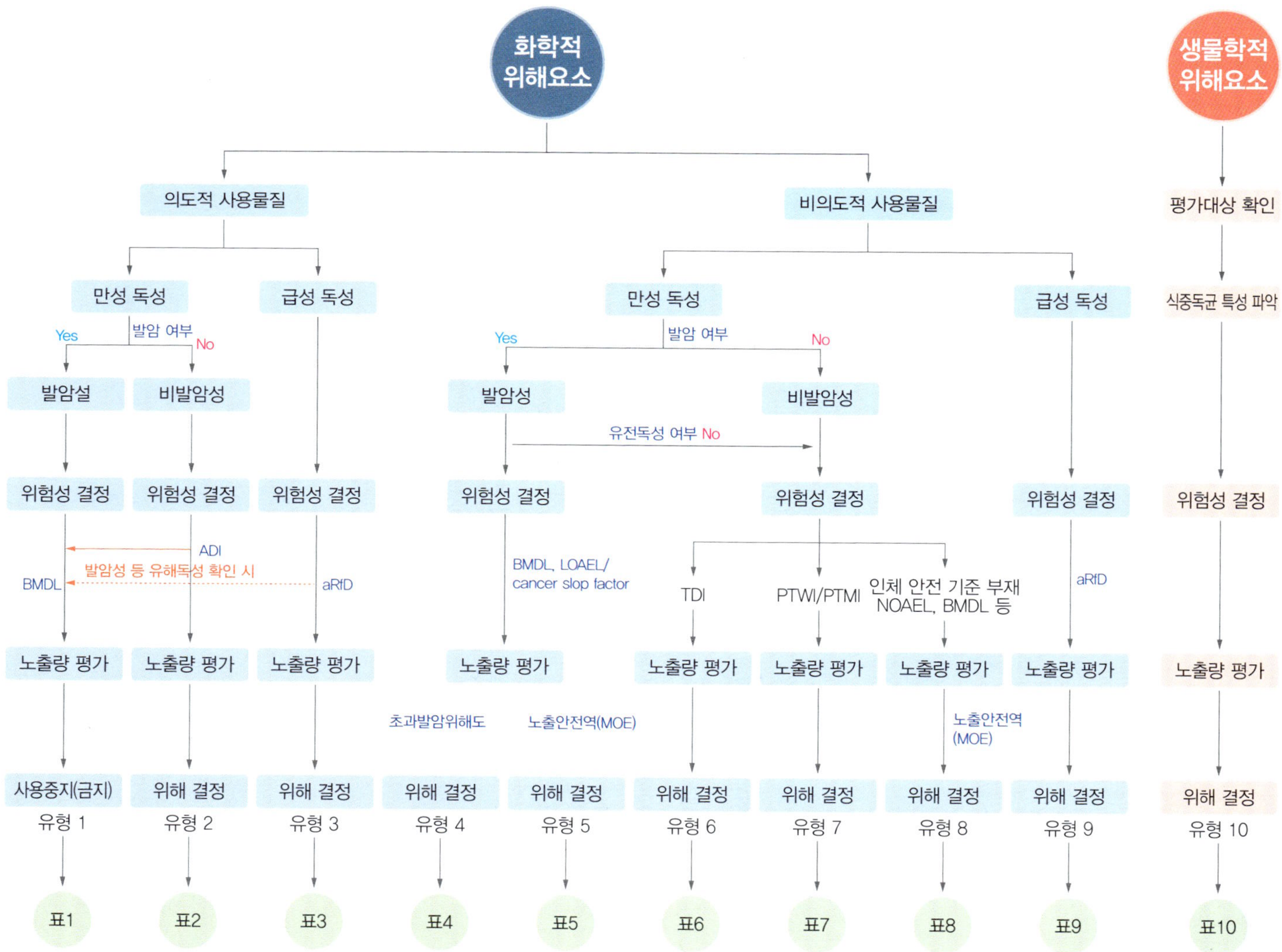


그림 1-10 위해요소별 위해성평가 흐름도

위해성평가에서 평가하여야 할 위해요소는 다음과 같다(식품위생법 시행령 제4조).

◎ 생물학적 위해요소 : 병원성 세균, 진균류, 바이러스, 기생충, 원생동물류 등

◎ 화학적 위해요소 : 잔류농약, 중금속, 식품첨가물, 잔류동물용 의약품, 환경오염물질 및 제조·가공·조리 과정에서 생성되는 물질

◎ 물리적 위해요소 : 식품의 제조·가공·조리 과정에 정상적으로 사용된 원료 또는 재료가 아닌 이물질을 지칭하며 돌, 플라스틱, 도자기, 종이, 비닐, 머리카락, 뼛조각 등의 이물질

위해성평가는 식품에 존재하는 화학적 또는 미생물학적 위해요소를 확인하고, 이를 섭취할 가능성과 섭취로 인해 질병이 발생할 가능성을 정성적 또는 정량적으로 평가하는 과학적 과정으로 크게 화학적 위해성평가와 미생물학적 위해성평가로 구분할 수 있다.

그림 1-10은 위해요소별 위해성평가 흐름도이다. 화학적 위해요소는 의도적 또는 비의도적 오염물질에 따라 구분하고, 만성 독성 또는 급성 독성인지, 만성 독성인 경우 발암성 또는 비발암성인지에 대해 위험성 확인과정을 거쳐 위험성 결정, 노출평가, 위해결정의 4단계로 수행된다.

위해성평가 4단계 과정에 대한 설명은 다음 표 1-3과 같다.

**표 1-3 위해성평가의 절차 및 수행 내용**

| 위해성평가 단계 | 수행내용 |
|---|---|
| 위험성 확인(hazard identification) | 건강에 위해를 주는 화학적, 생물학적, 물리적 위해요소의 인체 내 독성의 정도와 그 영향 등을 파악하고 확인하는 과정 |
| 위험성 결정(hazard characterization) | 위해요소의 특징과 인체 노출 허용량을 산출하여 인체 안전기준을 결정하는 과정 |
| 노출평가(exposure assessment) | 사람이 위해가 되는 물질에 얼마만큼 노출(섭취)되어 있는지 산출하는 과정 |
| 위해결정(risk characterization) | 위험성 확인과정, 위험성 결정과정 및 노출 평가과정의 결과를 종합하여 해당 식품 등에 오염된 위해요소가 인체에 미치는 유해 영향 발생 가능성과 그 정도를 예측하는 과정 |

### ① 미생물 위해성평가

미생물 위해성평가microbial risk assessment는 평가방법에 따라 정성적, 반정량적, 정량적 위해성평가로 분류한다. 미생물 위해성평가 시에는 위해요소hazard 자체보다는 위해요소(병원성균 등) 섭취를 통해 건강에 미치는 리스크가 어느 정도인가를 판단하고 리스크 기반risk-based 위해관리 결정에 중요하게 활용될 수 있다.

◎ 정성적 평가qualitative risk assessment : 식품에 오염된 위해요소의 심각성과 오염된 식품을 섭취함으로써 건강에 위해한 영향을 미칠 수 있는 가능성에 따라 위해의 정도를 높음, 보통, 낮음으로 구분하여 식품과 위해요소 조합들 간의 위해가능성이 높고 낮음을 상대적으로 비교할 때 사용한다.

◎ 반정량적 위해성평가semi quantitative risk assessment : 여러 가지 위험요소들(식품-미생물 조합)의 상대적 위해를 비교하여 관리 우선순위를 선정할 때 사용된다. 위해순위risk ranking 평가는 안전관리대상 우선순위를 정하고 중요한 연구사업의 필요성을 파악하는 데 도움을 줄 수 있다. 최근 위해순위 결정도구risk ranking tool는 국제적으로 risk ranger(www.foodsafetycentre.com.au), iRISK(https://irisk.foodrisk.org)와 같은 소프트웨어가 개발되어 사용 중이다.

◎ 정량적 위해성평가quantitative risk assessment : 어떤 특정 병원성미생물에 의해 오염된 식품을 섭취한 경우, 그 병원성균에 의해 감염이 일어날 확률을 정량적으로 평가하는 과정이다. 정량적 미생물 위해성평가를 통해 위해성평가 전 과정에 고려된 자료를 토대로 식중독 발생 정도 또는 사망률 등 사람에게 미칠 수 있는 위해의 정도를 산출하여 현 노출 수준이 건강에 미치는 유해영향을 판단하고 안전관리 목표치를 제시할 수 있다.

정량적 위해성평가 시에는 식품의 제조, 가공, 유통, 조리, 섭취하는 단계에서 타당한 노출 시나리오가 필요하고, 미생물 수의 변화를 정확하게 예측할 수 있는 예측미생물학, 몬테 카를로 시뮬레이션Monte Carlo simulation 등을 이용한 확률모델 개발이 수반된다. 정량적 위해성평가에서는 특정 위해요소에 노출된 후 질병이나 사망확률에 대해 수학적으로 표현을 제공하게 되고, 노출평가의 변이성, 불확실성을 객관적으로 결정하여 좀 더 나은 위해관리 결정을 지원하게 된다. 정량적 위해성평가 시 Crystal ball(www.oracle.com), @RISK(www.palisade.com) 등과 같은 소프트웨어를 사용하여 수행할 수 있다.

그림 1-11은 식중독균 등 생물학적 위해요소에 대한 위해성평가 절차에 대한 예시이다.

**평가대상 식중독균**
- 살모넬라, 황색포도상구균, 리스테리아 모노사이토제네스 등

**식중독균의 특성 파악**
- 사람에게 영향을 미치는 위해인자를 파악하는 단계
- 감염성, 독소 등에 대한 위해인자, 감염경로, 주요 오염원, 주요 원인식품, 감수성집단 등 확인

**위험성 결정**
- 식중독을 일으킬 수 있는 균의 양 결정단계
- 국내 식중독 환자수 등 예측이 필요할 경우, Dose-response 모델 사용 (WHO, Codex, 미국, 호주, 캐나다 등의 자료 활용)
- 섭취한 식품이 위해한 수준인가를 비교 분석할 경우 최소감염량(각 균별 DB 확보) 사용

**노출 평가**
- 실제 식품을 통해 사람이 섭취하는 식중독균의 양 예측단계
  - 미생물 노출 시나리오 작성
  - 식품의 생산, 유통, 보관, 섭취단계별 조건(온도, pH, 염도, 시간 등)에 따른 미생물 생장(생존) 예측 모델 개발(Predictive model)
- 평가대상 식품의 섭취량, 섭취빈도 자료 확보(국민건강영양 원시자료, 설문조사 등을 통해 확보)
- 미생물 노출 시나리오에 생장(생존) 예측모델을 적용하여 최종식품에서의 미생물의 양을 산출(A: cfu/g) 하고, 회당 섭취량(B: g)을 감안하여 총미생물 섭취량 산출(A×B)

**위해 결정**
- 위해 여부를 판단하는 단계
  - 산출된 균의 섭취량을 dose-response에 적용하여 질병발생률, 사망률, 감염률 등을 산출
  - 산출된 균의 섭취량을 최소 감염량과 대비하여 위해 정도를 판단
  - 미생물은 온도, pH, 수분활성도, 시간 등의 조건에 따라 생장 또는 사멸 속도가 완전히 다르기 때문에 생장(생존) 예측모델을 이용하여 식품의 개별 조건별 위해 정도 제시

그림 1-11 **식중독균 등 생물학적 위해요소에 대한 위해성평가**

출처 : 식품의약품안전처, 식품의약품안전평가원, 2011

- 위해요소(hazard) : 식품 등을 통하여 인체에 유해한 영향을 줄 잠재성을 가지고 있는 생물학적, 화학적, 물리적 요소

  **Hazard** : A biological, chemical or physical agent in, or condition of, food withthe potential to cause an adverse health effect
- 리스크(risk) : 유해물질이 인체에 들어와 건강에 좋지 않은 영향을 나타낼 가능성

  **Risk** : A function of the probability of an adverse health effect and the severity of that effect, consequential to a hazard(s) in food.

#### ② 화학적 위해성평가

화학적 위해성평가는 위해요소가 농약, 동물용 의약품, 식품첨가물 등과 같이 의도적으로 사용되어 잔류하는 물질인지 또는 다이옥신, 중금속 같은 환경오염물질이나 곰팡이독소, 벤조피렌과 같이 식품 제조과정에서 생성되는 비의도적 생성 또는 오염되는 유해물질로 크게 구분할 수 있다. 의도적 또는 비의도적인지에 따라 위해성평가방법에서 고려해야 할 사항에 차이가 있다.

화학적 위해성평가의 예시로 농약, 동물용 의약품 및 식품첨가물 등과 같이 의도적 사용물질로 만성 독성, 비발암성이 있는 물질인 경우 위해성평가 예시는 그림 1-12와 같다.

의도적으로 사용되는 물질은 사용 허가 시 안전성평가를 거치므로 안전기준치 이하

사례 : 식품 등에 잔류하는 대부분의 농약, 동물용 의약품, 식품첨가물 등

**의도적 사용물질**
- 국내·외 사용현황 등을 조사하여 의도적 사용물질임을 확인

**만성 독성/비발암성**
- 국내외 독성자료 조사(만성 독성, 발암성, 유전독성 등을 확인)
- 국제기구(Codex, WHO, IARC) 및 관련 기관(EPA, FDA, EU, 일본후생성 등) 평가보고서 등 이용

**위험성 결정**
- 평가대상 물질이 비발암성인 경우 ADI 개념 적용하여 평가
- ADI가 없는 경우, NOAEL, BMDL 등 이용 ADI 산출 또는 MOE

**노출량 평가**
- 섭취량(or 복용량) 및 체중 자료 활용하여 노출평가

$$\text{1일 인체 노출량(mg/kg bw/day)} = \frac{\text{잔류량(mg/kg)} \times \text{식품섭취량(kg/day)}}{\text{체중(kg)}}$$

  - 식품섭취량(농약의 경우 http://fse.foodnara.go.kr/residue/index.jsp 수록)
  - 동물용 의약품은 식품수급표(농촌경제연구원) 이용

**위해 결정**
- 인체안전기준치인 ADI 대비 노출량 백분율(%)로 계산
  - 1일 인체 노출량이 1인 1일 섭취허용량(ADI) 이하인 경우 안전한 것으로 판단
- 섭취량(or 복용량) 및 체중 자료 활용하여 노출평가

$$\text{노출안전역(MOE)} = \frac{\text{NOAEL 혹은 BMDL(mg/kg bw/day)}}{\text{일일인체노출량(mg/kg bw/day)}}$$

**그림 1-12 의도적 사용물질로 만성독성, 비발암성인 경우**

출처 : 식품의약품안전처, 식품의약품안전평가원, 2011

로 사용 및 잔류된다면 인체위해성은 없으나, 사용기준을 지키지 않아 과량으로 잔류할 경우 대상물질의 잔류량, 섭취량 및 체중 등을 활용하여 위해성평가를 수행한다.

의도적 사용물질의 위해성평가는 인체안전기준치로 1일 섭취허용량Acceptable daily intake, ADI을 이용하여 비발암평가로 수행된다. ADI는 최대무독성용량No observed Adverse Effect Level, NOAEL, 최소유해용량Lowest Observed Adverse Effect Level, LOAEL 등에 안전계수 100을 적용하여 산출한다.

$$\text{ADI} = \text{NOAEL(LOAEL)} \div 100$$

그림 1-13은 비의도적 오염물질로 발암성인 경우 관리 우선순위 제시를 위한 노출안전역을 산출한 위해성평가 절차이다.

사례 : 벤조피렌 등

**비의도적 사용물질**

- 위해요소에 대한 물리·화학적 성질, 생성과정 및 노출경로 등을 참고하여 비의도적으로 오염된 물질임을 확인

**만성 독성/발암성**

- 국내·외 독성자료 조사(만성 독성, 발암성, 유전독성 등을 확인)
- 국제기구(WHO, FAO, IPCS, IARC) 및 관련 기관(EPA, FDA, EU, 일본후생성 등) 평가보고서 등 이용

**위험성 결정**

- 평가대상 물질의 노출원, 노출기간, 인체 영향 여부 및 생물학적 자료(흡수, 분포, 대사, 배설, 체내 축적성) 등을 조사하여 평가대상 물질이 유전독성시험에서 양성이었다면, 잠재적인 유전독성 발암물질로 고려하여 동물종의 독성종말점에 대한 Benchmark dose(BMD) 산출
- BMD 중 95% 신뢰구간의 하한치인 BMDL 사용

**노출량 평가**

- 식품별 오염도, 식품섭취량 및 체중 등 노출인자 자료를 활용하여 인체노출량 산출 및 노출분포 추정

$$\text{1일 인체 노출량(mg/kg bw/day)} = \frac{\text{오염도(mg/kg)} \times \text{식품섭취량(kg/day)}}{\text{체중(kg)}}$$

**위해도 결정**

- 관리우선순위 제시를 위한 노출안전역(MOE) 산출
  - 용량-반응곡선에서 정의된 용량과 실제 인체 노출량 사이의 비율

$$\text{노출안전역(MOE)} = \frac{\text{BMDL(mg/kg bw/day)}}{\text{1일 인체 노출량(mg/kg bw/day)}}$$

그림 1-13 **비의도적 오염물질로 발암평가를 수행하는 물질**
출처 : 식품의약품안전처, 식품의약품안전평가원, 2011

### 화학적 위해성평가 용어 정의

- 1일 섭취허용량(Acceptable daily intake, ADI) : 식품첨가물, 잔류농약 등 의도적으로 사용하는 화학물질에 대해 일생 동안 섭취하여도 유해영향이 나타나지 않는 1인당 1일 최대섭취허용량을 말하며, 사람의 체중 kg당 1일 섭취허용량을 mg으로 나타낸 것이다(단위 : mg/kg bw/day).
- 노출안전역(Margin Of Exposure, MOE) : NOAEL, BMD 등과 같이 독성이 관찰되지 않는 기준값을 인체 노출량으로 나눈 값으로, 화학물질이 적절하게 관리되고 있는지 혹은 여러 가지 화학물질 중 우선관리대상을 선정하는 등의 위해관리를 지원할 때 사용한다.
- 벤치마크용량(Benchmark Dose, BMD) : 용량-반응모델을 근거로 계산되는 값, 어떤 독성에 대해 사전에 정한 척도나 생물학적 영향(Benchmark Response, BMR)의 변화가 대조군에 비해 5% 혹은 10%의 유해한 영향이 나타나는 용량으로 mg/kg bw/day의 단위로 표기된다.
- 최대무독성용량(No Observed Adverse Effect Level, NOAEL) : 독성시험 시 대조군에 비해 바람직하지 않은 영향을 나타내지 않으며, 통계학적으로도 유의한 차이를 보이지 않는 최대투여용량(mg/kg bw/day)이다.
- 최대무작용량(No Observed Effect Level, NOEL) : 투여군을 대조군과 비교 시 생물학적으로 어떠한 영향도 없다고 할 수 있을 때의 최대투여용량이다. 동물에 미치는 영향이 바람직하지 않은 독성인지, 아니면 문제가 되지 않은 영향인지에 따라 최대무독성용량(NOAEL)과 최대무작용량(NOEL)으로 구분한다.
- 최소유해용량(Lowest Observed Adverse Effect Level, LOAEL) : 동물독성시험에서 관찰할 수 있는 바람직하지 않은 어떤 영향이 나타나는 최저용량(mg/kg bw/day)이다.

### (2) 위해성관리

위해성관리risk management는 모든 위해 관계자와의 협의하에 위해를 관리할 수 있는 방법 또는 정책을 평가하기 위하여 소비자의 건강보호와 관련된 위해성평가 및 기타 요소들을 검토하여 필요 시 적절한 예방책과 관리대안을 선정하는 절차이다.

기준 규격 및 HACCP 등을 위해성관리방법의 예로 들 수 있다.

### (3) 위해성소통

위해성소통risk communication은 위해성평가팀의 구성원 및 외부 이해 관계자들에게 적절한 시기에 위해 및 위해관련 요소들에 대한 정보를 정확히 제공함으로써 식품안전을 위협하는 위해요소와 관련된 특징, 공중보건에 미치는 영향에 대한 지식을 향상시키는 데 기여할 수 있다. 교육 및 훈련 프로그램 등도 위해성소통의 예로 들 수 있다.

## 2) 독성 및 안전성 평가

식품은 화학적, 구조적, 생물학적으로 매우 복잡하다. 대부분의 식품은 매우 다른 화학물질을 포함하고 있다. 따라서 사람은 식품을 통해 다양한 화학물질을 섭취하게 되는데 이들 화학물질은 단기 또는 장기간 섭취 시 건강에 해로운 물질이 될 수 있다. 인간에게 필수적으로 알려진 많은 영양소의 경우도 과량으로 섭취할 경우 독성을 나타내므로 식품의 안전성을 확보하기 위해서는 식품을 통해 섭취하게 되는 화학물질의 안전한 섭취기준에 대한 이해가 필요하다.

특히 식품 중에 혼입 또는 잔류하는 화학물질로 잔류농약, 의도적으로 첨가하는 식품첨가물 등의 안전한 섭취기준을 설정하기 위해서는 문제가 될 수 있는 화학물질에 대한 독성 및 안전성 평가toxicology and safety evaluation에 대한 이해가 필요하다. 식품첨가물의 안전성에 대한 세부사항은 8장 식품첨가물에서 자세히 다루게 된다. 여기에서는 기본적인 독성학의 원리를 중심으로 설명하기로 한다.

◎ 독성시험의 목적 : 시험물질을 포유동물에 반복해서 투여할 때 나타나는 독성 변화를 용량 및 시간의 경과에 따라 파악하는 것이다. 용량단계는 명확하게 독성 변화가 나타나는 용량(독성량)과 독성 변화가 나타나지 않는 용량(무독성량)을 포함할 필요가 있다.

### (1) 화학물질의 독성시험

독성시험은 독성작용이 일어나지 않는 범위를 측정하는 과정으로 특정 화합물이 생명체에 나타내는 반응을 용량의존적으로 측정하는 과정이다. 주로 동물*in vivo* test을 활용한 독성시험(일반 독성, 발암성, 생식발생독성, 유전독성 등), 세포를 이용한 시험관 실험*in vitro* test, 인체에 대한 영향을 관찰하는 역학조사 등을 포함한다.

일반 독성시험 분야는 새로운 시험물질의 독성을 예측할 수 있는 가장 기본적이고 주된 독성시험 영역이다. 시험물질(농약, 의약, 산업용 화학물질 및 기타 환경오염물질)이 인간에 미치는 유해성을 조사하기 위하여 실험동물(쥐, 마우스, 토끼, 개, 원숭이 등)을 이용하여 순환기계, 소화기계, 호흡기계, 비뇨기계, 생식기계 및 신경계 등을 포함하는 모든 장기조직에 미치는 위해의 정도를 단회 투여 또는 반복 투여 독성시험을 통해 독성평가를 수행할 수 있다.

**① 단회 투여 독성시험(single dose toxicity test)**

◎ 급성 독성시험acute toxicity testing

- 실험동물 : 설치류(쥐, 마우스), 비설치류(개)를 포함 2종 이상
- 실험기간 : 단회 투여 또는 24시간 이내로 분할 투여
- 투여량 : 설치류는 치사량을 비설치류는 독성 증상을 관찰할 수 있는 양으로 실제 식품에서 섭취될 예상량보다 훨씬 많은 과량의 물질 투여
- 투여경로 : 흡입, 경구, 피부를 통함
- 시험결과 : 일반증상, 체중 등 체내의 급성적인 변화를 2주간 관찰검사하여 중독증상이나 표적기관을 파악
- 활용 : 산업현장 독성물질 또는 농약노출과 관련된 독성평가

**② 반복 투여 독성시험(repeated dose toxicity test)**

◎ 아급성 또는 아만성 독성시험subacute or subchronic toxicity test

- 실험동물 : 설치류(쥐), 비설치류 (개)를 포함 2종 이상
- 실험기간 : 아급성 1개월 이내, 아만성 3~12개월
- 투여량 : 적어도 3단계의 시험물질 투여군 및 대조군 포함
- 투여경로 : 흡입, 경구, 피부를 통함
- 시험결과 : 일반증상, 체중, 사료 섭취량, 물 섭취량, 혈액 및 요검사, 병리조직학적 검사를 통해 확실중독량definite toxic dose, 최대내성용량Maximum Tolerated Dose, MTD 및 최대무독성량NOAEL 등을 확인
- 활용 : 식품원료의 안전성 입증에 사용 또는 장기 독성시험 필요성 여부 결정

◎ 만성 독성시험chronic toxicity test

- 실험동물 : 설치류(쥐, 마우스, 암수 각각 10마리 이상), 비설치류(개, 암수 각각 3마리 이상) 포함 2종
- 실험기간 : 1년 이상 시험동물의 생애의 대부분의 노출로부터 일어날 수 있는 독성 확인
- 투여량 : 최소 3단계의 시험물질 투여군에 음성대조군, 양성대조군 설정
- 투여경로 : 흡입, 경구, 피부를 통함
- 시험결과 : 일반증상, 체중, 사료 섭취량, 물 섭취량, 심전도, 혈액학적 및 혈액생화

학적 검사, 요검사, 부검, 장기 중량 측량, 조직병리학적 검사 및 독성동태 분석을 실시하여 최대내성용량, 최대무독성량, 표적장기 및 용량-독성 반응관계를 도출하여 독성을 평가

- 활용 : 식품첨가물 시험 등

### (2) 독성물질의 효과

독성물질toxic agent이란 사람에게 하나 또는 그 이상의 해로운 효과를 일으키는 물질로 생리적physiological(설사, 구토 등), 생화학적biochemical(세포 수준 에너지대사 저해 등), 기형 유발적teratogenic(선천적 결함), 또는 발암carcinogenic 효과를 줄 수 있다.

독성효과는 동물실험을 통해 이루어지나 시험관 실험을 통해서도 화학물질의 독성을 비교한다. 돌연변이원mutagen은 유전물질에 변화를 주는 물질로 기형 유발 또는 발암물질일 수 있다. 따라서 의심되는 물질에 대해 시험관 내에서 돌연변이 유발성을 확인 후 동물시험을 통해 최종 기형 유발과 발암성을 결정한다. 만약 의심되는 물질이 돌연변이를 일으키는 물질이 아니라면 발암물질이 아닐 가능성이 높다.

#### 독성시험의 용어 정의

- No Observed Effective Level(NOEL) : 주어진 실험조건에서 피실험동물에게 아무런 영향을 주지 않는 무해용량
- Effective Dose($ED_{50}$*) : 주어진 실험조건에서 피실험동물의 절반에 유익한 효과를 주는 화학물질의 양
- Effective Dose($ED_{50}$**) : 주어진 실험조건에서 실험동물의 절반에 해로운 효과를 주는 화학물질의 양, 이 양이 적으면 적을수록 물질은 더 독성이 강함
- Infectious Dose($ID_{50}$) : 주어진 실험조건하에서 피실험동물 수의 절반을 감염시켜 질병을 유발하는 미생물 수(예: *Salmonella* spp., *L. monocytogenes*, virus 등)
- Lethal Dose($LD_{50}$) : 주어진 실험조건에서 피실험동물의 절반이 죽게 되는 양으로 반수 치사량이라고 함. 이 양이 적을수록 더 독성이 강함
- Maximum Tolerated Dose(MTD, 최대내성용량) : 관찰된 효과가 유해하나 그 용량이 심각한 건강상 영향 또는 사망을 초래하지 않는 양. 시험물질이 대조군에 비해 10% 이내의 체중 억제 또는 증가를 나타내면서 사망에 영향을 미치지 않는 최소 용량
- 확실중독량(definite toxic dose) : 시험물질을 실험동물에 투여 시 독성이 명확히 나타나는 최소용량

### (3) 독성물질의 측정단위

식품 속에 들어 있는 화학물질, 예를 들어 비타민, 무기질, 비소, 카페인, 곰팡이독소, 세균독소는 생물학적으로 활성이 있으며 신체에 유익하게 또는 해롭게 영향을 미친다. 그 효과에 영향을 미치는 것이 용량dosage이다. 다시 말해 화학물질은 섭취한 양에 따라 건강상에 이익을 주거나 장애를 초래하게 된다. 이와 같이 한 가지 화학물질이 사람이나 동물에 미치는 영향은 섭취량dose에 의해 결정이 되는데 섭취한 용량과 반응과의 관계를 나타내는 그래프를 용량-반응dose-response곡선이라고 한다 그림 1-14.

용량-반응곡선에서 볼 수 있듯이 독성작용은 농도에 비례하여 일정 농도 이하에서는 독성작용이 관찰되지 않는다. 그림 1-15는 물질의 양을 증가시켰을 때 실험동물에게

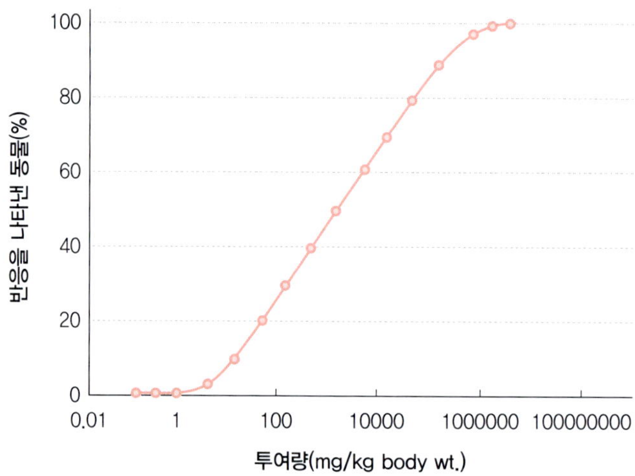


그림 1-14 **용량-반응곡선(dose-response curve)**

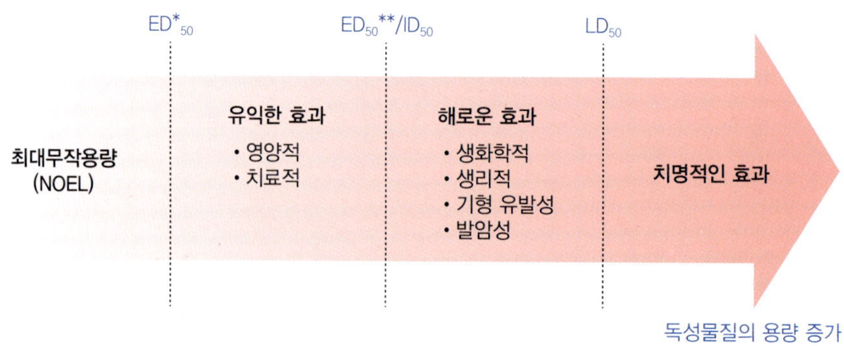


그림 1-15 **독성물질의 용량 증가에 따른 잠재적 효과**

나타날 수 있는 잠재적 효과를 나타낸다. 독성물질의 효과는 각 개인이 독성물질에 반응하는 것이 차이가 있기 때문에 개인보다는 실험에 참여한 전체 인구population에 대한 효과로 표시한다. 전반적으로 각 개인별 건강상태가 독성물질에 대한 개인 반응의 차이를 결정하게 된다.

### (4) 독성시험 자료를 이용한 섭취허용량

◎ 최대무작용량No observed Adverse Effect Level, NOAEL : 피실험동물 어느 개체에게도 독성 증상을 나타내지 않는 가장 높은 투여량을 말하며 반복 투여 실험을 통해서 얻어진다.

◎ 1일 섭취허용량Acceptable Daily Intake, ADI : 의도적으로 사용되는 화학물질에 대해 일생 동안 섭취하여도 유해영향이 나타나지 않는 사람에게 하루에 노출되어도 안전하다고 생각되는 양으로 1일 섭취허용량은 NOAEL 값을 안전계수Safety factor로 나눈 값이다.

$$ADI(mg/kg) = \frac{NOAEL(mg/kg)}{safety\ factor}$$

◎ 안전계수safety factor : 동물실험의 결과를 인체에 적용할 때 고려해야 하는 요인으로 독성시험의 기본원칙은 동물이나 세포를 이용한 시험에서 관찰한 증상이 사람에게도 일어날 수 있다는 것이다. 그러나 실험에 사용한 동물과 사람의 생리적·생화학적 반응은 똑같을 수 없기 때문에 동물과 사람과의 차이를 고려해 주어야 한다.

일반적으로 독성물질은 사람에게서 더 민감할 것으로 가정해서 안전계수를 고려해 인체에 무해한 양을 결정하는데, 사람이 동물보다 10배 정도 민감하다고 생

- 식품첨가물 A의 최대무작용량(NOAEL) : 1 mg/kg
- 식품첨가물 A의 1일 섭취허용량(ADI) : 1 mg/kg ÷ 100(안전계수) = 0.01 mg/kg
- 체중 60 kg의 성인의 경우 식품첨가물 A 1일 섭취허용량 : 0.01×60 = 0.6 mg

**성인의 사탕 섭취량이 하루에 10 g인 경우 식품첨가물 A를 캔디 1 g에 사용할 수 있는 허용량은?**
⇨ 캔디 1 g당 0.06 mg 이하 사용 가능

각하고 사람과 사람 간 개인의 민감도 차이가 10배 정도라고 판단하여 100(10×10)이라는 안전계수를 적용한다. 만약 물질이 발암성을 나타내는 경우는 안전계수로 1000을 사용한다.

### (5) 독성, 오염량 측정단위

◎ 복용량dosage : 체질량 단위당 또는 개인당 화학적, 생물학적 물질의 양을 말한다. 예를 들면, 나트륨sodium의 복용량이 25 mg/kg body mass의 경우 70 kg의 성인의 경우 나트륨 복용량은 25 × 70 = 1,750 mg이 된다.

◎ 식품에 들어 있는 화학물질 : 무게의 일부, 즉 백만분의 11 part per million으로 1 ppm로 나타낸다.

◎ 미생물의 오염량 : 무게당 미생물 수 또는 단위면적당 미생물 수로 표시한다. 예를 들면 $10^5$ Salmonella/100 $cm^2$ 이다.

#### 섭취량에 따른 오염량과 복용량 계산

70 kg의 철수는 g당 $10^5$ 살모넬라와 바닐린(vanillin) 189 ppm이 포함된 100 g의 밀크셰이크를 섭취하였다.

• 1 g의 밀크셰이크에 얼마나 많은 살모넬라가 들어 있는가?
⇨ $10^5$ 살모넬라/1 g 밀크셰이크 = (10)(10)(10)(10)(10) 살모넬라/1 g 밀크셰이크
= 100,000 살모넬라

• 철수는 얼마나 많은 살모넬라를 섭취하였는가?
⇨ 100 g 밀크셰이크 × $10^5$ 살모넬라 = $10^7$ 살모넬라

• 철수는 얼마나 많은 바닐린을 섭취하였는가?
⇨ 100 g 밀크셰이크 × 189 ppm 바닐린 = 100 g × 0.000189
= 0.0189 g 바닐린
= 18.9 mg 바닐린

• 철수는 Vanillin 복용량은?
⇨ dose = 18.9 mg 바닐린/70 kg
= 0.27 mg 바닐린/kg 또는 270 μg 바닐린/kg

## 3. 미생물학적 위해요소관리 방법

식품의 안전을 위협하는 위해요소 중 미생물학적 위해요소는 식품의 안전을 위협하는 가장 중요한 위해요소로 미생물의 주요 특징에 대한 이해를 통해 관리방법을 고안해야 한다.

관리가 어려운 미생물학적 위해요소의 주요 특징은 다음과 같다.

◎ 미생물은 살아있는 생물체로서 성장과 사멸을 하며, 죽거나 휴면 상태에서도 숙주를 감염을 시킬 수 있고 독성이 남아 있을 수도 있다.

◎ 미생물은 유전적으로 다양하고 같은 집단에서도 유전적 변이성을 보여 '움직이는 목표물'과 같다.

◎ 미생물은 자연환경에서 공간과 시간적으로 불균일하게 분포하고 있다.

◎ 미생물은 환경적 인자에 적응할 수 있고 여러 관리방법에 대해서도 다양하게 반응한다.

◎ 감염성이 있는 미생물은 적당한 숙주나 식품에서 성장할 수 있고 전이될 수도 있다.

◎ 미생물 감염은 개체들 사이에서 전파를 통해 발생하며, 병원성균에 대한 위험은 1회성 급성 노출이나 후유증은 만성적일 수 있다.

◎ 숙주의 면역력과 감수성에 따라 똑같은 병원균 용량에도 숙주의 건강에 미치는 결과는 다양하고 노출경로 또한 매우 다양하다.

◎ 분석방법에 한계가 있어 인간의 신체에 문제가 되는 적은 수의 병원균을 확인하지 못하는 경우가 있다.

식품가공의 중요한 목적 중 하나는 미생물에 의한 부패를 방지하거나 연장시키고 병원성미생물의 성장을 조절, 제거하는 데 있다. 식품에서 미생물을 관리하는 방법으로 세척 등을 통해 물리적으로 제거, 식품에 있는 영양세포의 증식 및 포자의 발아 예방법, 열·방사선 처리 등을 통해 식품에 영양세포, 포자 사멸, 항균력을 가지고 있는 화학물질을 이용하여 미생물의 성장을 억제하는 방법 등 식품의 내적·외적 요소를 조절하는 방법이 있다 그림 1-16.

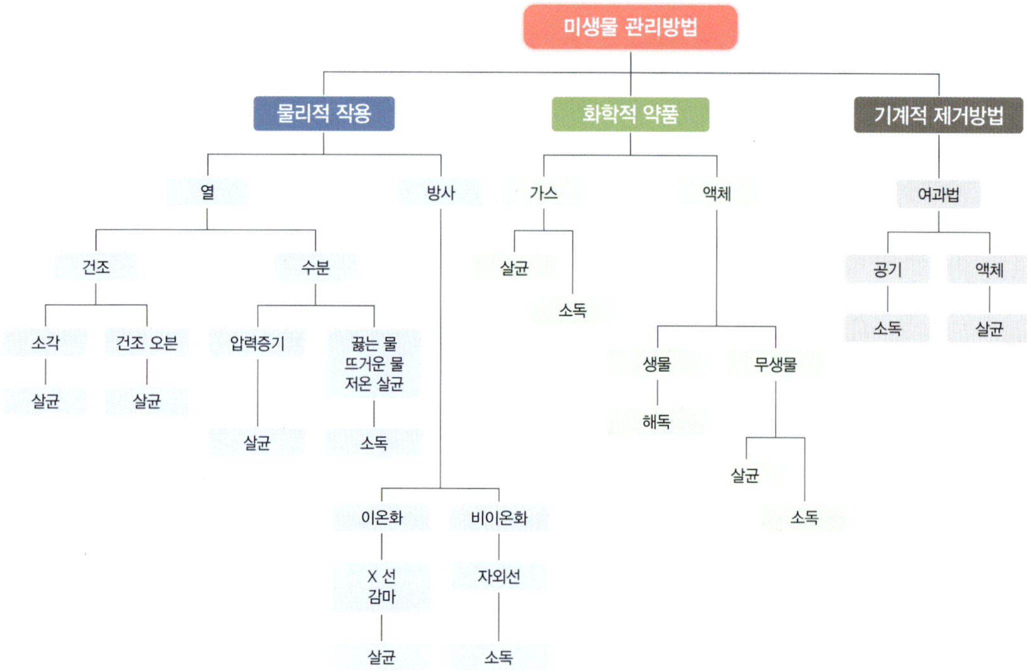


그림 1-16 미생물학적 위해요소 관리방법

### 박테리아 성장에 필요한 조건(FAT TOM)

- 영양분(Food) : 충분한 영양성분, 고단백·고탄수화물 식품(육류, 생선, 국수, 밥 등과 같은 가열된 곡류)
- 산도(Acid) : 약산성 및 중성(pH 6.6~7.5)
- 온도(Temperature) : 위험온도(5~57℃)
- 시간(Time) : 위험한 온도에 충분한 시간(최대 4시간)
- 산소(Oxygen) : 호기, 미호기 또는 혐기 조건 필요
- 수분(Moisture) : 성장에 필요한 충분한 수분, 최적의 $A_w$(0.86~1)

**박테리아 성장에 필요한 것은 무엇일까?**

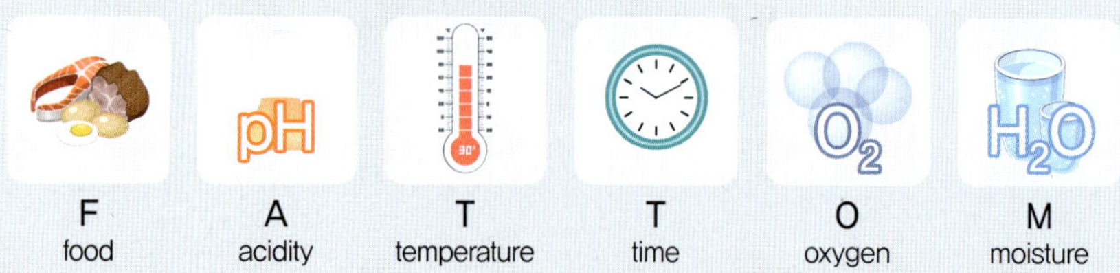

## 1) 물리적 방법

식품산업에서 식품의 품질과 안전을 위해 가장 보편적으로 사용하는 물리적인 방법은 주로 온도, 수분 등 미생물의 성장에 절대적인 요인들을 조절하여 미생물을 사멸하거나 증식을 억제하여 식품의 품질과 안전성을 담보한다.

### (1) 가열

가열은 식품 중 미생물을 사멸시켜 식품이 미생물에 의해 변질되는 것을 방지하기 위한 목적으로 열 처리를 하는 방법으로, 가열 후에 미생물에 의한 2차 오염을 방지하는 것이 매우 중요하다. 가열 살균 시 문제가 되는 미생물은 *Bacillus* 또는 *Clostridium* 등과 같은 포자생성균으로 이들 균을 완전히 사멸시키기 위해서는 120℃에서 15분 이상 가열 처리를 해야 한다.

**① 저온 장시간 살균법**(Low Temperature Long Time, LTLT)

우유, 과즙, 맥주 등의 액체식품을 63℃에서 30분간 살균하는 방법으로 우유 속의 결핵균을 사멸시킬 수 있으나 미생물을 완전히 살균하는 것은 불가능하다.

**② 고온 단시간 살균법**(High Temperature Short Time, HTST)

과즙, 우유의 살균을 신속하게 하는 방법으로 73℃에서 15초 이상 살균하여 병원성 미생물을 사멸할 수 있으며 영양성분 파괴가 적다.

**③ 초고온 순간살균법**(Ultra High Temperature Short Time, UHT)

130~150℃의 고온에서 초순간적(1~3초)으로 가열 처리하여 멸균시키는 방법으로 내열성 포자를 완전히 사멸시킬 수 있어 냉장고에 보관하지 않아도 변질 가능성이 없다.

### (2) 냉장과 냉동

일반적으로 식품미생물이 잘 증식할 수 있는 온도는 5~57℃이므로 미생물의 증식을 억제시키려는 목적으로 식품을 저온에 보존하는 방법이다. 보통 0℃ 이하에서 보존하는 방법을 냉동, 0~10℃에서 보존하는 방법을 냉장이라 한다.

냉장 보존은 미생물의 증식 또는 효소작용을 완전히 억제하는 것은 불가능하나, 냉장온도 범위에서 유도기가 증가하고 성장속도가 감소하므로 식품 저장기간을 증가시킬 수 있다. 그러나 리스테리아 모노사이토제네스*Listeria monocytogenes*와 같은 균은 냉장온도에서 증식할 수 있으므로 냉장온도에서 오랫동안 유통 판매되는 즉석섭취식품, 치즈 등이 *L. monocytogenes*와 같은 균에 의해 오염되지 않도록 하는 것이 매우 중요하다.

냉동은 식품을 영하의 온도로 동결 보존하는 방법으로 식품 중 자유수를 얼게 하여 식품 중에 미생물이 사용할 수 있는 자유수를 제거, 수분활성도를 낮춤으로써 세균의 생육을 억제하는 방법이나 모든 미생물의 사멸을 기대하기 어렵다. 냉동을 해도 일단 생긴 포자는 생존할 수 있으며, 냉동온도에서 사멸하는 미생물도 있으나 냉동온도에서 전혀 사멸하지 않는 균도 있어 주의가 요망된다. 예를 들면, 햄버거 패티의 *E. coli*의 경우 6개월 이상의 냉동조건에서도 최초 오염 수준이 감소하지 않는다. 따라서 식품을 해동하는 과정에서 생존한 미생물이 다시 증식할 수 있는 가능성이 있어 상온에서 해동하지 않도록 주의가 필요하다.

### (3) 건조

건조는 식품에서 미생물이 사용할 수 있는 자유수를 제거, 수분활성도를 낮추어 미생물의 생육을 억제하고 사멸속도를 증가시키는 방법이다. 일반적으로 세균은 수분 함유량이 15% 이하에서는 증식하지 못하나 곰팡이의 경우 수분 함유량이 13% 이하에서도 번식이 가능하므로, 건조식품의 경우 곰팡이의 생육이 불가능할 정도로 수분량을 감소시키고 수분활성도를 낮추는 것이 미생물학적 안전성에 있어서 매우 중요하다.

#### ① 건조방법

식품을 건조하는 방법은 햇빛을 사용하여 건조시키는 자연건조법과 기계를 사용하여 건조하는 인공건조법으로 나눌 수 있다. 건조하는 원리에 따라 열풍건조법, 분무건조법, 동결건조법 등이 있다.

◎ 열풍건조법 : 가열한 공기를 식품에 보내 단시간에 건조시키는 방법으로 육류, 어류, 알류 등에 이용된다.

◎ 분무건조법spray drying method : 액체 재료를 열풍 속에 분무시켜 1 mm 이하의 미세한 물방울 상태로 기류에 동반시키면서 건조시키는 방법이다. 열풍과의 접촉시간이 짧고 재료 온도도 비교적 낮아 온도의 영향을 받기 쉬운 식품건조에 알맞다. 분유, 분말 커피 등의 제조에 이용된다.

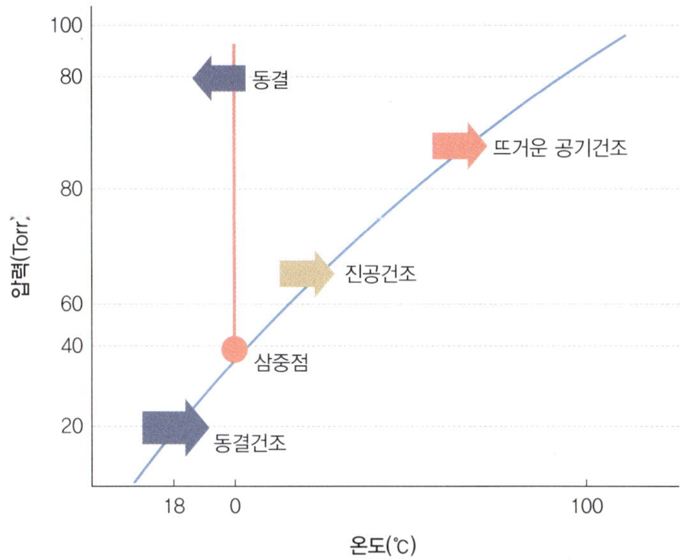


그림 1-17 온도와 압력이 물의 변화에 미치는 영향

◎ 동결건조법freeze drying method : 식품을 동결상태에서 감압 건조하는 방법으로 물질이 저온상태에서 진공이 형성되면 고체 얼음이 액체 물의 상태를 거치지 않고 직접 기체인 수증기로 되는 승화현상이 나타나면 수분이 빠져나가 제품의 건조가 이루어지는 방법이다. 제품의 품질이 보존되는 장점이 있으며 건조채소, 분말제품, 커피, 군용 비상식량 등에 사용되고 있다.

② 건조식품의 안전성

최근 미국에서 시리얼, 견과류, 크래커 등 수분활성도가 낮은 건조식품에서 집단식중독이 보고되어 건조식품의 안전성에 제동이 걸렸다. 따라서 건조시킨 식품이라 할지라도 미생물의 증식은 지연될 수 있으나 미생물의 생존 가능성이 문제가 된다. 특히 적은 감염량으로도 식중독을 일으킬 수 있는 고위험성 식중독균의 경우 수분활성도가 낮은 식품에서 문제가 될 수 있어 주의가 필요하다. 식품은 수분활성도 및 부패와 관련된 미생물의 종류를 바탕으로 다음과 같이 분류할 수 있다.

◎ 고수분식품high moisture foods : 수분활성도의 범위에 따라 다음과 같이 구분할 수 있다.

• $A_w$ 0.95~0.99 : 전혀 가공하지 않은 신선한 식품 및 약간의 가공을 거친 식품으

로 육류, 과일 우유, 달걀, 채소, 치즈 등으로 그람음성 세균, 성장이 빠른 곰팡이 및 비투압성 효모 등에 의해 문제가 될 수 있다.

- $A_w$ 0.90~0.95 : 약간 건조하거나 설탕, 소금 등을 약간 첨가한 식품으로 빵, 베이컨 및 햄 등의 가공식품으로 주로 그람양성 세균, 효모, 곰팡이 등에 의해 부패된다.

◎ 중간수분식품intermediate moisture foods($A_w$ 0.61~0.90) : 다량의 설탕, 소금을 첨가하여 수분활성도를 낮추거나 반건조한 식품으로 과일 농축액, 건조과일, 염장생선, 건조생선, 육포, 살라미 등의 식품을 예로 들 수 있으며 효모, 곰팡이, 호건성xerophillic 곰팡이, 호삼투압osmophilic 효모 및 호염halophilic 세균 등에 의해서 부패된다.

◎ 저수분식품low moisture foods($A_w$ 0.6 이하) : 거의 완전히 건조한 식품으로 건조수프, 밀가루, 파스타, 비스킷, 건조채소, 시리얼 등이 해당된다. 이러한 식품들은 미생물학적으로 안전하나 대기의 상대습도가 높을 경우 이들 식품으로 수분이 흡수되면 부패가 발생할 수 있어 건조 후 포장을 철저히 하여야 한다.

### (4) 가스저장법

미생물의 번식을 억제하여 식품을 안전하게 보관·유통시키는 방법이다. 이산화탄소, 질소 등의 가스를 사용하는 기술로 식품에서 가장 널리 사용하는 방법으로는 CAcontrolled atmosphere 저장과 MAmodified atmosphere 포장법이 있다.

#### ① CA(controlled Atmosphere) 저장

대기의 가스조성을 인공적으로 조절한 저장환경(저장고)에 청과물을 저장하여 유통기한을 늘리는 저장법이다. 주로 과채류의 신선도를 오래 유지하기 위하여 냉장온도 조건에서 산소 함량을 1~5%로 줄이고 탄산가스 함량을 2~10%로 증가시켜 호흡작용을 억제하는 방법으로 85~90%의 습도 유지가 매우 중요하다. 상온저장에 비해 신선도 유지에 매우 효과적이나 공기조성 조절을 위해 밀폐된 공간, 온도·상대습도 조절장치 및 공기 순환장치가 필요하여 비용이 많이 든다는 것이 단점이다.

CA 저장법으로 사과, 배와 같은 과일은 9개월까지 저장기간을 연장할 수 있다.

② MA 포장(Modified Atmosphere Packaging, MAP)

밀봉 포장된 청과물이 포장 내 공기조성에 의해 호흡이 억제되고 품질을 유지하도록 과일, 신선식품에 주로 적용되는 포장방법이다. 상품이 공기 중에 노출되었을 때 발생하는 갈변, 부패 등의 품질 변화를 저지하는 효과가 있으며, 부패 미생물의 성장을 저지하여 농산물의 경우 MA 포장 후 냉장저장고에 보관하면 품질보존기간이 일반 공기, 상온(20~25℃)에 보관할 때보다 4배 정도 길다. 그러나 MAP 시 미생물의 분포가 변할 수 있는데 그람음성균이 감소하고 좀 더 저항성이 강한 그람양성균이 증가할 수 있으며, 호기성 균이 감소하고 통성 또는 편성 혐기성 균이 증식할 수 있어 주의가 필요하다. MA 포장방법에는 수동적인 MA passive MA 포장과 능동적인 MA active MA 포장방법이 있다.

◎ 수동적인 MA 포장 : 포장 내의 기체 조성이 농산물의 자연호흡에 의해 고이산화탄소, 저산소 상태로 되는 것으로 별도의 혼합기체 없이 일반 공기상태로 포장해 농산물이 호흡할 때 산소를 써버리면서 산소량은 줄고 이산화탄소가 높아지는 등 기체 조성비를 스스로 바꿔 호흡을 느려지게 한다. 브로콜리, 버섯, 콩나물, 마늘, 시금치, 쪽파, 아욱 등의 농산물에 적용되고 있으며, 이 경우 포장필름에 미세 열침이나 레이저를 이용하여 미세한 구멍을 내 산소 투과도 및 이산화탄소 농도를 조절한다.

◎ 능동적인 MA 포장 : 농산물의 신선도 유지에 적합한 기체를 인위적으로 만드는 방식으로 질소·산소·이산화탄소 등 3종의 혼합가스를 포장 내에 주입, 가스조성이 적정 수준에 빨리 이르도록 하는 방법이다. 품목마다 호흡기준이 다른 만큼 산소량 및 이산화탄소량에 대한 연구가 필요하며, 보통 산소 8%, 이산화탄소 1% 이상, 나머지는 질소 상태로 유지시킬 때 호흡이 억제된다. 주로 어패류와 같은 수산물, 소고기 등의 육류에 적용되는데 정밀한 가스 혼합장치 및 MA 포장기가 필요해 비용이 부담이 될 수 있다.

### (5) 방사선 식품조사(food radiation)

방사선은 물질을 통과할 때 물질의 원자나 분자 등을 전리시켜 이온을 생성하게 되는데, 이와 같은 성질을 지닌 방사선을 전리 방사선 ionizing radiation 이라고 하며, 코발트

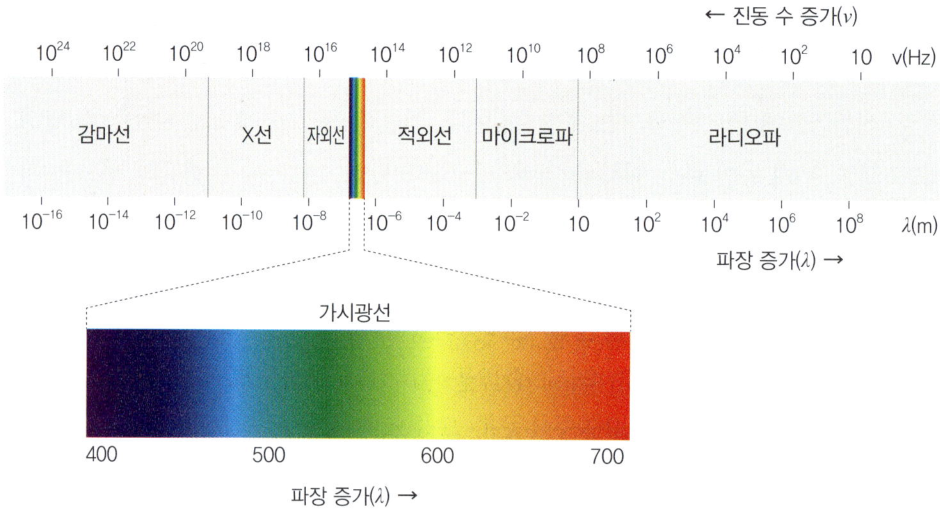


그림 1-18 전자기파의 종류와 파장

60$^{60}Co$과 같은 방사선 동위원소로부터 방사되는 투과력이 강한 감마선γ-ray, X선X-ray, 자외선UV 등이 여기에 해당된다 그림 1-18.

**① 식품조사에 사용하는 방사선의 종류 및 특징**

◎ 감마(γ)선 : 코발트 60$^{60}Co$과 같은 방사성 동위원소로부터 방사되는 감마선은 투과력이 강하여 포장한 상태로도 처리할 수 있는 장점 때문에 미생물의 2차 오염을 방지할 수 있고, 대량, 연속 살균 공정이 가능하다. 따라서 훈증제 등 화학약품의 대체기술로서 그 편리성이 인정되어 새로운 식품 보존기술로 많은 국가에서 실용화되고 있다. 식품산업에서 가장 많이 이용되고 있는 감마선은 균일하게 조사되어 여러 가지 크기, 형태, 밀도를 지닌 상품에 이용이 가능하다.

◎ 전자선 : 감마선에 비해 투과력이 약하며 활용범위가 제한되어 있으나 주로 표면 살균에 이용하고 있으며, 곡류의 살충, 의료용 제품 및 제약 등의 분야에서 실용화되고 있다.

◎ X선 : 진단용을 제외하고는 다량의 식품에 처리하였을 경우 풍미 등 품질에 변화를 일으킬 수 있어 실제적 이용에 한계가 있다.

#### ② 방사선 식품조사 처리의 목적

식품조사 처리 기술은 방사선을 식품에 조사하여 발아억제, 살균, 살충, 숙성조절 등의 목적으로 식품에 사용하는 방법이다. 방사선은 특히 미생물 DNA 염기에 직접적으로 손상을 주어 미생물의 증식을 막고, 간접적으로는 물분자의 이온화에 의해 OH 라디칼을 생성하여 세포물질과 반응하여 생체분자를 손상, 변화시킨다. 방사선조사는 처리과정에서 온도 상승이 거의 없기 때문에 생, 냉동 상태에서도 처리가 가능하고, 열처리와 같이 품질에 미치는 영향이 없기 때문에 '냉온살균cold sterilization' 공정이라고도 한다.

방사선조사 처리 식품은 방사능 오염 식품과는 달리 방사선이 식품에 잔류하지 않기 때문에 방사선에 노출되었는지 여부 확인이 어렵다. 따라서 우리나라에서는 「식품위생법」 제10조에 근거한 "식품 등의 표시기준"에 따라 방사선을 처리한 식품은 포장 또는 용기에 그림 1-19와 같은 조사 마크를 직경 5 cm 이상의 크기로 표시하도록 하고 있다.

그림 1-19 방사선조사 표시 마크

#### ③ 방사선조사 식품의 안전성

방사선조사 식품의 안전성은 1950년대부터 시작되었으며, 1960년 국제원자력기구International Atomic Energy Agency, IAEA, 식량농업기구FAO, 세계보건기구WHO 공동전문위원회Joint Expert Committee on Food Irradiation, JECFI를 개설하여 방사선조사 식품에 대한 안전성을 평가하기 시작하였으며, 1980년에 동물을 사용한 독성시험을 통해 방사선조사 식품의 무해함이 밝혀졌다.

방사선조사 식품의 안전성을 결정하는 중요한 요소는 조사과정 중 새로운 방사능이 유도되는가 여부, 발암성, 독소물질의 생성 유무인데 동물실험을 통해 방사선 처리를 한 사료를 먹은 쥐들뿐만 아니라 그 자손 2대, 3대까지 아무런 장애가 일어나지 않음이 밝혀졌다. 따라서 식품에 10 KGy까지 조사하는 것은 독성학적·영양학적·미생물학적 문제를 일으키지 않으며, 고선량 방사선조사는 병원성미생물을 제거하는 상업적 열 처리 가공방법과 유사하다. 또한 방사사조사 시 유해물질을 형성하지 않으며, 분해산물의 경우 일반식품의 수준과 유사한 것으로 조사되었다.

### 방사능 오염식품

후쿠시마·체르노빌 등 핵 반응기 누출사고 또는 원폭실험 등으로 인해 발생한 인공 방사성 핵종($^{134}Cs$, $^{137}Cs$, $^{131}I$ 등)에 비의도적으로 오염된 식품을 방사능 오염식품이라 한다. 이는 유익한 현상을 일으키기 위해 방사선 에너지를 처리한 방사선 조사식품과는 다르다. 식품에 쪼인 방사선은 식품에 잔류되어 방사선을 내보내거나 식품 내 물질이 방사능을 띠게 하지 않는다.

#### ④ 방사선조사 효과 및 허가선량

식품에 대한 방사선조사량은 식품이 조사될 때 흡수하는 방사선의 에너지 양으로 그 단위는 gray<sub>Gy</sub>가 사용된다. 즉 1 Gy는 1 kg의 식품이 조사될 때 1 joule의 에너지를 흡수하는 것과 같은 양의 에너지를 의미한다(1 Gy = 100 rad = 1 joule/kg).

표 1-4는 주요 식품군의 방사선조사 목적 및 유효선량이다.

**표 1-4 주요 식품군의 방사선조사 목적 및 유효선량**

| 분류 | 처리목적 | 대상식품 | 선량(kGy) |
|---|---|---|---|
| 저선량 (1 KGy 이하) | 발아, 발근 억제 | 구근류, 근채류, 괴경식물(감자, 양파, 고구마, 마늘, 생강 등) | 0.05~0.2 |
| | 해충, 기생충 구제 | 곡류 및 그 분말류, 콩류, 건과일, 건어물, 건조육, 돼지고기 등 | 0.15~1 |
| | 숙도 지연 | 생과일 및 신선채소류(바나나, 망고 등 과일, 채소, 버섯 등) | 0.5~1.0 |
| 중선량 (1~10 kGy) | 저장성 연장(곰팡이 제거) | 신선 수산물, 수산/축산 가공품, 딸기 등 | 1.0~3.0 |
| | 부패/병원성미생물 사멸 | 가금육과 적색육 및 그 육제품(신선 또는 냉장) | 1.0~7.0 |
| 고선량 (10~50 kGy) | 상업적 완전 살균, 멸균 | 환자용 무균식, 우주식, 특수영양통조림 | 30~50 |
| | 조미식품첨가제 멸균 | 향신료, 효소제재 등 | 10~50 |

출처 : Codex의 식품방사선 조사 국제적 합의 규격 참고

#### ⑤ 국내 식품조사 기준 규격

우리나라에서는 「식품위생법」 제7조에 근거한 '식품공전'의 제2 식품일반에 대한 공통기준 및 규격 내에 '3. 식품일반의 기준 및 규격'에서 방사선조사는 "승인된 원료나 품목 등에 한하여 위생적으로 취급·보관된 경우에만 실시할 수 있으며, 발아 억제, 살균, 살충 또는 숙도 조절 이외의 목적으로는 식품조사 처리기술을 사용하여서는 아니 된다."로 규정하고 있다. 또한 한 번 조사처리한 식품은 다시 조사하여서는 아니 되며,

조사식품irradiated food을 원료로 사용하여 제조·가공한 식품도 다시 조사하여서는 아니 된다라고 명시하고 있다.

현재 '식품공전'에서는 감마선을 방출하는 선원으로는 $^{60}Co$을 사용할 수 있고, 전자선을 방출하는 선원으로는 전자선 가속기를 이용할 수 있으며, 식품조사 처리가 허용된 품목별 흡수선량을 초과하지 않도록 규정하고 있다.

표 1-5는 국내에서 허용대상 식품별 흡수선량이다.

표 1-5 **국내 식품조사 허용대상 식품별 흡수선량**

| 품목 | 조사목적 | 선량(kGy) |
|---|---|---|
| 감자, 양파, 마늘 | 발아 억제 | 0.15 이하 |
| 밤 | 살충, 발아 억제 | 0.25 이하 |
| 버섯(건조 포함) | 살충 숙도 조절 | 1 이하 |
| 난분<br>곡류(분말 포함), 콩류(분말 포함)<br>전분 | 살균<br>살균, 살충<br>살균 | 5 이하 |
| 건조식육<br>어류분말, 패류분말, 갑각류분말<br>된장분말, 고추장분말, 간장분말<br>건조채소류(분말 포함)<br>효모식품, 효소식품<br>조류식품<br>알로에분말<br>인삼(홍삼 포함)제품류<br>조미건어포류 | 살균 | 7 이하 |
| 건조향신료 및 이들 조제품<br>복합조미식품<br>소스<br>침출차<br>분말차<br>특수의료용도 등 식품 | 살균 | 10 이하 |

출처 : 식품의약품안전처, 식품공전, 2017

## 2) 화학적 방법

### (1) 항균제

열 처리 이외에 식품이나 식품가공설비 표면에 오염되어 있는 미생물을 사멸시키기 위한 방법은 항균력을 가지 화학물질을 사용하는 것이다. 항균물질은 사용 용도에 따라 여러 용어가 이용되는데, 먼저 살균소독제는 식품가공 공정의 시설이나 바닥 등에 오염된 미생물의 수를 일정 수준 이하로 낮추기 위해 사용하는 것으로 차아염소산수 HOCL가 있다.

또한 식품에 오염되어 있는 부패미생물 또는 식중독균의 성장을 저해하거나 사멸시켜 식품의 저장기간을 연장시키기 위해 사용하는 물질로 항균제antimicrobial preservatives가 있다. 항균제를 사용하게 되면 열 처리를 경감시켜 식품의 품질을 향상시킬 수 있다. 식품에서 항균제로 사용하는 보존료에는 소금, 식품에 자연적으로 존재하는 아세트산, 젖산 등 유기산, 이산화황sulfur dioxide, $SO_2$, 아황산염sulfites, $SO_3$, 아질산염nitrite, $NO_2$ 등의 무기 음이온 등이 있다.

식품에 사용하는 항균성을 가진 화학물질은 매우 적은 양으로 유해미생물을 죽이거나 또는 성장을 저지할 수 있는데, 유해미생물을 억제하는 효과는 항균제에 따라 매우 다르다. 일반적으로 모든 유해미생물을 죽일 수 있는 효과를 가진 물질을 살균제germicides라고 하는데 특정 미생물에 보이는 효과에 따라 곰팡이를 죽이는 효과 fungicides, 세균을 죽이는 효과bactericides, 바이러스를 죽이는 효과virucides에 따라 구분할 수 있다. 반면 죽이지는 못하나 유해미생물을 억제하는 효과가 있을 경우에는 곰팡이 억제fungistatic 또는 박테리아 증식 억제bacteriostatic의 경우로 구분할 수 있다.

**① 항균성에 영향을 미치는 요인**

식품보존제로서 항균물질의 적절성을 평가할 때 고려해야 하는 요소는 다음과 같다.

◎ 표적target 미생물의 종류

◎ 식품의 특징으로 pH, 영양성분, 수분활성도, 자연적으로 존재하는 항균물질 존재 여부, 보관 온도 등

◎ 항균성의 특징으로 미생물의 성장을 억제(-static)하는 효과보다는 죽이는(-cidal) 효과 고려

◎ 다양한 미생물의 종류, 곰팡이, 효모, 세균, 바이러스 등에 모두 효과가 있는지 여부

◎ 영양세포뿐만 아니라 포자에 효과가 있는지 여부

◎ 식품 품질(물성, 향기, 색 등)에 영향을 주지 않고 저항균주를 만들지 않아야 함

◎ 저장기간 동안 안정해야 하며 경제적이어야 함

◎ 기준 규격에 적합해야 함

**② 간접적인 항균제**

식품이 항균제를 포함할 수 있는 방법은 세 가지가 있다. 자연적으로 존재하거나, 식품공정 중에 생기거나, 첨가물로 첨가하는 경우이다. 첨가물로 식품에 넣는 경우는 GRAS Generally Recognized As Safe 리스트에 포함되어 있거나 정부에 의해 사용이 허가된 경우이다.

이 중 다른 목적으로 넣은 물질 중 항균효과를 내는 물질을 간접항균제 indirect antimicrobial 라고 한다. 간접적으로 항균효과를 내는 물질에는 Butylated hydroxyanisol BHA, Butylated Hydroxytoluene BHT 와 같은 항산화제, 버터에 향신료로 첨가하는 다이아세틸 diacetyl, 그 외 마늘의 알리신 allicin, 클로버의 유게놀 eugenol, 2-methoxy-4-allyl phenol, 오레가노와 타임의 타이몰 thymol 과 같은 향신료도 항균효과가 있다. 다이아세틸의 경우 열과 함께 사용할 때는 단독으로 사용할 때보다 세균을 죽일 수 있는 효과가 증가하는 것으로 보고되고 있다. 또한 미생물의 초기 오염 정도가 높을수록, 영양세포보다는 포자가 존재할 때 항균효과가 감소한다.

**박테리오신(bacteriocin)**

박테리오신은 식품이 발효되는 과정에서 *Lactococcus*, *Streptocuccus*, *Bifidobacterium*, *Propionibacterium* 등의 다양한 유산균이 생산하는 천연 항생물질로 주로 펩타이드, 단백질로 구성되어 있으며 내성이 생기지 않아 장시간 사용할 수 있다. 유산균보다도 활성이 강해 유해미생물 제어에 효과가 크며, 박테리오신은 주로 그람양성균에 효과가 뛰어나다.

**니신(nisin)**

니신은 *Lactococcus lactis* 균주에 의해 우유에서 생산되는 항균물질로, 무독성이며 열에 안정한 물질로 저장성이 매우 우수하고 무색, 무취이다. 일반적으로 박테리오신은 제한된 그람양성균에 항균효과가 우수하나, 니신은 부패와 관련된 유산균, 병원성 *L. monocytogenes*, *S. aureus*, *B. cereus*, *C. botulinum* 등 매우 다양한 그람양성균과 포자에도 효과가 크다. 또한 그람양성균은 일반적으로 그들 세포벽에 의해 보호가 되나 열처리 후에 나이신에 노출 시 항균효과가 크다. 니신은 물에 잘 녹으며 매우 적은 양(1~25 ppm)으로도 향균효과가 있는 것으로 가공치즈, 육가공품, 음료수 등에 유통기한을 연장하기 위해 사용되고 있다.

### 3) 허들기술 및 기타 기술

식품에서 부패 또는 유해 미생물의 증식을 조절하거나 죽일 수 있는 요인은 온도, pH, 수분활성도, 항균제 등이다. 이들 요인들이 각각의 미생물의 증식에 영향을 미치는 범위는 매우 다양하다. 따라서 하나의 방법으로 미생물 증식을 억제하거나 죽이기 위해서는 고온으로 가열하거나 수분활성도를 0.6 이하로 감소하는 등 매우 극단적인 방법을 사용하게 된다. 그러나 이러한 공정을 거친 제품들은 미생물학적으로는 매우 안전하나 영양·품질 면에서는 떨어져 소비자들 선호도가 매우 낮다. 최근 소비자들은 가능한 가공하지 않은 신선한, 자연적인, 건강한 등의 이미지를 지닌 식품을 원하고 있어 최소의 가공을 하는 것을 추구하고 있다.

허들기술이란 식품에서 미생물을 제어하기 위해 몇 가지 요인을 복합·적용시키는 과학적인 기술로, 몇 가지의 물리적·화학적 미미한 장해요인들이 병행되어 적용되면 미미한 요인일지라도 미생물의 극복능력이 약화되도록 하는 기술이다 그림 1-20.

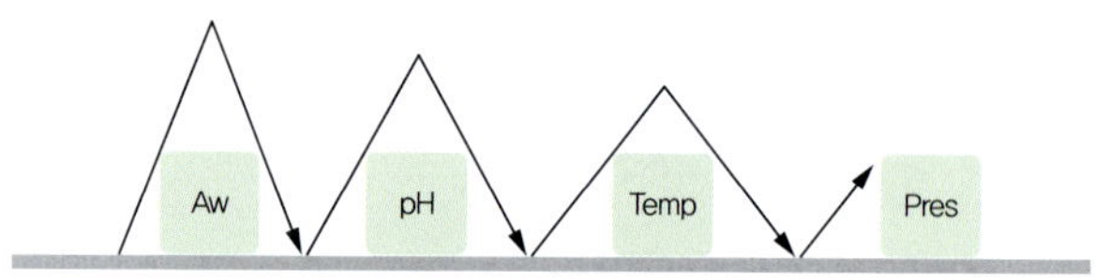


그림 1-20 **미생물 억제를 위한 허들기술**

예를 들어, *C. butulinum*의 포자가 발아하는 것을 저해하기 위하여 pH는 4.6 이상, $A_w$는 0.94로 조절하고, 10% 소금, 120 ppm 아질산나트륨을 첨가하며 최종적으로 10℃의 냉장저장을 하도록 하는 것이다. 이와 같이 물리적·화학적으로 미미한 장해요인들은 살아남은 세포와 포자들에게 손상injury을 입히고, 손상을 입은 세포나 포자들은 다음에 만나게 되는 장해요인에 더 민감하게 반응하게 된다. 따라서 한 가지 이상의 물리적·화학적 허들기술을 사용하는 것이 식품에서 표적target 미생물을 제어하는 데 매우 중요하다. 예를 들면 *S. aureus*는 12℃, pH 7.0, $A_w$ 0.93의 조건에서 증식할 수 있다. 그러나 만약 $A_w$를 0.90으로 감소하면 같은 조건에서 *S. aureus*는 증식할 수 없다.

표 1-6은 식품산업체에서 적용 가능한 물리적·화학적 허들의 종류이다.

표 1-6 **물리적·화학적 허들방법**

| 물리적 허들 | 화학적 허들 |
|---|---|
| • 온도(멸균, 살균, 데치기, 냉장, 냉동)<br>• 조사(자외선, 감마선, 이온화선)<br>• electromagnetic energy(마이크로파 에너지, 무선주파수 에너지, 고전기장 펄스)<br>• 다양한 에너지(광역학 불활성화, 초고압, 초음파 검사)<br>• 포장제(플라스틱 및 다층, 활성코팅, 식용코팅, 무균 포장)<br>• 가스치환 포장(가스, 진공 포장) | • 저수분활성도(맥아당, 설탕, 솔비톨, 소금, 시럽)<br>• 저산성(유기산, 젖산, 아세트산, 아스코르브산)<br>• 저산화환원전위(산소, 훈연, 오존, 이산화탄소)<br>• 첨가제(아황산염, 인산염, 페놀, 알코올, 프로필렌글리콜, 메일라드 반응 생성물질, 아질산염, 향신료, 허브 등) |

CHAPTER

# 2

# 생물학적 위해요소

1. 식품과 미생물
2. 미생물의 생육과 영향인자
3. 식중독 발생의 역학조사 및 예방

# 1. 식품과 미생물

## 1) 식품 미생물의 자연계 분포

식품에 존재하는 미생물은 속genus명과 종species명을 기준으로 구분을 하고, 각 속마다 영양요구가 있으며 식품 미생물은 환경에 영향을 받는다. 생명체에 영향을 주는 환경요인은 다음과 같이 일반적으로 8가지가 있다.

### (1) 토양과 물

토양과 물은 일반적으로 세균이나 진균류가 서식하는 환경이다. 토양미생물은 바람을 타고 대기와 공기로 확산되며 비가 오면 물에 섞인다. 물에 섞인 미생물은 물을 타고 토양으로 스며들거나 또 다른 물의 지류와 합류하게 된다. 구름을 형성하고 비가 내리는 경로를 따라서 수중미생물aquatic organisms은 토양으로 합류하는 등 이러한 순환 사이클을 통하여 토양과 수중미생물은 많은 부분에서 섞일 수 있다. 염분이 있는 물에서 서식하며 염분을 요구하는 미생물(*Alteromonas*속 등)은 토양에서 오래 존속하기 어렵고, 주로 그람음성균이 바다에 존재하며 그람양성균은 상대적으로 짧게 머무르는 경우가 많다. 오염된 물에 의해서 신선 라즈베리가 *Cyclospora* 속 오염에 관련되는 사례도 있었다.

### (2) 식물

토양이나 물에 서식하는 미생물은 식물을 오염시킬 수 있다. 식물환경에서 생육하는 미생물의 종류는 상대적으로 많지 않다. 이들 식물에 서식하는 미생물은 식물의 표면에 부착하여 물에 씻겨 내려가지 않아야 하며, 영양분은 식물로부터 얻는다. 젖산균lactic acid bacteria이나 일부 효모가 이에 해당한다. *Corynebacterium* 속, *Curtobacterium* 속, *Pectobacterium* 속, *Pseudomonas* 속, *Xanthomonas* 속, 진균류 유래 병원균이 해당한다.

### (3) 식품 취급도구

채소를 수확할 때 그릇이나 도구를 활용하면 식물 표면에 있던 미생물이 수확도구의 접촉 표면으로 옮겨 도구를 오염시킬 수 있다. 그릇에 더 많은 채소를 넣으면 미생물이 그 안에 하나의 생태계를 이루게 된다. 또한 육류에 있던 미생물에 의하여 육류 판매

시장에서 칼이나 분쇄기는 오염이 되고 이런 과정으로 도구에 미생물이 잔존하며 증식하고, 육류 유래 미생물의 오염 수준이 취급도구에서 일정 수준까지 증가하게 된다.

### (4) 장내 환경

내장기관 유래 미생물은 장내세균과에 속한다. 익히지 않은 육류는 물을 사용하여 처리하게 되는데, 이때 육류의 장내세균은 물에 들어가서 섞이게 된다. 장내세균과의 미생물은 분변 오염물에서 많이 발견되는데 살모넬라는 다른 미생물처럼 물에서 오래 생육하지는 않는다. 또한 내장에 존재하는 병원균 원생동물protozoa로 *Cyclospora cayetanensis*, *Cryptosporidium parvum*, *Entamoeba histoyltica*, *Giardia lamblia*, *Toxoplasma gondii*도 있다.

### (5) 식품 취급자

개인환경과 주거환경에 따라 토양, 물, 먼지 등 환경요인이 달라지며, 이는 취급자의 손이나 옷에 묻는 미생물 종류에 영향을 끼치게 된다. 콧구멍, 입, 피부 그리고 비위생적인 습관을 통하여 식품을 섭취할 때 미생물이 함께 섭취되어 인체 내장기관으로 들어간다.

### (6) 동물의 먹이

가축의 먹이는 가금류와 가축동물에게 살모넬라를 공급하는 하나의 경로가 되기도 한다. 동물의 먹이 중에서 건조하지 않고 저장하는 풀인 사일리지silage는 낙농 가축에서 리스테리아 모노사이토제네스*Listeria monocytogenes*의 오염원이 되기도 한다. 이처럼 사료에 있는 미생물은 가축 환경을 통하여 확산되고 동물의 가죽 표면을 오염시킨다.

### (7) 동물의 가죽

젖소의 경우 생우유에서 발견되는 미생물의 종류는 우유 짤 때 취급과정이 제대로 이루어지지 않았을 때의 미생물 환경이 우유에 반영된다. 젖소가죽 표면의 미생물은 우유 보관 용기나 작업자의 손을 오염시킨다.

### (8) 공기와 먼지

식품 작업환경에서 공기와 먼지에서 발견될 수 있는 미생물의 종류가 많지만 그람양성균이 오래 남아 있기 쉽다. 곰팡이와 일부 효모 등 진균류는 공기와 먼지에서 발견되는 경우가 많아 주위 환경으로 확산되며, 통풍관은 미생물의 공급처로 주의가 필요하다.

## 2) 식품 관련 미생물의 종류 및 특징

미생물microorganism은 인간의 육안으로 관찰하기 어려운 작은 생물체를 말한다. 즉, 'micro'의 '작다'는 의미와 'organism'은 '살아있는 유기체'라는 의미의 단어로 구성되었다. 미생물 관찰이 이루어진 것은 레벤호크에 의하여 현미경이 개발된 1675년 이후 본격적으로 진행되었다. 미생물의 종류에는 세균, 진균류, 바이러스, 원충동물(원생동물), 조류가 있으며, 세포의 종류에 따라 원핵세포와 진핵세포로 구분할 수 있다. 미생물은 세균과 효모처럼 단세포 미생물인 경우와 곰팡이처럼 다세포 미생물로 나눌 수 있는데 기본적인 세포의 크기는 종류별로 다르다 그림 2-1.

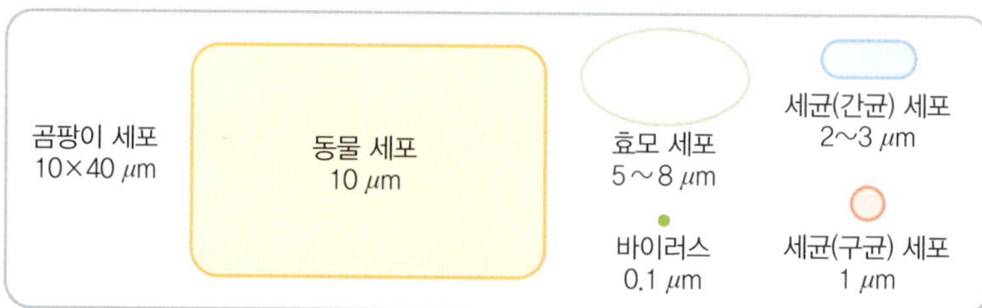


그림 2-1 곰팡이, 효모, 세균, 바이러스, 동물 세포의 상대적 크기 비교

### (1) 세균

세균bacteria은 원핵세포로 이루어진 단순한 구조의 단세포 미생물로 자연계에 널리 존재한다. 식품미생물 중에 많은 수를 차지하며 크기는 0.2~10 μm이다. 원핵세포로서 DNA로 구성된 핵양체를 중앙에 두며, 리보솜, 세포막, 세포벽 구조를 가지고 있다. 세균의 모양은 둥근 형태의 구균coccus, 길쭉한 막대 모양의 간균bacillus, rod, 구불구불한 형태의 나선균spirillum으로 구분할 수 있다.

세균은 세포벽의 조성 및 구조 차이에 따라 그람양성균과 그람음성균으로 분류할 수 있는데 그람염색시약을 사용하여 확인한다. 세균은 토양, 물, 동·식물, 곤충, 식품

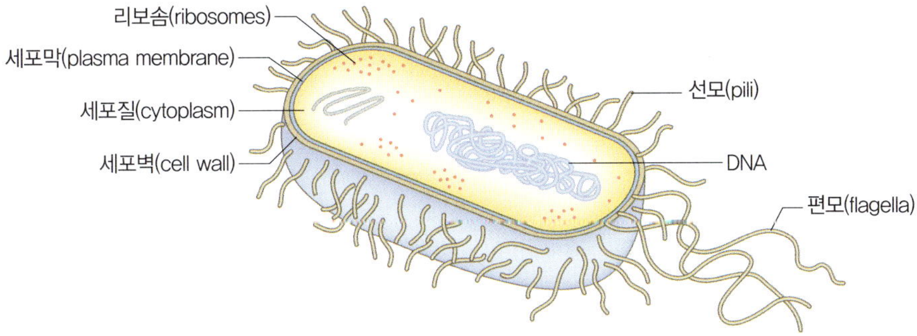


그림 2-2 **세균의 구조**

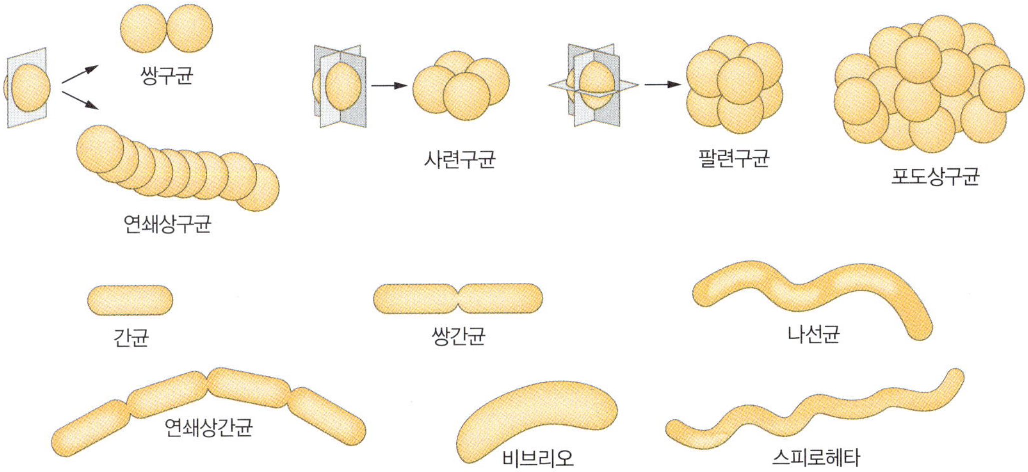


그림 2-3 **세균의 형태(구균, 간균, 나선균의 형태)**

등에 널리 존재하는데 식품 및 환경에 존재하는 세균은 수분, 온도 및 영양분 조건하에서 이분법binary fission으로 활발히 증식하여 그림 2-4 식품의 부패 및 식중독의 주요 원인이 된다. 세균은 수분이 풍부하고 단백질이 풍부한 조건과 중성 pH 부근에서 증식이 빠르게 일어나며, 식품 환경에서 효모나 곰팡이보다 증식속도가 빠르다.

한편 영양조건에서 증식하는 영양세포vegetative cell와 달리, 영양분 고갈 등 악조건에서 *Bacillus*속, *Clostridium*속과 같은 포자형성균은 단단한 내생포자endospore를 형성하며 이들 포자spore는 열처리, 건조, 자외선, 화학약품 처리와 같은 식품가공 살균 조건에서 높은 저항성을 보여 식품 품질 및 안전에 문제가 된다 표 2-1.

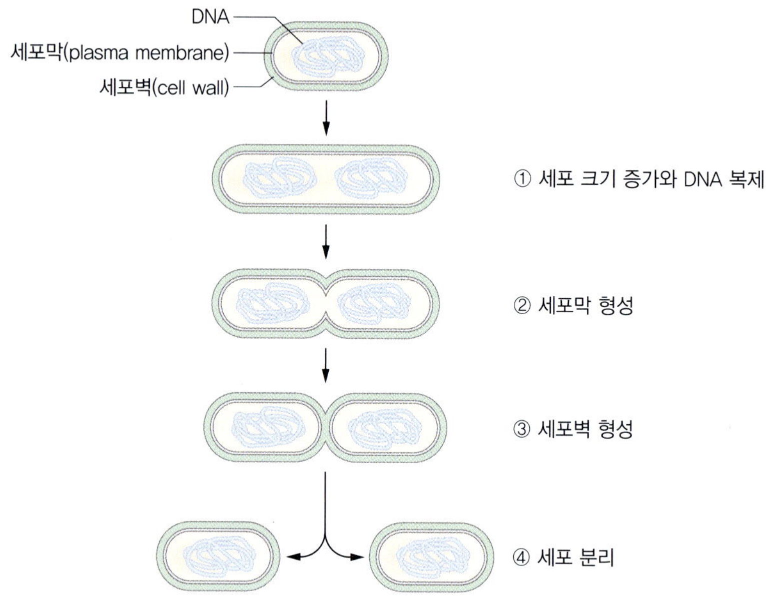


그림 2-4 **세균의 이분법에 의한 증식**

표 2-1 **세균 중 포자형성균의 식품 품질 및 안전 문제**

| 식품의 변화(예시 : 통조림) | 포자생성균 상태(*Bacillus*속, *Clostridium*속) |
|---|---|
| 식품 원재료에 포자 혼입 | 포자(내열성 강) |
| ↓ ① 살균 | |
| 가열상태 통조림 | 일부 포자 생존(내열성 강) |
| ↓ ② 상온 보관 | |
| 통조림 상온 보관 | 포자 발아(내열성 약) |
| ↓ ③ 보관시간 경과 | |
| 일부 포자 발아 후 통조림 부패 혹은 식중독 유발 | 영양세포로 전환 후 증식(내열성 약) |

### (2) 효모

효모yeast는 진균류 중에서 단세포 미생물로서 구형, 난형, 타원형, 소시지형 등 형태가 많으며 출아법budding에 의하여 증식한다. 크기는 5~10 μm로 세균보다 크며, 진균류 중에서 다세포로 구성된 곰팡이와 구별된다. 알코올 제조 및 제빵 생산, 균체는 사료용 단백질로 활용된다. 세균보다 낮은 pH 범위에서 생육이 가능하여 과일과 같

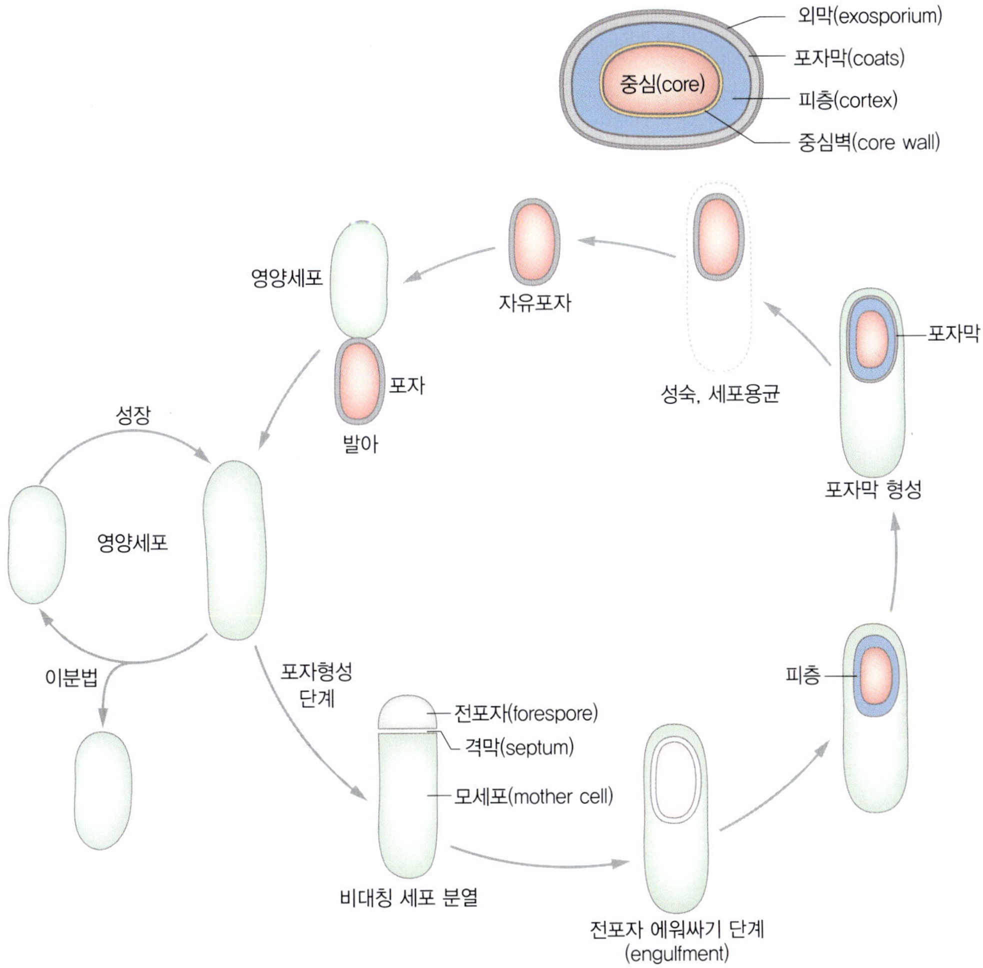


그림 2-5 **포자형성균의 영양세포 상태와 포자형성 단계**

이 pH가 산성인 식품에서 잘 번식하며, 산막효모와 같이 부패를 발생시키는 효모도 있다.

### (3) 곰팡이

곰팡이mold, mould는 진균류 중 다세포 미생물로서 균사로 영양분을 흡수하고, 번식을 위하여 포자를 생성할 수 있다. 곰팡이는 형태가 세균이나 효모보다 커서 육안으로 확인할 수 있으며, 균사의 집합체인 균사체hypha를 구성한다. 균사체가 성장하면 갈라진 가지가 위로 뻗고 그 끝에 포자를 착생하는데 이를 자실체fruiting body라고 한다.

### 포자형성균의 영양세포와 포자상태 특성 비교

| | 영양세포 | 포자 |
|---|---|---|
| 번식 | O | X |
| 생장 | O | X |
| 독소 생성 | O | X |
| 내열성 | X | O |
| 위해성 | O | X |

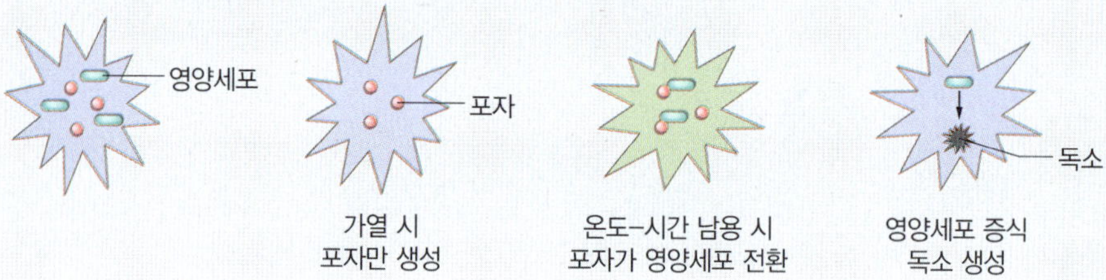


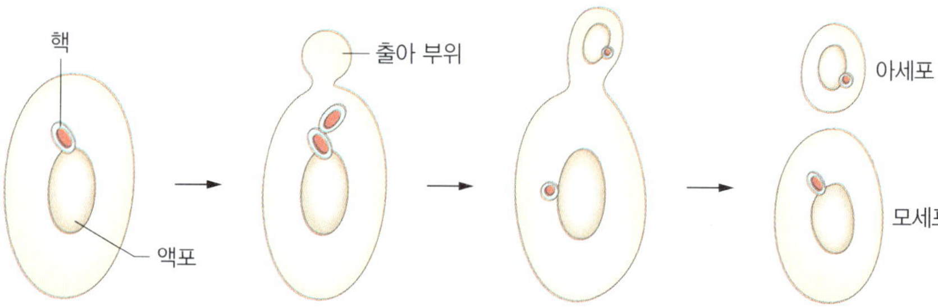


그림 2-6 **효모의 출아법**

균사체와 자실체를 합하여 균총 혹은 집락colony이라고 부른다.

곰팡이는 건조한 조건과 넓은 범위의 pH에서 생육이 가능하여 건조식품이나 산성 식품에서도 생육한다. 곰팡이는 효소 생성능력이 있어서 다양한 발효식품(장류, 주류, 치즈) 등에 활용되나, 일부 곰팡이는 식품 내에 번식하면 곰팡이독소mycotoxin를 생성하는 것도 있다. 곰팡이독소는 곰팡이가 생산하는 2차 대사산물로서 사람이나 가축, 어류 등의 생물에 대하여 급성 또는 만성의 생리적 또는 병리적 장애를 일으키게 하는 물질이다. *Aspergillus flavus*는 아플라톡신aflatoxin을 생성하며, 대만쌀에서 황변미를 일

그림 2-7 **땅콩류에 발생한 곰팡이**(아플라톡신)
출처 : http://www.sciencenutshell.com/aflatoxin_the_deadly_fungal_toxin/

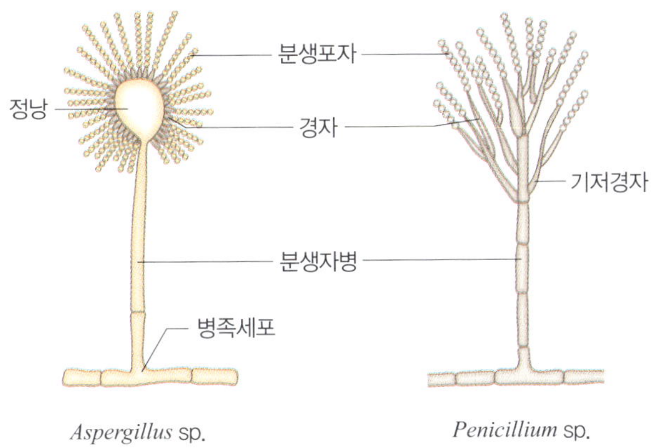


그림 2-8 **대표적 곰팡이인 *Aspergillus*속과 *Penicillum*속의 구조**

으킨 *Penicillum toxicarium*은 시트레오비리딘citreoviridine이라는 독소를, 태국쌀에서 황변미를 일으킨 *Penicillium citrinum*은 시트리닌citrinin과 같은 독소를 생성한다.

### (4) 바이러스

바이러스virus는 크기가 0.02~0.3 ㎛ 범위로 매우 작아서 광학현미경으로 관찰이 어렵고 전자현미경으로 관찰이 가능하다. 바이러스는 영양분을 스스로 흡수하여 증식하지 못하고 살아있는 동·식물 혹은 세균과 같은 미생물 숙주세포에 기생하여 증식한다. 바이러스는 생명체의 기본 구조적·기능적 단위인 세포의 구조를 하고 있지 않다. 바이러스 구조는 DNA 혹은 RNA 중 어느 하나의 핵산과 이를 보호하는 단백질

구조로 구성되어 있다. 바이러스는 각각 고유의 숙주가 있어 숙주특이성host specificity이 높으며, 식품에서 직접 증식하지 않지만 식품 및 환경에 오염된 바이러스를 섭취하였을 때 식중독을 발생시킬 수 있다. 최근 급식 등에서 빈번하게 식중독을 일으키는 노로바이러스의 특징을 이해하고 위생관리에 주의가 필요하다.

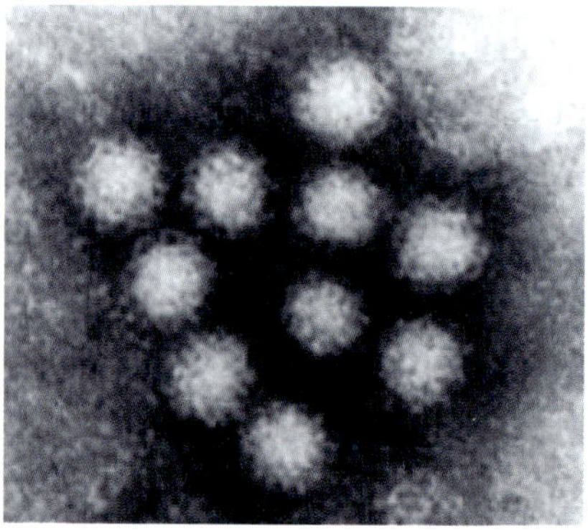

그림 2-9 **노로바이러스 구조**
출처 : https://en.wikipedia.org/wiki/Norovirus

#### (5) 원충·원생동물

원충류는 대부분이 현미경으로 관찰 가능한 단세포성이지만 진핵세포로 구성되어 있으며 먹이의 획득과 대사에 의한 생명의 유지 및 생식 등 생물체로서 기능을 갖추고 있다. 원충·원생동물, 단세포성 동물 또는 무세포성 동물 등으로 부르며, 현재 알려진 수는 대략 44,000여 종에 이르고 있으며 사람에게서는 40여 종이 검출되고 있다. 설사와 복통 등 장관계 질환을 유발하는데, 대표적으로 *Giardia lamblia*(람블편모충)와 *Cryptosporidium parvum*(작은와포자충)은 오염된 음용수를 통한 감염을 일으킨다. *Kudoa spetempunctata*(쿠도아충)는 해산어류에 기생하여 날것보다 냉동이나 가열 후 섭취하면 인체에 감염되지 않는 것으로 알려져 있다.

### 3) 식품의 위생지표균

식품의 미생물 오염 정도와 안전성 여부를 평가하기 위하여 위생지표균indicator microorganisms을 검사한다. 위생지표균에는 일반세균수(총 균수), 대장균군, 대장균, 장내세균, 장구균 등이 있다.

#### (1) 일반세균수(총 균수)

일반세균수는 식품 중 오염된 미생물의 살아있는 총 수로 식품의 건전성soundness과 안전성을 종합적으로 평가할 때 측정할 수 있다. 보통 plate count agarPCA와 같은 일반목적 배지를 활용하여 측정하며, 식품의 총 균수를 통하여 식품의 부패 진행 정도 및 유통기한 설정, 안전성 관련 병원성 미생물의 오염 가능성 등을 가늠하여 볼 수 있다.

### (2) 대장균군

대장균군coliform은 젖당(유당lactose)을 분해하여 산과 가스를 생성하는 그람음성 무아포간균에 해당한다. 대장균군은 사람이나 동물 등 온혈포유동물의 장내 미생물에 속한 미생물로 식품에서 발견 여부로 식품위생지표가 될 수 있다. *Escherichia* 속, *Citrobacter* 속, *Enterobacter* 속, *Klebsiella* 속이 포함된다.

### (3) 대장균

대장균군 중에서는 동물의 분변뿐만 아니라 식물에서도 검출될 수 있는 종류가 있다. 따라서 사람이나 동물의 장내에 주로 서식하는 대장균*E. coli*을 위생지표로 활용한다. 식품에서 대장균에 의한 오염은 해당 식품이 분변에 오염되었을 가능성을 나타내는 지표가 되며, 장내미생물 중 병원성세균인 *Salmonella* 속 혹은 *Shigella* 속의 오염 가능성을 나타낸다.

### (4) 장구균

사람이나 동물의 장관 내에서 서식하는 그람양성균으로 구균의 둥근 형태로 분변에 존재하는 세균이다. 대장균군에 대비하여 식품에서 검출률이 낮은 특성이 있으며 분변오염지표로 많이 활용된다. 포도당을 분해하여 젖산을 생성하는 원리를 활용하여 검출하며, *Enterococcus faecalis*와 *Enterococcus facieum*은 가장 흔하게 발견되는 장구균*Enterococcus* 속이다. 장구균은 건조, 고온, 냉동과 같은 식품 가공환경에서도 살아남아 냉동식품, 건조식품, 가열식품 등의 검사에서 활용되고 있다. 대장균과 장구균 중에서 오염지표균으로 어느 것이 더 적당한가에 대하여 명확하지는 않다.

## 2. 미생물의 생육과 영향인자

미생물 생육의 영향인자로 일반적으로 온도, 산소, 수분, pH가 있으며, 미생물의 종류에 따라 생육을 위한 영양분이 필요하다. 미생물 생육에 영향을 줄 수 있는 식품 고유의 특성에 기인하는 요소를 내인성 인자, 식품을 유통 및 보관하는 단계에서 미생물의 생육에 영향을 줄 수 있는 식품 외부의 환경조건을 외인성 인자로 구분한다.

## 1) 내인성 인자

미생물의 생육에 영향을 줄 수 있는 식품 고유의 특성으로 식품의 수분활성도Aw, pH, 산화환원전위, 영양성분, 천연항균성분, 보존제 등의 화학물질 함유 여부, 미생물의 공존 및 길항작용 등이 이에 해당한다.

### (1) 수분활성도

수분활성도water activity, Aw는 식품 내 수분 중에 자유수 혹은 약한 결합수와 같이 미생물이 사용할 수 있는 물의 비율을 나타낸다. 임의의 온도에서 그 식품이 갖는 수증기압($P_s$)에 대한 순수한 물이 갖는 최대수증기압($P_o$)의 비로 나타낸다.

$$\text{수분활성도}(A_w) = \frac{\text{식품의 수증기압}(P_s)}{\text{순수한 물의 수증기압}(P_o)}$$

식품의 수증기압은 0~1의 값을 가지며, 순수한 물의 수분활성도는 1이 된다. 식품 내의 물은 얼음과 같이 결정형태, 소금이나 당과 같은 극성 물질에 전기적으로 결합되어 있는 상태가 되면 미생물이 사용할 수 없는 상태가 되고 수분활성도가 낮아진다. 예를 들어, 건조, 농축, 염장, 당절임, 냉동과 같은 가공방법은 식품 내 수분활성도를 낮추어 미생물의 생육을 저해한다.

미생물별로 최저생육 가능한 수분활성도가 다른데 일반적으로 곰팡이는 0.80, 효모는 0.85, 그람양성균은 0.90, 그람음성균은 0.95 수준 이상을 요구한다. 초호염성 균은 0.71 수준, 호삼투압성 효모는 0.62, 수준내건성 곰팡이는 0.61 수준의 수분활성도에서도 견딜 수 있다.

### (2) pH

물질 내 수소이온 농도 수준을 나타내는 pH는 미생물의 생육에 영향을 주는 인자로, 미생물의 효소의 기능을 변화시키거나 영양성분을 세포 내로 운반할 때 영향을 미친다. 식품의 pH에 따라 생육할 수 있는 미생물의 종류 및 생육 정도가 다르다. 일반적으로 최소생육 pH는 세균 4.0~4.5, 효모 4.0, 곰팡이 2.0 수준이며, 최적 pH는 세균은 중성 부근인 pH 6.5~7.2, 효모는 4.01~4.5, 곰팡이는 3.0~3.5인 산성에서 잘 자란다. 따라서 단백질이 풍부한 중성 식품인 우유 및 육류는 세균에 의한 부패가 잘 일

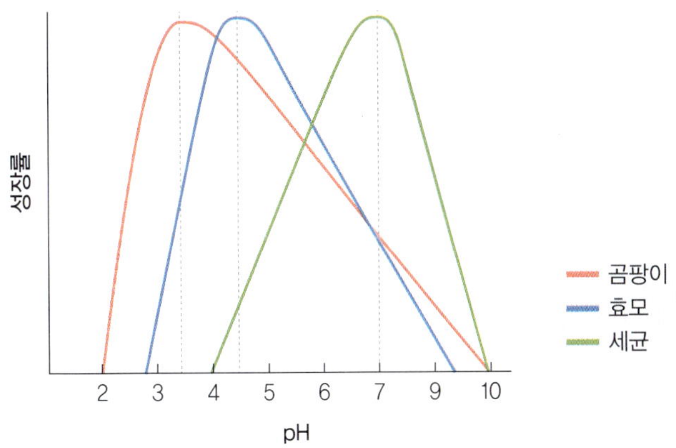


그림 2-10 **미생물의 pH에 따른 성장률**

어나며, 사과 딸기 등 과일 및 산성 식품에서는 효모 및 곰팡이에 의한 부패가 잘 일어난다.

중성이나 알칼리성에서 세균 세포는 음(−)전하charge 상태인데 이온화되지 않는 화합물은 세포 내로 쉽게 들어가지만, 이온화된 화합물은 세포 내로 들어가기 어렵다. 중성이나 알칼리성 상태에서 유기산은 안으로 들어가지 않으나, 산성 pH에서 유기산은 비 이온화되며 세포로 들어갈 수 있다. 유기산이 세포 내로 유입되면 수소 양이온($H^+$)은 세포막에 있는 단백질의 효소와 상호작용을 하여 세포 활성에 악영향을 주어 pH가 낮아지고 세균의 생육을 억제할 수 있다 그림 2-11.

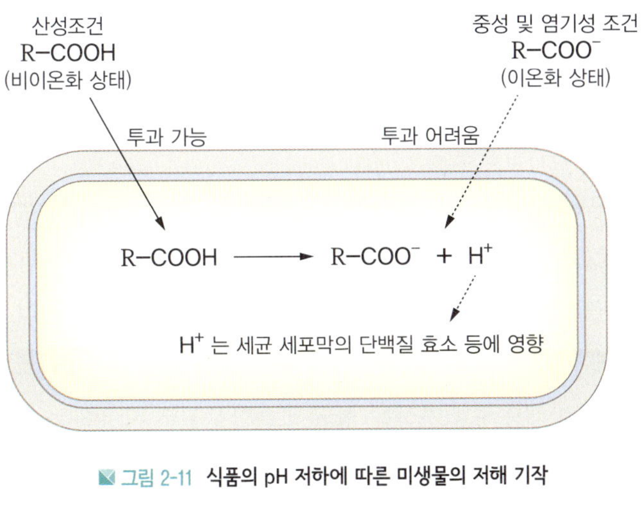


그림 2-11 **식품의 pH 저하에 따른 미생물의 저해 기작**

CHAPTER 2 생물학적 위해요소

### (3) 산화환원전위

산화환원전위oxidation-reduction potential, Eh란 어떤 물질이 전자electron을 잃고 산화되거나, 전자를 받고 환원되려는 경향의 강도가 어떤지를 나타낸다. 산화환원전위는 산화-환원 가역평형상태의 수용액에 백금과 같은 전극을 주입하여 발생되는 전위를 측정하여 확인할 수 있다. 산화된 상태의 물질은 +값으로 나타나는데 이때 호기성 미생물이 잘 증식한다. 즉 산소가 접한 식품 표면에 호기성 부패균이 증식하기 쉽다. 환원된 상태의 물질은 −값을 나타내며 혐기성균이 잘 생육할 수 있다. 일반적으로 같은 재료에서는 신선한 식품이 가공된 식품에 비교하여 상대적으로 −쪽의 산화환원전위를 보인다.

표 2-2 **산화환원전위와 생육할 수 있는 미생물 종류**

| 미생물 | 미생물 산소요구성 | 산화환원전위(Eh, mV) |
|---|---|---|
| *Pseudomonas fluorescens* | 호기성 | +500~+100 |
| *Staphylococcus aureus* | 통성혐기성 | +180~-230 |
| *Clostridium* spp. | 편성혐기성 | -30~-550 |

표 2-3 **산화환원전위와 생육할 수 있는 미생물 종류**

| 식품 | 산화환원전위 (Eh, mV) | 식품 | 산화환원전위 (Eh, mV) | 비고 |
|---|---|---|---|---|
| 덩어리 고기 내부 | -200 | 분쇄한 쇠고기 | +200 | 분쇄 가공 과정 후 호기성 균 생육 용이 |
| 원유 | +200 | 포도주스 | +400 | 과일주스는 착즙과 살균 가공이 되어 호기성균 생육 용이 |

### (4) 자연적 혹은 인위적 항균물질

식품에 자연적으로 항균물질을 포함하는 경우가 많은데 식품에 존재하는 항균물질을 자연유래 항균물질이라고 하며, 식품을 준비·가공하는 과정에서 첨가하는 항균물질을 인위적 항균물질이라고 한다. 자연유래 항균물질에는 달걀에 리소자임lysozyme, 녹차 및 허브 등에 있는 폴리페놀polyphenol, 겨자에 있는 티오시아네이트thiocyanate가 대표적이다. 인위적으로 식품에 첨가하는 항균성 화합물질은 사용하는 용도별로 살균소독제, 보존제, 항생제 등으로 구분한다.

### (5) 미생물의 영양원

모든 유기체는 환경에서 에너지 생성과 세포 생합성에 필요한 물질을 찾아서 살아간다. 모든 생명체는 에너지원을 필요로 한다. 미생물 증식을 위하여 사용되는 환경의 화학물질을 영양소라고 하며, 영양요구성에 따라 독립영양균과 종속영양균으로 구분한다. 독립영양균에는 광합성 색소를 가지고 있으며 빛에너지를 이용하여 ATP를 합성하는 광합성균과 무기물을 산화하여 에너지를 얻어내는 화학합성균이 있다. 대부분의 식품에는 유기물이 풍부하다. 유기물 형태의 탄소를 사용하는 미생물을 종속영양균이라 하며, 식품미생물에 있는 다수의 세균, 효모, 곰팡이는 주변으로부터 영양분을 획득하여 살아가며 식품의 발효미생물, 부패미생물, 병원성 미생물은 대부분 종속영양균이다.

표 2-4 **세균 세포의 주요 성분 및 기능**

| 구성원소 | 건조중량(%) | 주요 화합물 | 기능 |
|---|---|---|---|
| 탄소 | 50 | 유기화합물, $CO_2$ | 세포질의 주성분 |
| 산소 | 20 | $H_2O$, 유기화합물, $CO_2$, $O_2$ | 세포물질 구성성분, $O_2$는 호기성 호흡에서 전자수용체 |
| 질소 | 14 | $NH_3$, $NO_3$, 유기화합물, $N_2$ | 아미노산, 핵산뉴클레오티드. 코엔자임 성분 |
| 수소 | 8 | $H_2O$, 유기화합물, $H_2$ | 유기화합물 및 세포 주성분 |
| 인 | 3 | 무기인산염($PO_4$) | 핵산, 뉴클레오티드, 인지질, 지질다당체(LPS), 테이코산 |
| 황 | 1 | $SO_4$, $H_2S$, 유기황화합물 | 시스테인, 메티오닌, 글루타티온, 여러 보조효소 성분 |
| 칼륨 | 1 | 칼륨염 | 주요 효소에 대한 세포내 무기양이온 및 보조인자 |
| 마그네슘 | 0.5 | 마그네슘염 | 무기효소 양이온, 특정 효소반응을 위한 보조인자 |
| 칼슘 | 0.5 | 칼슘염 | 무기효소 양이온, 특정 효소에 대한 보조인자 및 내생포자 성분 |
| 철 | 0.2 | 철분염 | 사이토크롬과 일부 비철분 단백질의 성분 및 일부 효소반응을 위한 보조인자 |

출처 : Todar's online textbook of bacteriology. http://textbookofbacteriology.net/nutgro.html

## 2) 외인성 인자

외인성 인자는 식품을 유통 및 보관하는 단계에서 미생물의 생육에 영향을 줄 수 있는 식품 외부의 환경 조건으로 온도, 상대습도, 대기 기체조성이 해당된다.

### (1) 온도

미생물은 일정 온도에서 생육과 증식이 가능하다. 생육 가능한 온도범위와 가장 생육이 왕성한 온도인 최적생육온도는 미생물 종류별로 차이가 있다. 생육 가능한 온도 범위에 따라 호냉균psychorophile, 저온균psychrotroph, 중온균mesophile, 고온균thermophile으로 구분할 수 있다.

대부분의 식품미생물은 중온균이 많으며, 식품을 저장하는 온도에 따라서 생육에 영향을 준다. 생장을 억제하는 온도인 냉동이나 냉장 조건에서 식품을 저장하여 식품의 저장성과 안전성을 높일 수 있다. 다만 식중독을 일으키는 대부분의 병원성세균은 냉장온도에서 생육하지 않으나, 리스테리아균*Listeria monocytogenes*처럼 냉장조건에서도 생육 및 증식할 수 있는 경우가 있으므로 주의가 필요하다.

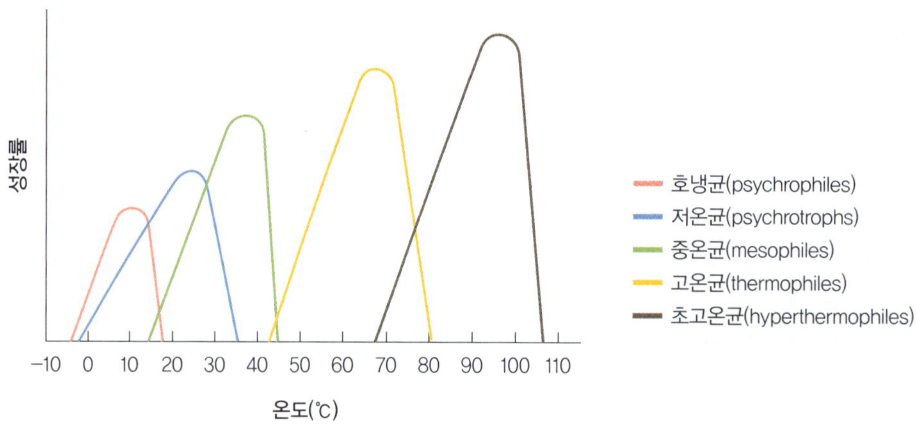


그림 2-12 미생물의 생육온도

표 2-5 생육온도에 따른 미생물 분류

| 구분 | 최저온도(℃) | 최적온도(℃) | 최고온도(℃) | 미생물 |
|---|---|---|---|---|
| 호냉균 | 영하 | 10~15 | 20 | *Flavobacterium*속 |
| 저온균 | 0 | 20~30 | 42 | *Pseudomonas fluorescens* |
| 중온균 | 10 | 28~43 | 52 | *Bacillus subtilis, Escherichia coli* |
| 고온균 | 30 | 50~85 | 80 | *Bacillus stearothermophilus* |

### (2) 상대습도

식품을 저장하는 환경의 상대습도는 미생물의 생육에 영향을 미칠 수 있다. 식품이 이미 충분한 수분활성도를 보유하고 있다면 상대습도 영향을 거의 받지 않겠으나, 건조식품처럼 낮은 수분활성도의 상태에서 높은 상대습도가 유입된다면 식품이 상대습도로 인한 수분을 흡수하여 건조된 식품의 수분활성도를 높여서 미생물 생육을 촉진할 수 있게 된다. 따라서 건조식품의 경우 높은 상대습도와 접촉하지 않도록 밀봉 보관이 중요하다. 건조식품에서 잘 서식하는 곰팡이는 상대습도에 따라 생육 영향을 쉽게 받을 수 있어 집중호우 등 기후 변화에 건조곡류 관리에 주의가 요망된다.

### (3) 대기 기체조성

미생물의 생육에 산소의 존재 여부가 매우 중요하며 미생물 생육에 필요한 산소요구

#### 미생물의 산소요구도와 관련 효소

산소는 전자를 하나만 받게 될 때 반응성 산소종(reactive oxygen species)을 발생시킬 수 있다. 미생물은 종류에 따라 산소에 의해 발생되는 반응성 산소종 및 라디칼과 같은 독성물질을 제거할 수 있는 효소를 생산할 수 있으며, 이들 효소 생산능력에 따라 산소가 있는 환경에서 생육 여부가 결정된다.

**표 2-6 산소에 의해 생성되는 독성물질과 제거효소 종류**

| 산소에 의해 생성되는 독성물질 | 산소 독성물질 제거효소 및 미생물 |
|---|---|
| superoxide($O_2^-$) | SOD(superoxide dismutase) : $2O_2^- + 2H^+ \rightarrow H_2O_2 + O_2$ |
| hydrogen peroxide | Catalase : $H_2O_2 + H_2O_2 \rightarrow 2H_2O + O_2$ |
| hydrogen peroxide | Peroxidase : $H_2O_2 + NADH + H^+ \rightarrow 2H_2O + NAD^+$ |

**표 2-7 미생물 산소요구성에 따른 산소 독성물질 제거효소 생산 여부**

| | 편성호기성 | 통성혐기성 | 미호기성 | 내산소혐기성 | 편성혐기성 |
|---|---|---|---|---|---|
| SOD | + | + | + | + | - |
| Catalase | + | + | +/-(low level) | - | - |

호기성 균으로 갈수록 이들 산소에 의한 독성물질을 제거할 수 있는 SOD나 catalase 효소활성이 있는 경우가 많다. 젖산균은 catalase는 없으나 대신 peroxidase 활성이 있다.

도에 따라 호기성 혹은 혐기성 미생물로 나눌 수 있다. 공기 중에는 20% 정도 산소가 있으나, 부패 미생물의 경우 산소 존재 조건하에서 생육하는 호기성 미생물이 많아 포장기술을 활용하여 미생물 생육을 억제, 품질 저하를 방지하고 식품의 저장기간을 증가시킬 수 있다. 산소의 양을 줄인 진공포장을 하거나, 산소를 이산화탄소나 질소가스로 대신 치환하는 기체조절 포장법modified atmosphere packaging, MAP이 많이 활용된다.

## 3. 식중독 발생의 역학조사 및 예방

### 1) 세계 식중독 발생 현황

#### (1) 식중독 발생 원인

2015년 WHO는 질병으로 인한 전체 인구의 수명에 영향을 주는 식품유래 위험요소를 세균, 바이러스, 기생충parasites, 독소toxins, 화학물질chemicals 범주 내 31가지를 주요 원인으로 지목하였다. 이들 물질로 인하여 나타는 증상 중 설사는 연간 5억 5,000만 명의 환자와 23만 명의 사망자를 발생시키는 것으로 추정되고 있다. 설사를 유발하는 주요 요인으로는 노로바이러스, 병원성대장균, 캠필로박터, 비장티푸스non-typhoidal 살모넬라가 지목되고 있다. 5세 미만의 어린이들은 전 세계 인구의 9%에 불과하지만 식품유래 위험요소에 의한 질병 부담의 40%를 차지해 취약한 연령대로 나타났다. 사망에 이르는 주요 원인으로는 비장티푸스 살모넬라 엔테리카non-typhoidal *Salmonella enterica*, *Salmonella Typhi*, 돼지촌충*Taenia solium*, A형 간염바이러스hepatitis A virus, 곰팡이독소인 아플라톡신aflatoxin이 주요 요인으로 나타났다.

매해 10명 중 1명은 식중독으로 인한 질병으로 고생하며 질병 발병률과 사망률 외에도 WHO는 장애보정손실년수Disability Adjusted Life Years, DALY로 질병 부담을 추정하였는데, 이는 건강한 삶이 손실되는 연수healthy life years lost 개념으로 식품유래 질환에 따른 세계적 부담이 3,300만 DALY에 이르는 것으로 계산되었다. 전 세계적으로 1,800만 DALY가 식중독 설사형으로 인해 나타나며, 특히 비장티푸스 살모넬라 엔테리카 및 장병원성대장균enteropathogenic *E. coli*, EPEC이 설사의 주 요인으로 나타났다.

비장티푸스 살모넬라는 전 세계 모든 지역에서 공중보건의 위협요소이며, 장티푸스typhoid fever, 식품유래 콜레라foodborne cholera 및 병원성대장균pathogenic *E. coli*에 의한 질병은 저소득 국가에서 훨씬 흔하게 발생한다. 반면에 캠필로박터균*Campylobacter* spp.은 고소득 국가에서 중요한 병원균으로 나타났다.

## 2) 국내 식중독 발생 현황

### (1) 식중독 발생 원인 시설 및 물질

국내 식중독 발생 현황은 식품의약품안전처가 2002년부터 통계시스템을 통하여 월별, 연도별, 지역별, 원인시설별, 원인물질별 발생건수와 환자 수를 공개하고 있다.

식약처 식중독 통계자료에 의하면, 최근 5년간(2016~2020년) 식중독 발생 건수는 음식점, 학교, 학교 외 집단급식에서 자주 발생하고 있다.

식중독 원인물질은 대부분이 생물학적 위험인자로서 화학적 위험인자인 자연독이나 화학물질에 의한 발생건수는 매우 낮았다. 최근 5년간 노로바이러스와 병원성대장균이 원인물질로 규명된 미생물 중에서 가장 빈번하게 발생하는 것으로 나타났으며, 원충, 살모넬라 속, 캠필로박터 제주니 등이 그 뒤를 이었다.

지난 2016년부터 2020년까지 식중독 발생 통계분석 결과, 5년 평균 식중독 환자 수의 38%가 여름철(6~8월)에 발생하였고, 환자 수 집계에 따른 시설별 순위로는 학교, 음식점, 학교 외 단체급식소 순서였다.

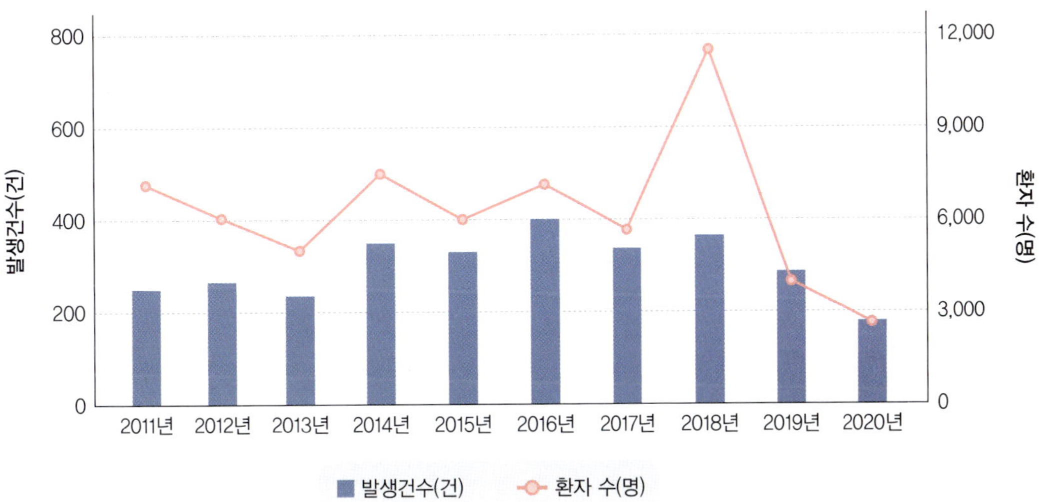


그림 2-13 **국내 식중독 발생 현황(발생건수 및 환자수) 통계**

출처 : 식품안전나라, 식중독 통계(http://www.foodsafetykorea.go.kr)

CHAPTER 2 생물학적 위해요소

2002~2011년 국내 식약처 통계자료를 집계하여 식중독 원인시설별 원인물질의 관련성 자료분석을 실시한 결과에 따르면, 급식소에서 발생한 식중독은 캠필로박터, 병원성대장균, 클로스트리디움 퍼프린젠스, 노로바이러스와 연관성이 높았으며, 음식점에서 발생한 식중독은 장염비브리오 및 살모넬라 식중독과 연계성이 높은 것으로 나

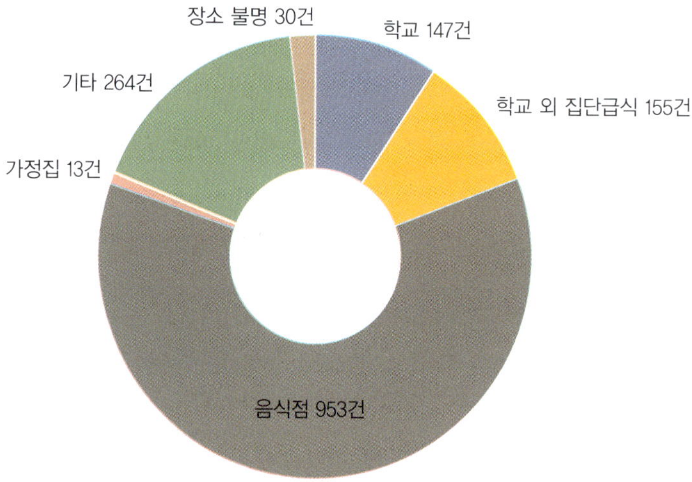


그림 2-14 최근 5년간 원인시설에 따른 식중독 발생건수

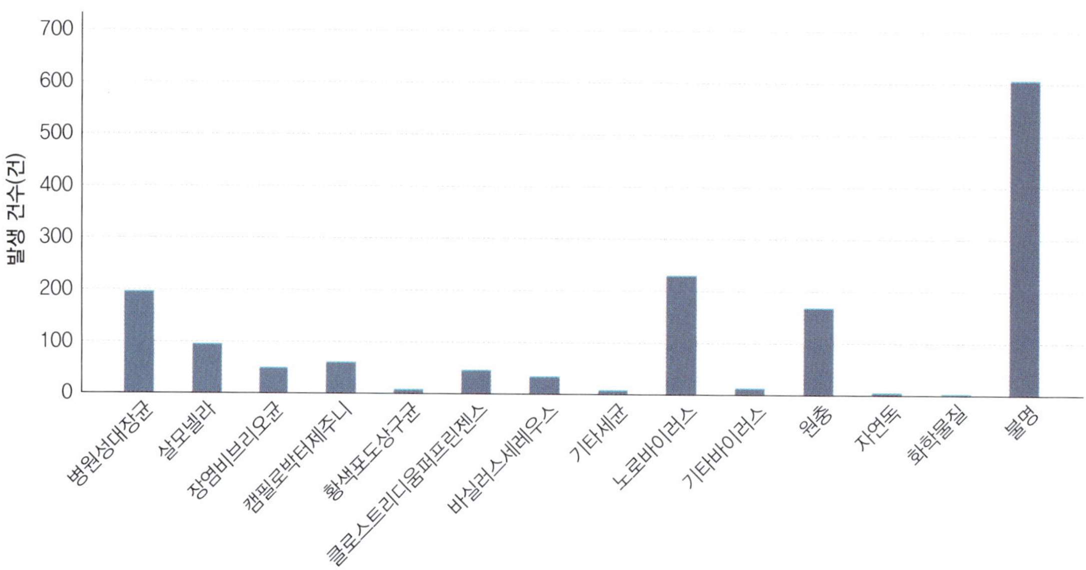


그림 2-15 최근 5년간 원인물질에 따른 식중독 발생건수

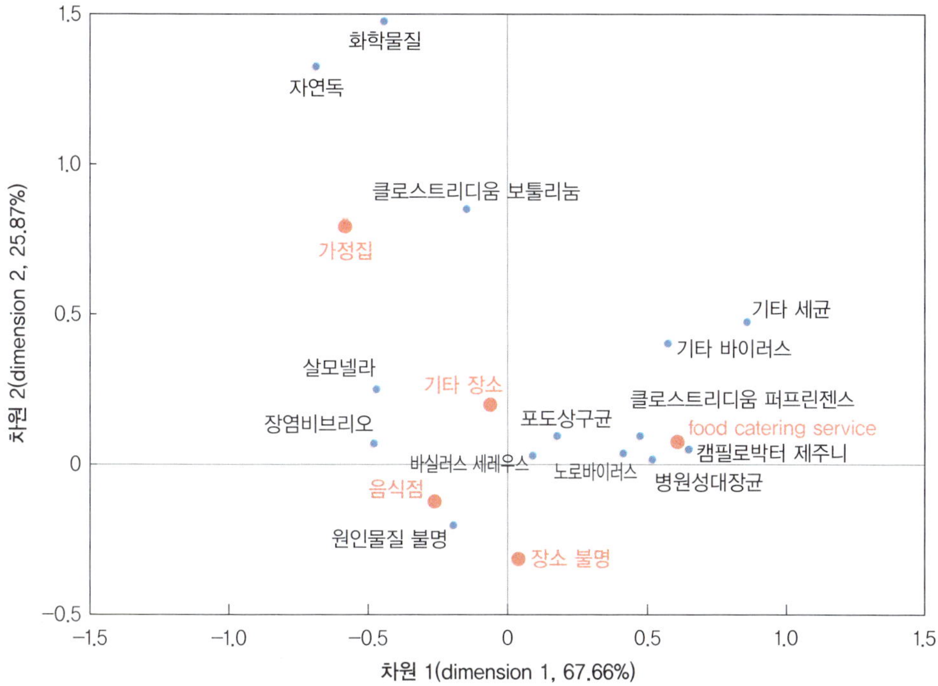


그림 2-16 **식중독 원인시설별 원인물질의 관련성**

출처 : 이종경 외, Foodborne Pathogens and Disease, 2016

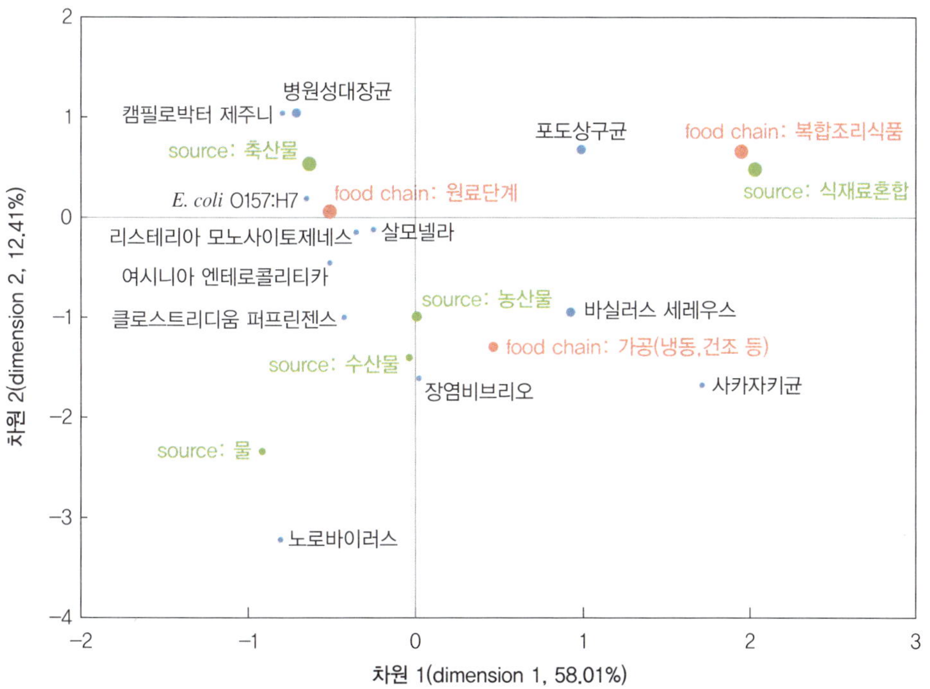


그림 2-17 **식재료 및 식품별 식중독균 오염 현황**

출처 : 이종경 외, Foodborne Pathogens and Disease, 2016

타났다 그림 2-16.

### (2) 식품별 식중독 원인물질

국내에서 생산된 식품별 미생물 분석자료를 보면 국내 축산물에서 캠필로박터, 병원성대장균, 살모넬라균이 검출되는 경우가 많았으며, 수산물에서 장염비브리오 및 노로바이러스 오염 관련 데이터가 제시되었다. 건조된 해조류 및 농산물에서 바실러스 세레우스*Bacillus cereus*와 클로스트리디움 퍼프린젠스에 대한 포자형 미생물에 대한 연구 및 복합조리식품에서 포도상구균의 검출 관련 연구결과가 다수 진행되었다 그림 2-17.

농산물에 대한 미생물 오염도 관련 연구는 국내에서는 오염지표균인 총 균수와 대장균 중심으로 이루어졌는데, 농산물 품목별 미생물 분석 관련 자료에 의하면 총 균수 수준이 높고 위생지표인 대장균 검출 샘플이 많은 농산물은 엽채류 및 새싹발아채소류로 지목되고 있다 그림 2-18.

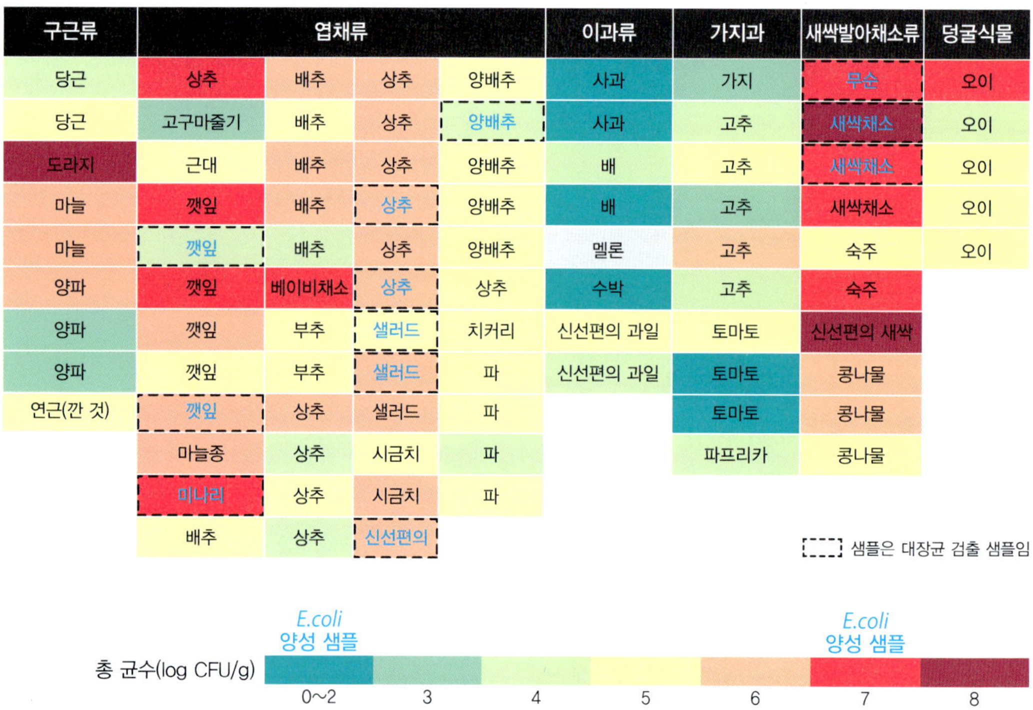


그림 2-18 **농산물 분류에 따른 총 균수/대장균 수준 분석 : 최근 13년간(2003~2015) 논문의 농산물 89건 data 분석**

출처 : 이종경, 2015

### 3) 식중독 원인·역학조사

식중독 원인·역학조사란 식중독 확산을 차단하고 재발 방지를 목적으로 식중독 환자나 식중동 의심환자 발생 규모를 파악하고 발생 원인균, 원인식품 및 발생경로를 파악하기 위해 실시하는 조사이다.

식중독 사고를 예방하기 위해서는 오염된 식품이 무엇인지, 무엇에 오염되었는지, 그리고 오염경로가 어떻게 되는지를 정확히 알아야 똑같은 사고가 다시 발생하지 않도록 예방조치를 취할 수 있을 뿐만 아니라 여러 지역으로 식중독이 확산되는 것을 사전에 차단할 수 있다.

따라서 식약처와 보건소에서는 식중독 의심환자가 발생되었다는 신고를 받으면 발생 현장에 조사반을 출동시켜 환자 설문조사, 인체 검체와 보존식 수거검사, 조리환경조사, 식재료 공급업체 추적조사 등 역학조사를 통하여 식중독 발생 오염원과 경로를 찾고 재발 확산 방지를 위한 개선조치를 실시하고 있다.

조사를 수행하는 자는 소정의 전문교육 등을 이수한 지자체 및 식약처 식품위생·감염병 담당공무원이다. 세부적으로 식품위생담당은 환경조사, 보존식 수거, 식재료공급업소 추적조사 등을 실시하고, 감염병담당(간호사, 보건요원, 임상병리사 등)은 환자 설문조사, 인체 검체 채취 등을 실시한다. 검사담당(보건소, 보건환경연구원, 식약처)은 인체 검체, 보존식 등에 대한 세균·바이러스 등 이화학적 검사 등을 실시한다.

식중독 원인·역학조사 결과, 역학적으로 관련이 있는 식품에서 원인물질(병원성미생물, 바이러스, 독소, 화학물질 등)이 검출되거나 환자 2인 이상에서 동일한 혈청형 또는 유전자형의 미생물이 검출되면 식중독으로 판정한다. 그러나 식품은 여러 가지 성분으로 복잡하게 구성되어 있으며, 식중독을 일으키는 균이나 독소 등은 식품에 극미량 존재하므로 식품에서 원인균이 검출되지 않는 경우가 많다. 또한 환자 인체 검체의 경우에도 검체(대변, 구토물 등) 채취를 거부하거나 병원에서 항생제 치료를 받아 원인물질이 검출되지 않는 경우가 많아 원인 규명에 어려움이 있다.

식중독 발생 시 대응을 위한 체계 그림 2-19와 식중독 신고 및 원인·역학조사 절차 그림 2-20에 따라 식중독 원인·역학조사가 이루어진다.

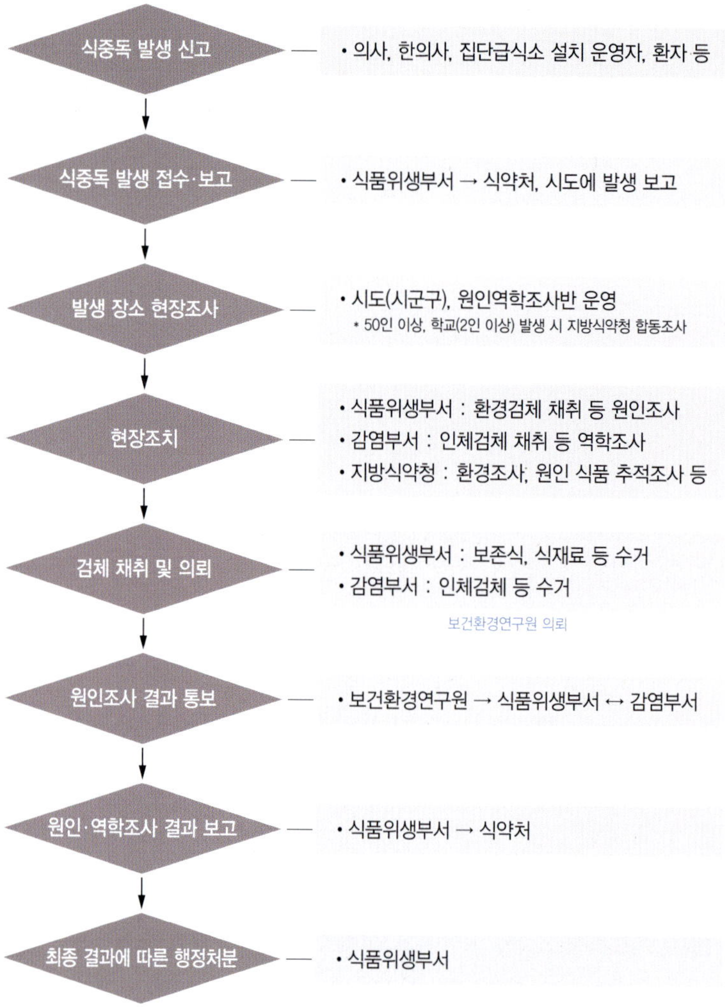


그림 2-19 **식중독 발생시 대응 흐름도**
출처 : 식품의약품안전처 식중독 표준업무지침, 2018

◎ 준비단계 : 원인조사반을 구성하고 업무를 분장하며 검체 채취기구를 준비한다.

◎ 현장조사단계 : 취급자의 설문조사 및 위생상태를 확인하고 현장 시설 조사로 현장을 확인하며, 검체 채취 및 의뢰를 실시하고 수집된 데이터를 분석하여 가설을 설정한다.

◎ 정리단계 : 오염원과 경로를 추정한다.

◎ 조치단계 : 확산 방지를 위한 예방조치를 실시하고 결과를 보고한다.

※식중독 조기 경보 시스템 : 식중독 발생 학교와 동일한 식재료를 사용하는 학교에 주의 경보

그림 2-20 **식중독 신고 및 원인·역학조사 절차**

출처 : 식품의약품안전처 식중독 표준업무지침, 2018

**표 2-8 식중독 원인·역학조사 단계별 세부사항**

| 역학조사 단계 | 세부사항 |
|---|---|
| 준비단계 | 원인조사반 구성, 업무 분장, 검체 채취기구 준비 |
| 현장조사단계 | 1. 식품취급자 설문조사 및 위생상태 확인<br>• 추정 식품의 전처리, 가공, 보관 등에 누가 참여했는지, 원인 추정식품이 제공되기 전 소요된 시간 등을 단계별 구분 확인<br>• 종사자의 건강관리상태(질병, 손 상처 등), 의심 원인 추정식품의 취급상태, 위생의식 수준, 개인위생관리 등을 조사하여 위생상의 문제점 도출<br>2. 현장 시설 조사를 통한 오염원 추정<br>• 식품의 유통기록, 제품 검사기록 등을 검토하고 현장 오염 실태조사 실시<br>• 해충의 침입, 가금육·돼지·기타 생육에 의한 교차오염, 세척방법의 적정성, 작업자의 개인위생관리 여부 등을 확인<br>• 현장 조리 공정, 작업동선 등을 확인하고, 식재료의 검수·보관·전처리·조리·배식(제공) 공정상의 위생관리 상태 확인<br>3. 검체 채취 및 의뢰<br>• 환자가검물, 오염원으로 추정되는 보존식·식품용수·식수·식재료 등에 대한 검체 채취 및 검사 의뢰<br>4. 데이터 분석 및 가설 설정<br>• 설문조사 분석을 통하여 질병의 유형을 분류하고, 가설 설정·검증<br>• 유행곡선(식중독은 가파른 곡선, 감염병은 완만한 곡선), 잠복기, 발병률 산출<br>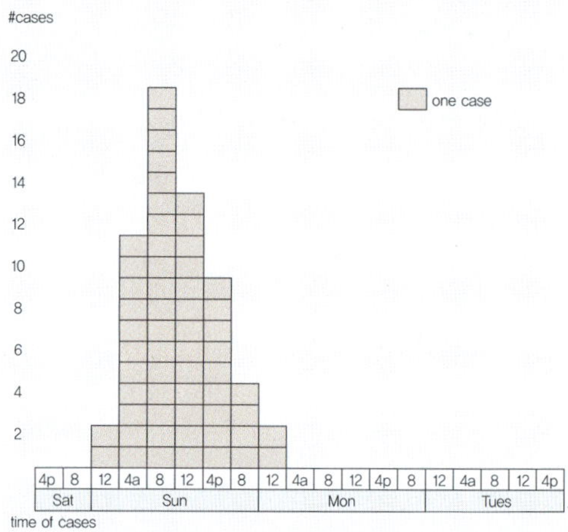<br><br>식중독에 의한 유행 곡선<br>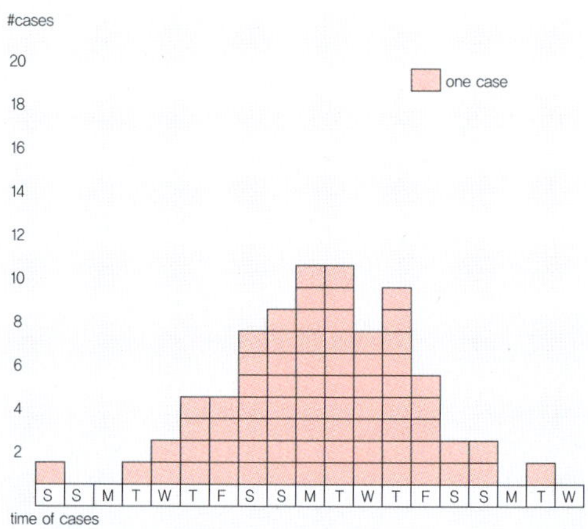<br><br>감염병에 의한 유행 곡선 |

(계속)

| 역학조사 단계 | 세부사항 |
|---|---|

**현장조사단계**

| 증상 | 환자 수 | 증상률(%) (총환자수 20) |
|---|---|---|
| 구토 | 17 | 85 |
| 구역질 | 12 | 60 |
| 설사 | 12 | 60 |
| 복통 | 6 | 30 |
| 두통 | 3 | 15 |
| 미열 | 2 | 10 |

※ 발병 증상별 비율 = 증상 환자 수 ÷ 총 환자 수 × 100

- 잠복기는 오염된 식품의 섭취와 질병의 초기 증상이 나타난 시점 사이의 간격(잠복기)을 계산하여 추정 중인 질병이 감염형인지 독소형인지 판단
- 발병률은 특정 음식을 먹은 사람 중 아픈 사람의 비율과 특정 음식을 먹지 않은 사람 중 아픈 사람의 비율을 대조하여 어떤 식품이 질병과 관련있는지를 확인함. 다음 식단에서 원인 추정식품은 A그룹과 B그룹 간 발병률 차이가 가장 큰 식품(아이스크림)을 원인식품으로 추정함

| 식품 | 특정 식품을 섭취한 사람(A 그룹) | | | | 특정 식품을 섭취하지 않은 사람(B 그룹) | | | |
|---|---|---|---|---|---|---|---|---|
| | 유증상 | 무증상 | 총계 | 발병률(%) | 유증상 | 무증상 | 총계 | 발병률(%) |
| 햄 | 29 | 17 | 46 | 63 | 17 | 12 | 29 | 59 |
| 샐러드 | 18 | 10 | 28 | 64 | 28 | 19 | 47 | 60 |
| 빵 | 18 | 9 | 27 | 67 | 28 | 20 | 48 | 58 |
| 아이스크림 | 43 | 11 | 54 | 80 | 3 | 18 | 21 | 14 |

| 역학조사 단계 | 세부사항 |
|---|---|
| 정리단계 | 확보된 기본자료, 현장 확인 및 점검 결과, 검사 현황, 의학 참고자료 등을 바탕으로 여러 발생원인 인자에 대한 분석을 통하여 발생 오염원 및 경로 추정 |
| 조치단계 | 조사결과, 급식 및 식재료, 음용수 등의 식품매개로 인한 중독으로 의심이 되거나 추정되는 경우 급식 중단 조치와 함께 관련 식품 및 식재료 등의 사용금지 또는 폐기 조치 실시 |

출처 : 식품의약품안전처 https://www.mfds.go.kr/fm/content/view.do?contentKey=29&menuKey=157; https://www.mfds.go.kr/fm/content/view.do?contentKey=31&menuKey=159

### 4) 식중독 발생 시 위기 대응

식중독 발생 시 위기 대응은 식중독 발생을 신고하는 초동조치, 현장에서 역학조사 진행을 위한 현장조치, 역학조사 이후 사후조치로 구분할 수 있다. 특히 의사와 단체 급식소는 식중독 확산 방지를 위하여 신고할 의무가 있다. 어린이급식소에서도 동일한 방식으로 식중독 발생 시 대응을 하되, 특히 유아의 기도가 막히지 않도록 자세를 확보하고 의사의 지시에 따라야 한다.

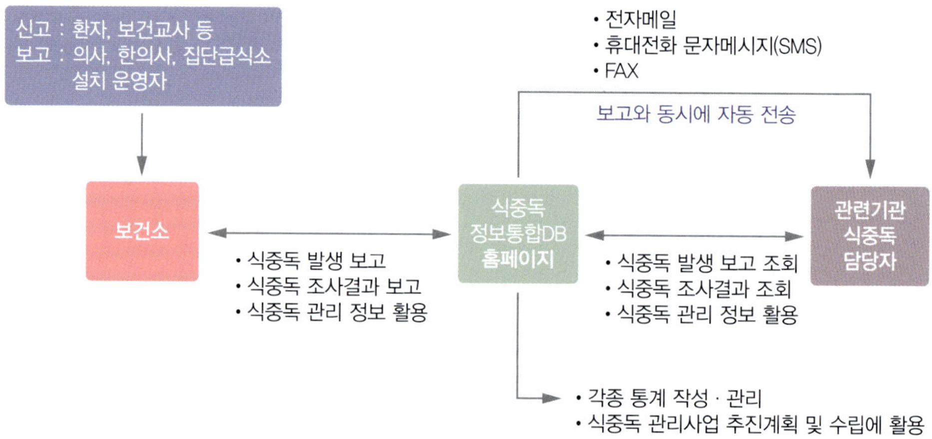


그림 2-21 **식중독 발생 시 대응(식중독 신속 동시 보고 시스템 체계)**
출처 : 식품의약품안전처, 식중독예방 대국민 홍보사이트

표 2-9 **어린이 급식소 식중독 발생 시 대처방법**

| 위기 대응과정 | 세부사항 |
|---|---|
| 신고 | • 급식을 중단하고 즉시 시·군·구청 담당부서 및 관할 보건소에 보고하며 필요한 응급조치를 취한다. |
| 환자조치 | • 영유아의 경우 구토물에 의해 기도가 막힐 수 있으므로 옆으로 눕힌 상태에서 보살핀다.<br>• 의사의 지시를 따르며 함부로 지사제 등을 복용하지 않아야 한다. |
| 급식현장 관리 | • 급식 현장을 그대로 보존하고, 설사 환자 파악, 현장조사, 가검물 및 보존식 수거 등 보건소 역학조사에 적극 협조한다.<br>• 보존식과 현장을 임의로 폐기, 훼손하는 행위를 하는 경우 과태료가 부과된다. |
| 역학조사 이후 관리 | • 보건소의 역학조사 이후 시설과 기구에 대한 살균, 소독을 실시한다. |

출처 : 2017년 어린이 급식관리지침서

## 5) 식중독 예방방법

식품 안전은 농민, 가공업체, 유통업체, 소비자에 이르기까지 식품 공급체인food supply chain 전체에서 이루어져야 한다. WHO는 식품 안전을 위하여 식품을 취급하는 업체와 소비자에게 5가지 주요 지침과 세부적으로 지켜야 할 사항을 제시하였다 표 2-12.

### (1) 청결 유지

① 식품 취급하기 전과 취급 시 손 씻기, 화장실 다녀온 후 손 씻기

② 식품의 조리 설비 및 도구의 세척 및 살균

③ 조리장소 및 식품에 곤충, 해충 및 기타 동물 접근 불가

### (2) 비가열식품과 가열식품의 분리

① 날고기, 가금류 및 해산물은 다른 식품과 분리 취급

② 칼과 도마 구분 사용

③ 가열식품과 비가열식품의 접촉 방지, 별도 용기 보관

### (3) 식품의 철저한 가열조리

① 육류, 가금류, 달걀 및 해산물은 완전히 익을 때까지 가열조리

② 수프나 스튜 같은 음식은 완전히 끓여 중심온도가 70℃ 이상 도달할 때까지 가열함. 육류 및 가금류의 경우 육즙이 분홍색이 없어질 때까지 가열함. 온도계 사용 권장

③ 이미 조리가 되었던 식품은 섭취 전 완전하게 재가열

### (4) 안전한 온도에서 식품 보관

① 조리된 음식을 실온에서 2시간 이상 방치 금지

② 조리된 식품 및 부패하기 쉬운 모든 음식 즉시 냉장 보관(5℃ 이하 권장)

③ 조리된 식품은 제공 전 60℃ 이상 온도 유지

④ 장기간 냉장고에 보관 금지

⑤ 상온에서 냉동식품 해동 금지

### (5) 안전한 물과 원재료 사용

① 안전한 물을 사용하고 안전하게 취급

② 신선하고 질 좋은 식품 선택

③ 살균우유처럼 안전하게 가공된 식품을 선택

④ 날것으로 먹는 과일과 채소는 세척 필수

⑤ 유통기간이 지난 식품 사용 금지

표 2-12 **WHO의 식품안전을 위한 5대 행동**

| 5대 행동 | 해당 항목 | |
|---|---|---|
| 1. 청결 유지 | • 개인위생관리<br>• 조리 및 설비 위생관리<br>• 환경위생관리 |  |
| 2. 비가열식품과 가열식품의 분리 | • 교차오염 방지<br>• TCF food의 시간-온도 관리 |  |
| 3. 식품의 철저한 가열조리 | • 철저한 가열조리 미생물 사멸<br>• 조리 완료 식품의 섭취 전 재가열 |  |
| 4. 안전한 온도에서 식품 보관 | • 조리된 음식에서 미생물 증식 방지(찬 음식은 차게, 뜨거운 음식은 뜨겁게 온도 유지) |  |
| 5. 안전한 물과 원재료 사용 | • 안전한 물과 식재료 사용 및 안전하게 가공된 식품 선택<br>• 과일, 채소 세척을 통한 위해요소 저감 |  |

출처 : WHO, Five Keys for Safer Food Manual, 2006

### TCS(temperature control for safety) food: 안전을 위해 시간·온도 관리가 필요한 식품

수분과 단백질을 함유하고 중성이나 약산성 식품으로 미생물 증식과 독소 생산을 억제하기 위하여 온도-시간 관리가 필요한 식품

CHAPTER

# 3

# 세균성 식중독

1. 세균성 식중독의 분류
2. 세균성 식중독균
3. 바이러스성 식중독균

## 1. 세균성 식중독의 분류

식중독은 일반적으로 발병 원인물질에 따라 생물학적 식중독(세균성 식중독), 자연독 식중독, 화학적 식중독으로 분류한다. 이 장에서는 생물학적 식중독인 세균성 식중독에 대하여 살펴본다.

생물학적 식중독은 미리 일정한 수 이상으로 증식한 세균이나 바이러스 또는 그 대사산물인 독소를 함유하는 식품을 섭취하여 발병하는 경우를 말하며, 감염형infection, 독소형intoxication, 독소감염형toxicoinfection(중간형)의 세균성 식중독과 바이러스형 식중독으로 나눌 수 있다.

### 1) 감염형 식중독

감염형 식중독은 식품 중에 미리 증식한 식중독균을 식품과 함께 섭취하여, 이들 병원체가 장관 내 점막을 통과하고 구토, 복통, 설사 등 급성 위장염 증세를 나타내는 것을 말한다. 식중독균이 장관에서 증식하여 발병하기까지 8~24시간 정도의 잠복기가 있다.

감염형 식중독의 원인이 되는 병원체는 살모넬라*Salmonella*, 장염비브리오*Vibrio*, 병원성 대장균*Escherichia coli*이 대표적이며, 캠필로박터*Camphylobacter*, 여시니아*Yersinia*, 웰치*Welchii*, 세레우스*Cereus* 등도 포함된다.

### 2) 독소형 식중독

독소형 식중독은 병원체가 증식할 때 생성되는 독소를 식품과 함께 섭취했을 때 나타나는 위장관 이상 증세를 말한다. 잠복기는 감염형보다는 짧아 보통 3시간 정도이며 생균의 유무와는 관계없이 독소가 파괴되지 않는 한 식중독의 위험이 있다. 대표적인 원인균으로는 포도상구균, 특히 황색포도상구균*Staphylococcus aureus*과 클로스트리디움 보툴리눔*Clostridium botulinum* 등이 있다.

### 3) 독소감염형(중간형) 식중독

독소감염형 식중독은 병원체가 식품과 함께 우리 몸에 들어와 장에서 증식하여 감염을 일으킴과 동시에 독소를 분비하여 증세를 일으킨다. 미생물이 인체 내부에서 증식하여 질병을 일으키는 독소를 생산하는 것이 독소형 식중독하고는 다르다. 대표적 원인균은 클로스트리디움 퍼프린젠스*Clostridium perfringens*, 바실러스 세레우스*Bacillus cereus*가 있다.

**바이러스형 식중독**

비교적 기온이 낮은 12~2월에는 '세균성 식중독'보다는 '바이러스성 식중독'이 많이 발생한다. 바이러스성 식중독이란 바이러스에 오염된 물이나 식품을 섭취하여 일어나는 건강상의 장해를 말하며, 주요 원인 바이러스로는 2006년 6월 우리나라를 떠들썩하게 했던 노로바이러스(norovirus)와 A형 간염바이러스(hepatitis A virus), 로타바이러스(rotavirus)가 대표적이다.

## 2. 세균성 식중독균

세균성 식중독균은 식품을 섭취할 때 함께 사람의 몸속으로 유입되어 건강상의 장해를 유발하는 병원체로 '식품 기인성 병원체food-born pathogen'로 볼 수 있다.

### 1) 살모넬라속(*Salmonella* spp.)

우리나라에서 많은 환자를 발생시키는 감염형 식중독균 중의 하나로 미생물 증식이 잘 되는 여름철인 6~9월에 식중독을 많이 발생시키는 균이다.

#### (1) 살모넬라균의 특징

1885년 Salmon과 Smith에 의해 돼지콜레라의 원인균으로 처음 분리되었고, 1887년 Gartner에 의하여 식중독 원인균으로 발견되었다. 우리나라에서 가장 많이 발견되는 살모넬라균은 *Salmonella typhimurium*, *Salmonella enteritidis*균이다. 살모넬라는 이질균이나 대장균과 같은 장내세균과에 속하는 균으로 비교적 열에 약하여 62~65℃의 저온에서 30분 가열하면 사멸된다. 저온이나 건

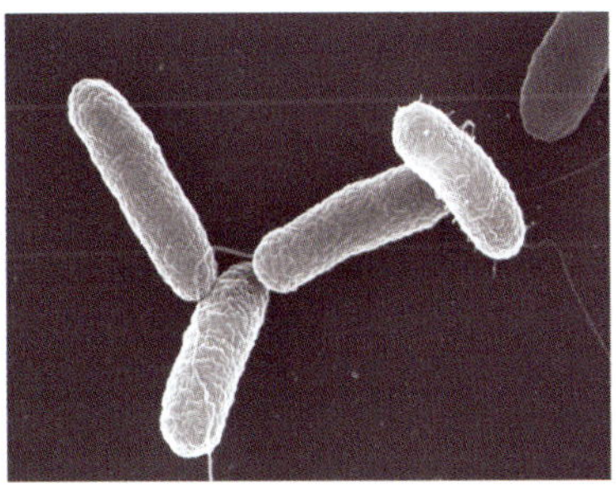

그림 3-1 살모넬라 티피뮤리움(*Salmonella typhimurium*)

조한 환경에서는 저항성이 강하고, 토양이나 물에서 장기간 생존이 가능하여 6~9월에 식중독 사건이 가장 많이 발생된다. 겨울에는 발생빈도가 낮으나 실내 난방으로 인하여 최근 증가되는 경향이다. 미국이나 영국 등 선진국에서도 가장 많이 발생되고 있는 식중독 원인균으로 가열된 조리식품도 가열이 충분치 못하였거나 2차오염에 의해 원인식품이 될 수 있으며 산발적인 설사의 원인균이다. 최근에는 가정에서 키우는 애완동물이 살모넬라의 중요한 오염원으로 주목되므로 어린이나 노인들의 위생관리에 주의해야 한다.

### (2) 원인식품 및 오염경로

원인식품은 특정식품에 국한되지 않고 다양하지만 국가별로 식습관의 차이에 의해 다소 다르며, 주로 식육과 알류가 그 원인식품이다. 살모넬라균은 사람이나 가축의 분변에 널리 분포되어 있고, 메추라기알이나 달걀과 같은 알류와 식육류 그리고 분변에 직·간접적으로 오염된 식품에서 증식한다. 따라서 메추리알이나 달걀을 이용한 음식물과 도시락 반찬용 식육제품들이 원인식품이 될 수 있다. 현대적 시설을 갖춘 양계장에서 생산되는 달걀은 살모넬라의 오염 우려가 적지만, 메추라기알은 달걀보다 껍질이 얇아 금이 가기 쉽고 이를 통한 오염이 용이하므로 주의한다.

### (3) 증상

살모넬라 식중독의 잠복기는 8~48시간으로 균종에 따라 다양하지만 평균 24시간 전후이며 주요 증상은 복통, 설사, 구토, 발열, 현기증 등이다. 설사는 물 같은 변으로 1일 수회 정도이며 혈변이나 점액변을 수반하는 경우도 있고 발열은 38℃ 전후의 열이 있다. 경과는 비교적 짧아서 가벼운 경우 2~3일 내 또는 1주일 이내에 회복된다.

### (4) 예방대책

살모넬라균은 자연계에 널리 분포되어 있기 때문에 인위적으로 모든 살모넬라균을 제거하기란 어려우나 다음과 같은 방법으로 예방이 가능하다.

① 달걀, 생육 등은 저온유통하여 세균의 증식을 방지한다.

② 육류의 생식을 자제하고, 음식물 제공자나 소비자는 가열조리를 철저히 한다.

③ 조리된 식품은 가급적 빨리 먹으며 장기간 보존하지 않는다.

④ 2차 오염을 방지하기 위하여 조리에 사용된 기구 등은 세척 및 소독한다.

⑤ 식품취급자는 시설의 위생관리를 철저히 하고, 자신이 오염매개체가 되지 않도록 한다.

### 佛 '살모넬라균 분유' 사태... 83개국 1,200만 상자 리콜

식중독 원인 가운데 하나인 살모넬라균에 오염된 것으로 알려진 프랑스 락탈리 사의 분유가 세계 83개국에서 리콜된다. AFP통신은 최근 프랑스 대표 유제품 업체인 락탈리의 최고경영자(CEO) 에마뉘엘 베스니에는 프랑스 매체 〈주르날 뒤 디망슈〉와 인터뷰에서 "1,200만 상자 분량"이라며 이같은 대대적인 리콜 계획을 밝혔다. (중략)

현재까지 이 회사의 분유를 먹은 영아 35명이 살모넬라균에 감염됐다고 피해 가족이 회사를 상대로 소송을 제기했으며 스페인과 그리스에서도 피해 사례가 보고돼 당국이 조사 중이다.

KBS 인터넷 뉴스, 2018.1.15.

### 전남 목포 식당서 식중독 증상... 살모넬라균 검출

손님 수십 명이 식중독 증상을 보인 전남 목포의 한 식당에서 식중독의 원인이 되는 살모넬라균이 검출됐습니다. 전남 목포시보건소는 최근 손님 50여 명이 식중독 증상을 보인 식당의 직원 가검물에서 식중독을 일으키는 살모넬라균이 검출됐다고 밝혔습니다. 목포시보건소는 해당 식당에 대해 영업정지 1개월 처분을 내릴 예정입니다. (중략) 전남 목포시 상동에서 보리 비빔밥을 전문으로 하는 해당 식당에서는 지난 11일 손님 50여 명이 식중독 의심 증상을 보여 보건소가 역학조사를 벌였습니다.

YTN 사이언스 투데이, 2017.10.18.

### 美 FDA 반려견 간식 3종 리콜... 살모넬라 검출

미국 식품의약국(FDA)이 반려동물 식품 3종을 살모넬라균 오염 가능성을 우려해 회수 조치했다고 미국 시애틀타임스가 지난 11일(현지시간) 보도했다. 리콜 대상은 레드반(Redbarn)의 내추럴스 7인치 불리 스틱 도그 츄스(Naturals 7-inch Bully Stick Dog Chews) 3팩, 로스 포 포스(Raws for Paws)의 첩스 오브 그라운드 터키 펫 푸드(chubs of Ground Turkey Pet Food) 5파운드들이와 1파운드들이, 스모크하우스 펫 프로덕츠(Smokehouse Pet Products)의 반려견 간식 비피 먼치스(Beefy Munchies) 4온스들이 등이다. FDA는 지난 8일 시중에 유통된 3종 제품 일부에서 살모넬라균이 검출돼, 전 제품이 살모넬라균에 오염됐을 가능성이 있어서 리콜을 결정했다고 발표했다. 살모넬라는 식중독 원인균으로, 티푸스성 질환을 일으킨다. (이하 생략)

노트펫 뉴스, 2018.2.12.,

### 세균성 식중독과 경구감염병의 차이

세균성 식중독과 경구감염병은 매개체가 식품이고 초기 증상이 비슷하다는 점에서 유사하다. 세균성 식중독은 일반적으로 전염성은 없고 물이나 식품의 섭취로 인체에 세균과 같은 미생물 또는 유독물질 등에 의하여 발생하는 질환을 말한다. 다만 노로바이러스 식중독은 사람과 사람 간의 전염성이 있는 예외적인 경우이다. 반면 경구감염병은 특정 병원체나 독성물질이 감염된 사람으로부터 다른 사람에게 감염되는 전염성 질환을 말한다.

| 차이점 | (세균성) 식중독 | (경구) 전염병 |
|---|---|---|
| 원인병원체의 양 | 일정량 이상(수백~수백만 개) | 미량 |
| 잠복기 | 비교적 짧음 | 긺 |
| 원인균 검출 | 비교적 쉬움 | 어려움 |
| 사람 대 사람 간의 전염성 | 극히 드묾(노로바이러스 제외) | 있음 |
| 예방조치 | 가능(균증식 억제) | 매우 어려움 |

## 2) 장염비브리오(*Vibrio parahaemolyticus*)

비브리오균은 어패류 섭취가 증가하고 수온이 상승하는 6~10월에 감염형 식중독을 유발하는 대표적 균이다.

### (1) 장염비브리오균의 특징

*Vibrio parahaemolyticus*는 호염성 균으로 2~5%의 염도에서 잘 자라고 육지에서 비교적 가까운 바다나 개펄에 분포되어 있으며, 해수온도 15℃ 이상에서 증식하고 저온에서는 활동이 둔화되어 10℃ 이하에서는 거의 발육이 불가능하다. 특히 장염비브리오균은 다른 식중독균에 비하여 증식속도가 매우 빠르기 때문에 짧은 시간 안에 식중독을 일으킬 수 있는 균량까지 도달한다. 염분기가 없는 물에는 매우 약하므로 어패류의 표면이나 아가미 등을 민물(수돗물)로 깨끗이 세척하는 것만으로도 상당량의 균수를 줄일 수 있다. 또한 60℃에서 15분간 가열하면 사멸시킬 수 있다.

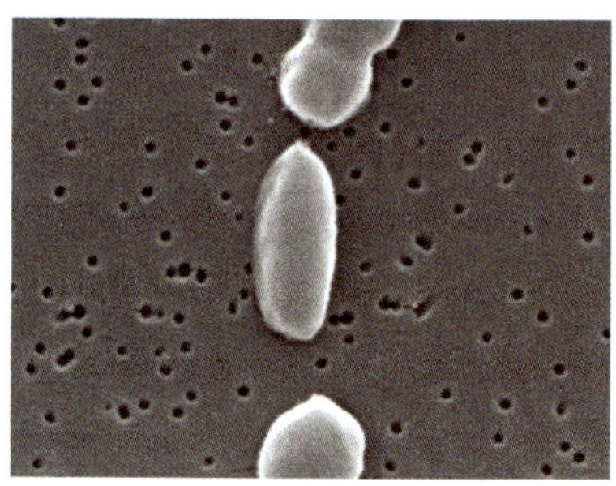

그림 3-2 비브리오(*Vibrio parahaemolyticus*)

### (2) 원인식품 및 오염경로

비브리오는 호염성 균이기 때문에 원인식품은 여름철 바다에서 채취한 어패류와 생선류이다. 문어, 오징어, 고등어, 피조개 등의 표피·내장·아가미 등에 부착된 장염비브리오균이 조리과정 중 다른 생선회에 오염되고 균이 증식하여 식중독을 일으킨다. 또한 비브리오균이 부착된 어패류를 조리한 조리자의 손이나 냉장고, 도마, 행주, 칼 등의 조리기구가 다른 식품에 장염비브리오균을 교차오염시킴으로써 식중독을 일으키는 경우도 있다. 도시락 등의 복합조리식품, 생선회, 초밥 등이 대표적이다.

### (3) 증상

잠복기는 6~36시간으로 일반적으로 10~20시간 내에 대부분 발생하지만, 수일이 경과된 후에 발생하는 경우도 있다. 증상은 다른 세균성 식중독과 마찬가지로 급성 위장염 증상인 설사, 복통, 발열(통상 40℃ 이하), 구토, 권태감, 오한 등이다. 설사와 복통이 심하며 수양성 변이나 점액이 섞인 혈변을 동반하기도 한다. 심한 설사에 의한 탈수증상으로 사망할 수도 있기 때문에 적절한 치료가 필요하다. 경과는 짧아 2~5일이면 회복되며 치사율도 낮은 편이다.

### (4) 예방대책

식품 중에 장염비브리오균이 존재한다고 해서 반드시 식중독에 걸리는 것은 아니지만, 비브리오균은 증식력이 매우 높아 식품 중에 1,000개의 장염비브리오가 있고 증식의 최적조건이 갖춰진다면 2시간 30분 내에 식중독을 일으킬 수 있는 100만 개 이상으로 증식된다.

장염비브리오는 겨울에는 안심이지만 5월경부터 주의하여, 특히 7~9월에는 더욱 주의해야 한다. 장염비브리오균에 의한 식중독을 예방하기 위한 방법은 다음과 같다.

① 비브리오는 호염성 균이므로 어패류를 민물(수돗물)에 잘 씻는다.

② 열에 약하므로 가열 조리하고, 가열이 불가능한 경우는 생선을 구입한 즉시 5℃ 이하의 냉장고에 보관하여 균의 증식을 억제한다.

③ 어패류 전용의 칼과 도마를 별도로 사용하고, 사용한 조리기구는 잘 씻은 후 뜨거운 물이나 약품으로 소독하여 2차 오염을 방지한다.

## 3) 병원성대장균(pathogenic *E.coli*)

일반적으로 대장균은 건강한 사람이나 동물의 장에 상시 서식하는 세균의 일종으로, 오염된 물이나 식품에서 분변오염의 지표균으로 사용되며, 장관 속에서 증식하는 비병원성의 정상적인 무해한 세균군이다. 또한 대장균은 비타민을 합성하거나 장내에서 해로운 세균들의 증식을 억제하고 특별한 질병을 일으키지도 않는 등의 인체에 유익한 면도 있다.

이러한 대장균 중 2~5% 정도가 설사, 혈변 등의 심각한 소화기계 증상이나 질병을 일으키는데 이를 '병원성대장균'이라 한다. 과거 일본, 미국 등에서 집단 발생된 병원성대장균 O-157균은 장관출혈성이었고, O-157:H7은 독소를 생산하여 용혈성 요독증을 일으켜 환자가 사망하기도 하였다. 특히 소아나 노인에 있어서는 혈변이나 복통을 동반하는 출혈성 대장염을 일으켜 위험할 수 있으므로 주의해야 한다.

### (1) 병원성대장균의 특징

원래 비병원성이었던 대장균은 사람 및 동물의 대장 내에서 분포되어 있는 무해한 장내 상시 서식균으로, 만약 식품이나 물 등에서 대장균이 검출되었다면 이는 사람이나 동물의 분변에 식품이 오염되었다는 사실을 간접적으로 시사하므로 분변오염의 지표로 사용되었다.

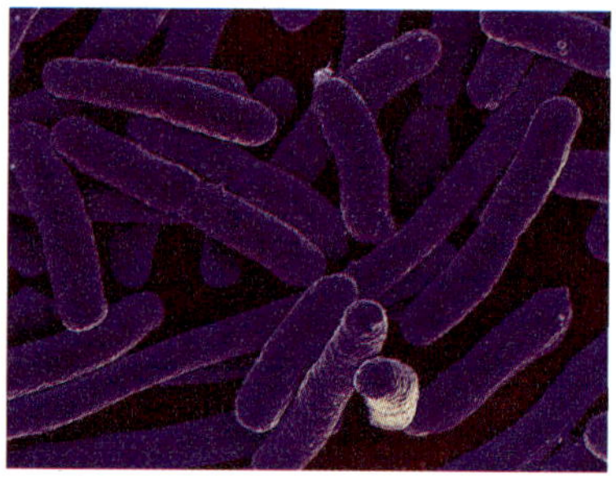

그림 3-3 **병원성 대장균(*E.coli*)**

1923년 Adam에 의하여 유아설사증의 원인으로 처음 보고되었고, 1945년 영국병원에서 집단 설사증을 일으킨 유아에서 특정의 혈청형(O-111)의 대장균이 보고된 바 있다.

대장균이 가진 항원은 세포벽에서 유래한 균체항원(O), 협막에서 유래한 협막항원(K) 및 편모에서 유래한 편모항원(H)의 3종류로 분류되며, 다시 혈청반응에 따라 여러 종류로 나누어진다. O항원은 180여 종, K항원은 100여 종, H항원은 56여 종 정도로 알려져 있다.

#### ① 장관 독소원성 대장균(enterotoxigenic *E. coli*)

독소원성 대장균은 동남아시아, 인도, 아프리카 등 위생여건이 좋지 않은 열대와 아

표 3-1 **병원성 대장균의 분류**

| | 잠복기 | 오염경로 | 주요 증상 | 특이성 |
|---|---|---|---|---|
| 장관병원성대장균 EPEC (enteropathogenic *E. coli*) | 12~24시간 | 음식물 매개 | 설사, 복통 | 경증 살모넬라 식중독 증상 유사, 영유아 하계 설사증 |
| 장관침입성대장균 EIEC (enteroinvasive *E. coli*) | 12~72시간 | 음식물 매개, 접촉 | 설사, 복통, 발열, 점혈변 | 세균성 이질과 유사 |
| 장관독소원성대장균 ETEC (enterotoxigenic *E. coli*) | 12~24시간 | 음식물 매개 | 설사, 복통, 구토 | 엔테로톡신 생성 |
| 장관출혈성대장균 EHEC (enterohemorrhagic *E. coli*) | 4~8일 | 음식물 매개 | 혈변, 복통, 용혈성 요독증 | 출혈성 요독 증후군 |
| 장관부착성대장균 EAEC (enteroadhesive *E. coli*) | 불분명 | | | |

열대 지역에서 설사의 원인균으로 보고되며, 여행자들에게 자주 발생되기 때문에 소위 '여행자 설사증'의 원인균으로 불리기도 한다. 오염된 샘물이나 살균이 불충분한 수돗물과 이러한 물로 처리한 음식물이 문제가 되며, 콜레라와 마찬가지로 세균이 생산하는 장독소enterotoxin가 설사를 유발시킨다.

**② 장관 출혈성 대장균**(enterohemorrhagic *E. coli*)

출혈성 대장균 중 O-157:H7의 혈청형이 가장 독성이 강한 것으로 알려져 있고, 다른 세균성 식중독균은 수십만 마리를 식품과 함께 섭취했을 때 발병하는 반면, O-157:H7은 불과 100마리 정도로도 발병된다. O-157:H7에 대한 최초의 보고는 1982년 2~3월에 미국의 오레곤주에서 26명, 5~6월에 미시간주에서 21명의 사람들이 같은 브랜드의 햄버거를 먹은 뒤 심한 복통과 잠혈변 등 출혈성 대장염 증상을 일으킨 것에 대한 보고였다. 환자의 분변과 원료 소고기에서 같은 혈청형의 O-157:H7이 검출되었으며 가열이 불충분한 햄버거 때문인 것으로 판명되었다.

다른 대장균 감염증에 비하여 증상이 심각한 것은 콜레라균의 독소만큼 강력한 독소때문이며 이러한 병원성대장균의 출현은 사스SARS나 신종플루와 같은 신종감염증이 환경변화에서 유래된 것과 그 원인이 유사하다.

### (2) 원인식품 및 오염경로

나라마다 식습관이 달라 오염식품도 조금씩 차이를 보이지만, 주로 오염된 칼이나 도마 등으로 다진 음식물(쇠고기 분쇄육), 칠면조, 샌드위치, 원유, 사과주스, 소독되지 않은 물, 환자나 동물의 분변에 직·간접적으로 오염된 식품 등이다. WHO에서는 사과주스, 상추, 순무 등의 수경재배 채소류, 햄버거, 로스트비프, 생우유, 발효소시지, 요구르트, 치즈, 옥수수, 마요네즈 등이, 미국에서는 로스트비프, 햄버거, 미트파이, 사과주스, 상추 등이, 일본에서는 소고기, 사슴고기, 소의 간, 우물물, 수경 재배한 순무, 김치, 메론, 양배추, 메밀국수, 샐러드 등이 원인식품으로 밝혀졌다.

병원성대장균은 동물, 사람 및 자연환경에 널리 분포되어 있고, 가축을 도살하는 과정에서 내장에 의해 각 부위에 오염될 수 있으며, 고기를 분쇄하는 과정에서도 이들 균이 혼입될 수 있다. 또한 개인위생관리가 좋지 않거나 화장실에서 감염된 환자의 분변에 손이 오염된 채로 씻지 않아 사람에게 균이 전달될 수 있다. 특히 식품이 아닌 사람에게서 전염되는 경우에는 가족이나 친구들로부터 감염될 가능성이 아주 높고, 영유아나 어린이들 사이에서 쉽게 전염될 수 있다.

### (3) 증상

잠복기는 12~72시간으로 균종에 따라 다양하며, 증상은 원인세균에 따라 서로 다르나 설사, 복통 등의 증상을 보이는 위장염형(EPEC와 ETEC)과 이질과 유사한 증상을 보이는 이질형(EIEC), 출혈성대장염형(EHEC) 등이 있다.

O-157대장균의 감염증상은 증상이 전혀 없는 경우부터 가벼운 복통이나 설사의 경우에는 심한 물설사, 복통, 혈변 등과 더불어 합병증을 일으켜 사망하는 경우까지 다양하다. O-157 감염자의 6~7%는 설사 등의 초기증상이 발현된 후 안색불량, 부종, 의식장애 등을 나타내는 용혈성 요독증*Hemolytic Uremic Syndrome, HUS*이나 두통, 환각, 경련, 혼수 등의 중증 뇌신경계질환 등 중증합병증이 발병된다. 이러한 중증합병증의 경우에는 전문적인 치료가 필요하며, 영유아와 노인들은 특별한 주의를 요한다.

### (4) 예방대책

병원성대장균은 자연계에 널리 분포되어 있고, 건강한 보균자의 비율도 높아 식품 오염의 확률도 높다. 예방법은 다른 세균성 식중독과 유사하다.

① 생채소, 과일 등은 잘 세척하고, O-157균은 중심온도 75℃에서 1분간의 가열로도 사멸하므로 식육, 특히 다진 고기는 중심부까지 충분히 가열하여 조리한다.

② 조리한 식품은 바로 먹도록 하고, 남은 식품은 냉장 보관하거나 재섭취할 경우 충분히 재가열한다(중심온도 74℃ 이상).

③ 칼이나 도마 등의 조리기구를 구분 사용하여 교차오염을 방지한다. 뜨거운 물 또는 락스와 같은 염소계 소독제를 이용하여 주방용품을 세척·소독하여 사용한다.

④ 식중독 발생 시 정기적인 분변검사나 역학조사를 신속히 한다.

⑤ 복통이 지속되고 설사 등의 증세가 나타나면 즉시 의사의 진찰을 받도록 한다.

## 4) 캠필로박터(Campylobacter)

선진국에서는 살모넬라 다음으로 많이 발생하는 식중독 원인균으로 1963년에 발견된 캠필로박터는 1970년대부터 새로운 식중독균으로 주목받기 시작했다. 캠필로박터는 사람이나 동물의 장관 속에서 가장 잘 서식하고 식품이나 음료를 통하여 식중독을 유발하며, 우리나라는 2002년부터 세균성 식중독균으로 분류하였다.

### (1) 캠필로박터의 특징

미국 일리노이주의 공공시설에서 1939년 발생된 집단식중독이 최초로 보고되었으며, 357명의 위장염 환자가 발생했고 원인식품은 우유로 추정되었다. 벨기에의 바라츠 박사가 분변으로부터 캠필로박터균을 분리해 내는 방법을 1972년에 개발하였으며, 영국의 스키로우 박사 등도 캠필로박터가 장염을 일으킨다고 보고하였다. 일본에서는 도쿄의 보육원에서 1979년 최초 식중독 사례가 보고되었다.

캠필로박터균은 닭과 같은 가금류에 많은 캠필로박터 제주니*Campylobacter jejuni*와 돼지에 많은 *Campylobacter coli*가 있지만, 대부분은 캠필로박터 제주니가 주요 식중독 원인균이다. 캠필로박터균은 S자형의 나선 모양 편모가 있으며, 나선운동을 하는 것이 다른 세균과의 차이점이다.

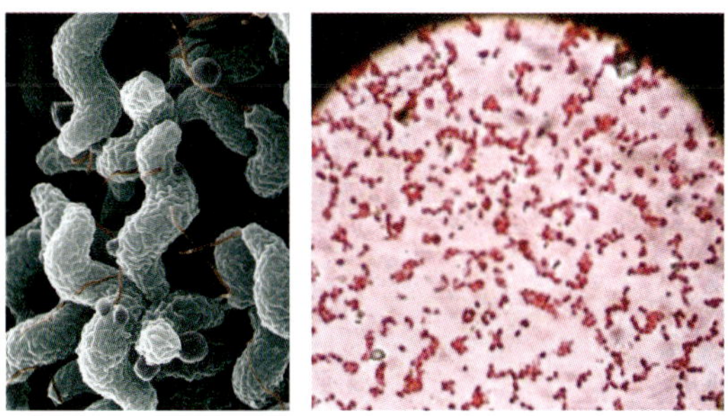

그림 3-4 **캠필로박터 제주니(*Campylobacter jejuni*, 오른쪽은 그람 염색)**

캠필로박터의 첫 번째 특징은 5%의 농도의 산소가 소량 함유된 환경에서 잘 발육하는 미호기성 세균으로 산소가 전혀 없는 혐기적인 조건에서도 발육하지 않고, 산소가 충분한 대기 중에 놓아 두어도 서서히 균이 사멸할 정도로 환경에 예민하다. 두 번째 특징은 살모넬라와 장염비브리오 등 식중독균이 증식 가능한 25℃ 정도의 실온에서 캠필로박터는 거의 증식할 수 없고, 30~46℃에서 발육하며, 최적 발육온도는 40~42℃이다. 세 번째 특징은 100개 정도의 소량으로도 식중독을 일으킬 수 있어 캠필로박터가 증식하지 않고 생존하기만 해도 식중독을 일으킬 수 있다는 점에서 주의가 요구된다.

### (2) 원인식품 및 오염경로

캠필로박터는 사람, 가축, 가금, 애완동물 및 야생동물의 장관과 어패류 및 하천 등의 자연환경에 널리 분포하며, 주요한 원인식품으로는 닭고기와 관련된 식품, 도축·도계 과정에서 오염된 생육, 소독되지 않은 물 등이다. 보균율은 소 3~20%, 닭 20~50%, 돼지 30~70%이며, 살모넬라균보다 보균율이 높은 편이다.

오염경로는 동물의 분뇨가 하천수, 우물, 우유 등을 오염시키거나 가축과 가금의 도살 및 해체 시에 식육에 오염되어 이를 섭취한 사람이 식중독에 걸리게 되는 경우와 쥐나 바퀴 등에 의한 식품오염, 애완동물이나 가축과의 직접적인 접촉감염 그리고 사람에서 사람으로의 전염이 있다.

### (3) 증상

잠복기는 2~7일로 긴 편이며, 주요 증상으로는 설사, 복통, 구토, 두통, 근육통, 발열 등이고, 심한 복통으로 인하여 맹장염이나 복막염 등으로 오진되기도 한다. 소아가 어른보다는 증상이 심하고, 이질과 같은 설사증세를 보이지만 사망하는 예는 드물고 1~2주 내에 회복된다.

### (4) 예방대책

캠필로박터 식중독은 감염형 식중독이긴 하지만 다른 세균에 비해 발육 및 생존에 대한 연구가 부족한 편이다. 다만, 열, 산소, 건조에 약하고, 저온이나 포장된 식품에서는 장기간 생존하며, 생닭고기의 오염률이 높은 특징을 고려하여 예방대책을 마련해야 한다.

① 생균을 사멸시키기 위하여 음식은 74℃ 이상에서 1분 이상 충분히 가열하고, 음

료수는 지하수보다는 수돗물을 사용하며 충분히 끓여서 마신다.

② 오염률을 낮추기 위하여 조리자는 손 세척을 자주 하고, 조리용기 및 기구를 철저히 소독·건조하며, 쥐나 바퀴벌레의 구제 등에 주의를 기울인다.

③ 교차오염을 방지하기 위하여 생고기와 다른 식품을 섞어서 보관하지 않도록 하며 상하 선반을 구분하여 보관한다.

④ 식품 내 균의 증식을 방지하기 위하여 저온의 냉장고에서도 균이 생존할 수 있으므로 식품 보관 시 주의한다.

## 5) 리스테리아 모노사이토제네스(*Listeria monocytogenes*)

리스테리아균은 1923년 동물에서 처음 알려진 이후 1980년대에 미국과 유럽에서 식품 감염에 의한 리스테리아증listeriosis이 보고되면서 새로이 알려지게 되었다. 역학연구에서 최초의 집단 발생 예는 1981년 캐나다에서 산양 분변을 비료로 사용한 양배추로 만든 코울슬로coleslaw를 먹고 리스테리아에 감염되어 성인 2명과 신생아 16명이 사망한 사건이다. 미국의 매사추세츠주에서는 1983년 우유 섭취 후 14명이 사망하였으며, 로스앤젤레스에서는 1985년 치즈 섭취 후 발병한 142명 중 48명이 사망한 사건이 있었다. 영국에서는 1987~1989년 식육가공품을 섭취한 후 350명이 발병하였다. 임산부에게는 조산이나 사산을 유발하기도 하며, 건강한 성인보다는 노인이나 약물 복용 또는 알코올 중독 등으로 면역기능이 저하되거나 면역성 질환에 걸린 사람들에게 쉽게 감염이 일어난다.

### (1) 리스테리아균의 특징

리스테리아균은 그람양성균으로 통성혐기성에서 발육하는 무아포의 단간균이며 1~4개의 편모를 갖고 있다. 1~45℃의 범위에서 성장 가능하며, 4℃의 저온에서도 자라는 저온성 세균이다. 호기성 또는 5% 의 낮은 산소 농도에서도 잘 자라고, 6% 이상의 식염 농도에서도 생존한다.

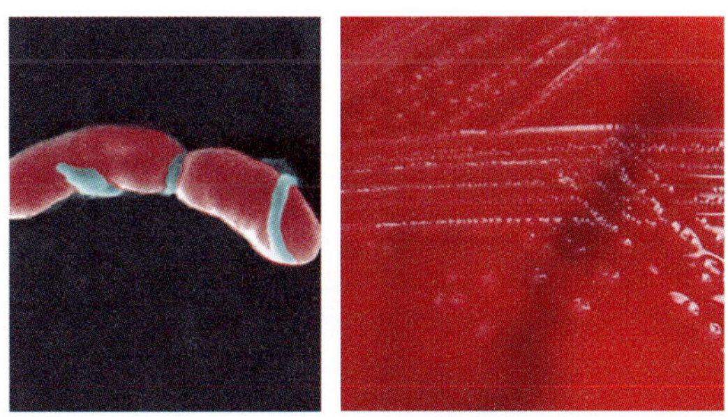

그림 3-5 리스테리아 모노사이토제네스(*Listeria monocytogenes*)

### (2) 원인식품 및 오염경로

자연계에 널리 분포하며 식육, 우유, 알류 등의 동물성 식품과 치즈를 비롯한 유제품에서 주로 검출된다. 살균 처리가 미흡한 우유나 치즈, 생육, 훈제연어를 포함한 생선류 등이 주 오염원이 될 수 있다.

우리나라에서는 1993년 뉴질랜드산 수입 홍합에서 리스테리아균이 최초로 검출되었고, 1997년 냉동만두, 냉동피자 등의 냉동식품과 미국산 수입 아이스크림에서 검출되었으며, 2002년에는 리스테리아에 오염된 훈제연어가 보고되기도 하였다.

### (3) 증상

잠복기는 위장관성일 경우는 9~48시간이고, 길게는 2~6주 후에 발병되기도 한다. 주 증상은 감기, 발열, 근육통, 오심, 설사이고 뇌염, 뇌수막염과 패혈증 등의 심각한 증상이 수반되는 경우도 있다. 치사율은 30% 내외이지만 질환을 앓고 있는 환자가 리스테리아균에 감염되면 그 치사율이 훨씬 높아진다.

### (4) 예방대책

자연계에 널리 분포하고 건조한 저온과 염도가 높은 상태에서도 잘 생육하므로 균의 오염 자체를 예방하는 것이 중요하다.

① 불충분한 살균 우유의 섭취를 피하고, 치즈와 같은 유제품과 식육의 보관과 섭취에 주의한다. 특히 임산부는 치즈, 훈제 또는 익히지 않은 해산물의 섭취를 자제한다.

② 냉장실 내부를 주기적으로 세척 및 소독한다.

③ 식육 및 어패류는 충분히 가열하여 섭취한다.

## 6) 황색포도상구균(*Staphylococcus aureus*)

포도상구균 식중독은 보툴리누스 식중독과 더불어 독소형 식중독으로 대표된다. 항생물질의 개발과 개인 및 공중 위생의 발달 등으로 경구감염병인 장티푸스, 파라티푸스, 이질, 콜레라 등은 줄어들고 있으나, 식중독의 발생건수는 줄지 않고 있다. 특히 황색포도상구균에 의한 식중독은 계절에 관계없이 동시다발로 식중독을 일으키는 특징이 있다.

### (1) 포도상구균의 특징

포도상구균은 그람양성의 통성혐기성 구균으로, 아포와 편모가 없고 포도송이와 같은 모양으로 집단을 이루고 있어 포도상구균으로 부르며, 7.5%의 NaCl을 함유한 배지에서 잘 자란다. 사람의 피부에 화농성 질환을 일으키는 원인균으로 자연계에 널리 분포되어 있는 세균이다. 우리나라에서는 6~9월에 살모넬라 식중독 및 장염비브리오 식중독 다음으로 많이 일어나는 식중독이다.

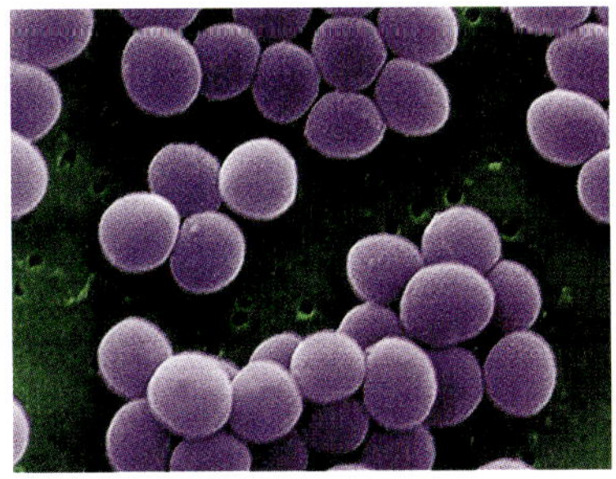

그림 3-6 **황색포도상구균**(*Staphylococcus aureus*)

수십 종류의 포도상구균 중 황색의 색소를 생산하는 황색포도상구균인 *Staphylococcus aureus*가 식중독의 주요 원인균이며, 이 균의 대사산물인 장독소enterotoxin에 의해 독소형 식중독이 발병된다. 황색포도상구균은 80℃에서 30분간 가열로 사멸되지만, 장독소는 내열성으로 210℃ 이상에서 30분 이상 가열이 필요하다. 포도상구균은 다른 세균에 비하여 건조와 고염도 및 산과 알칼리에서도 생존 가능한 강력한 세균이며, 낮은 수분활성도에서도 증식이 가능하다. 장독소(엔테로톡신)의 최적 pH는 6.8~7.2이며, 독소는 단백질이지만 트립신trypsin, 키모트립신chymotrypsin, 파파인papain 등의 단백질분해효소에 의하여 분해되지 않으며, pH 2 이상에서는 펩신pepsin에 대해서도 안정하다.

### (2) 증상

세균이 생산한 독소에 의하여 일어나는 독소형 식중독은 감염형 식중독과는 달리 잠복기가 짧다. 포도상구균에 의한 식중독도 잠복기가 1~5시간으로 평균 3시간 내에 증상이 나타난다. 주요 증상으로는 급성 위장염에 의한 구역질·구토·복통·설사 등이며, 격심한 구토와 구역질은 반드시 나타난다. 설사는 보통 수양성으로 1일 10회 이상의 설사와 구토로 탈수 증상이 나타나기도 하며, 혈압 하강, 빠른 맥박, 사지경련 등이 일어나기도 한다. 그러나 특별한 경우를 제외하고는 1~3일 이내에 회복되며 사망하는 경우는 거의 없다.

### (3) 원인식품 및 오염경로

황색포도상구균은 다양한 식품에서 증식 가능하기 때문에 그 원인식품은 매우 다양하다. 각국의 식생활 형태에 따라 원인식품이 달라서 우리나라에서는 도시락, 김밥, 떡 등의 전분질 식품에 분포되어 있고, 미국이나 유럽에서는 우유, 알제품, 육제품 등의 단백질 식품에 주로 분포되어 있다. 일반적으로는 우유, 크림, 버터, 치즈, 곡류 및 가공품, 복합조리식품 등에서 가장 많이 발생되고, 오히려 육류와 그 가공품으로 인한 식중독은 적은 편이다.

또한 황색포도상구균은 사람 또는 동물의 피부와 콧구멍, 목구멍 등의 점막에 존재하여 화농성 질환의 원인이 되므로 화농성 질환자가 준비한 음식물이 오염원으로 작용할 수 있다. 우리나라의 경우 손으로 만드는 즉석식품인 김밥, 도시락, 샌드위치 등에서 포도상구균 식중독이 많이 발생한다.

#### (4) 예방대책

황색포도상구균은 건강한 사람의 30~50%가 보균자일 정도로 자연계에 널리 분포되어 있고, 조리종사자의 비위생적인 행동이 식중독을 일으키는 원인을 제공하므로 이에 대한 대책이 필요하다.

① 가장 중요한 예방법은 화농성 질환을 가진 사람이 식품을 제조하거나 조리에 참여하지 않도록 하는 것이다.

② 식품의 제조·조리에 종사하는 사람은 반드시 손을 세척, 소독한다.

③ 감기 증세가 있는 조리자는 마스크를 착용하여 코나 목의 점막에 존재하는 황색포도상구균이 기침이나 재채기를 통하여 비산되는 것을 방지한다.

④ 머리카락, 비듬 및 오염된 의복 등도 오염원이므로 청결한 위생복과 모자를 착용한다.

⑤ 도마, 칼, 행주 등은 열소독과 건조를 충분히 한다.

⑥ 원료의 오염을 방지하고 충분히 열 처리하여 신속히 섭취한다.

⑦ 조리된 식품은 5℃ 이하의 저온에 보관하여 균의 증식을 억제한다.

### 7) 클로스트리디움 보툴리눔(*Clostridium botulinum*)

보툴리누스 식중독은 독소형으로 세균성 식중독 중에서 증상이 가장 심하고 사망률도 높은 편이다. 보툴리누스균이 대사산물로 생산한 보툴린botulin이라는 신경독소를 식품과 함께 섭취함으로써 발병한다.

### (1) 보툴리누스균의 특징

보툴리누스균은 그람양성의 편성혐기성 간균으로 내열성의 아포를 형성하고 주모성 편모가 있어서 활발한 운동을 하는 독소형 식중독균이다. 이 균은 강력한 균체 외 독소를 생산한다. 독소의 면역학적 특이성에 따라 A~G형까지 7가지의 유형으로 분류되나, 이 중 식중독을 일으키는 것은 주로 A, B, E 및 F형 균이다. A형과 B형의 발육 최적온도는 37~39℃이고, E형의 발육 최적온도는 28~32℃이며, 그 외에는 30~37℃ 정도이다. 보툴리누스균의 아포는 일반적으로 내열성이 있어서 100℃에서 6시간 이상 가열해야 사멸되나, E형 균의 아포는 비교적 약하여 90℃에서 5분 또는 80℃에서 20분 가열로 사멸된다. 4℃에서도 증식하여 독소를 생산하므로 식품은 4℃ 이하에서 저장한다.

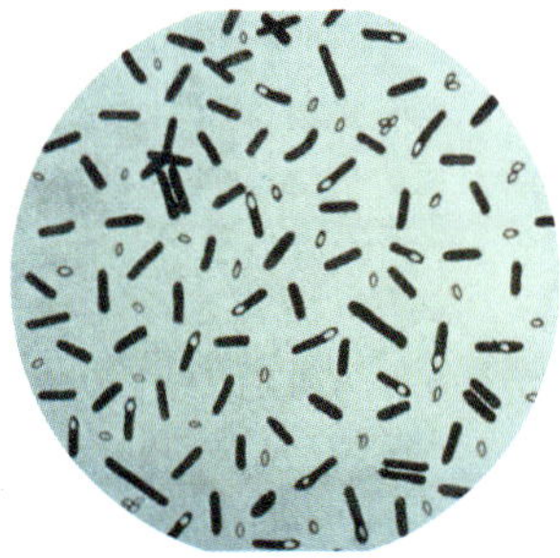

그림 3-7 클로스트리디움 보툴리눔 (*Clostridium botulinum*)

### (2) 증상

잠복기간은 12~36시간으로 독소량에 따라 달라진다. 증상은 구역질, 구토, 설사 등의 위장염 증상 후 권태감, 현기증, 약시, 복시, 안검하수, 동공산대, 연하곤란, 언어장애, 호흡곤란 등의 신경증상이 나타나며, 발열은 없고 의식이 맑은 것도 특징이다. 증상이 진행되어 4~8일에 중증이 되면 호흡곤란을 일으켜 사망하지만 10일 이상 생존하면 회복되는 것이 보통이며, 항독소혈청을 투여하여 치료한다.

### (3) 원인식품 및 오염경로

균의 종류에 따른 식중독 발생이 나라마다 다르게 발생되어 A, B형은 미국과 유럽에 많고, E형은 일본, 러시아, 캐나다, 스칸디나비아반도 등에서 주로 발생하며, F형은 덴마크와 미국에서 드물게 발생하다.

원인식품 또한 식습관의 차이에 따라 나라마다 다르게 나타난다. 미국에서는 통조임·병조림 식품류, 일본에서는 어패류의 소금절임식품과 연근조림, 프랑스에서는 어류의 훈제품이나 식초절임, 독일에서는 햄, 소시지제품 등이 원인식품이지만 일반적으로 수분을 함유하고 pH 4.6 이상의 통조림식품이 주 원인식품이다.

#### (4) 예방대책

보툴리누스균에 의한 식중독 예방은 멸균, 증식 억제, 가열조리의 원칙을 실시하면 예방이 가능하다.

① 멸균 : 병조림, 통조림, 레토르트 식품의 제조 시 120℃에서 4분간 가열하여 균을 완전히 사멸한다.

② 증식 억제 : pH 4.5 이하, $A_w$ 0.94 이하, 냉동 또는 냉장 보관, 항균물질 등을 첨가한다.

③ 가열조리 : 식재료, 용기, 기구는 철저히 세척 및 소독하여 사용하고, 음식은 충분히 가열 조리한다.

### 8) 바실러스 세레우스(*Bacillus cereus*)

*Bacillus cereus*는 토양세균의 일종이다. 농작물을 위주로 하여 자연계에 널리 분포하는 균으로, 클로스트리디움 퍼프린젠스 식중독과 유사한 설사와 복통을 주 증상으로 하는 '설사형'과, 포도상구균 식중독과 유사한 구토, 구역질, 설사를 주 증상으로 하는 '구토형'으로 나눌 수 있다.

#### (1) 특징

바실러스에 의한 식중독은 과거 감염형과 독소형의 경계가 명확하지 않았으나, 1971년 엔테로톡신(장독소)을 분리하고 독소의 성질을 밝힘으로써 독소형 식중독으로 분류되었다. 바실러스 세레우스는 그람양성의 간균으로 주모성 편모가 있어 운동성이 있는 통성혐기성 균이며, 135℃에서 4시간 가열에도 생존하는 내열성 아포를 서서히 냉각되는 조건에서 발아 증식하여 생성한다. 설사형 독소는 티로신Tyrosine에 의하여 분해되고 pH에도 민감하며 60℃ , 20분 가열로 파괴되지만, 구토독소는 126℃ 90분 가열로도 파괴되지 않는다. 균의 발육 최적온도는 28~35℃이며, 발아 최적온도는 30℃ 전후이다.

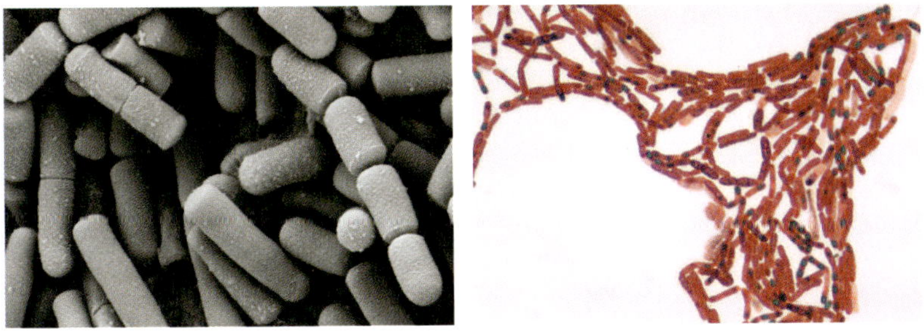

그림 3-8 **바실러스 세레우스**(*Bacillus cereus*)

### (2) 증상

잠복기는 설사형이 8~16시간으로 주 증상은 복통과 설사이며 구토는 거의 없다. 구토형은 잠복기가 1~5시간 정도로 쌀밥, 볶음밥 등의 탄수화물 식품에 의한 것으로 주요 증상으로 구토, 구역질이 발생하며 설사는 거의 없다.

### (3) 원인식품 및 오염경로

원인식품으로는 단백질 및 전분 식품의 복합식품이다. 설사형은 식육제품, 수프, 푸딩, 소시지, 향신료를 사용한 소스 등이고, 구토형은 쌀밥이나 쌀가공품, 감자와 같은 곡류, 볶음밥, 스파게티, 면류 등 소맥분으로 된 식품류가 많다. 이는 원료인 쌀이나 밀가루가 이 균에 오염된 경우이다. 계절에 관계없이 발생하며 가열조리 후 실온에서 장시간 방치한 식품에서 균이 증식하여 식중독을 일으킨다.

### (4) 예방대책

설사형 균주의 아포는 열저항성이 낮고, 구토형 균주의 아포는 열저항성이 높다. 독소 또한 열에 약하기 때문에 음식은 충분히 가열 조리하거나 섭취하기 전에 열처리하는 것이 효과적인 방지대책이다. 조리된 음식은 장시간 실온에 방치하지 않고 저온에서 보관하도록 한다.

## 9) 클로스트리디움 퍼프린젠스(*Clostridium perfringens*)

일명 '웰치*Welchii*균'이라고도 하고, 감염형과 독소형을 합친 특수한 형태의 식중독균으로 많은 환자가 발생하면서 증상은 가벼운 경증형과 심한 설사나 구토를 일으키며 사망자도 생기는 중증형이 있다.

### (1) 특징

*Clostridium perfringens*균은 그람양성의 편성혐기성 간균으로 생성된 난형의 A형 균 아포는 100℃에서 4시간 가열하여도 살아남는 내열성이다. 이 균의 발육 가능 온도는 15~50℃, 최적온도는 43~47℃, 세대 분열시간은 10~12분으로 상당히 짧은 편이며, 용혈과 치사작용이 있는 레시티네이스lecithinase를 생산한다. 독소와 면역학적 특이성에 따라 A~F형의 6가지 유형으로 분류하는데, A형 균이 대표적인 식중독 원인균이다.

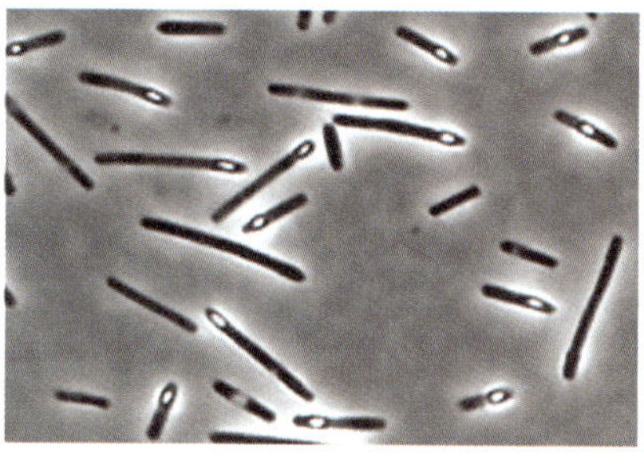

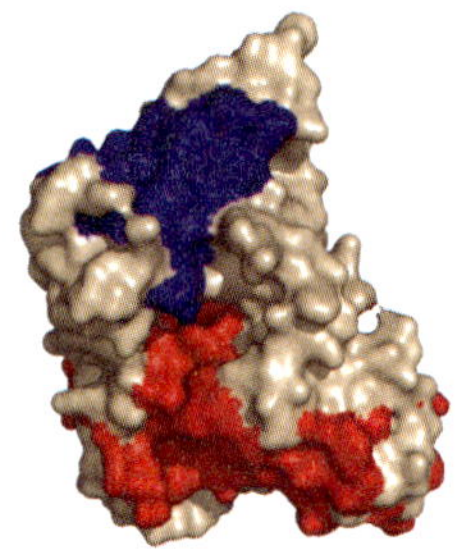

그림 3-9 **클로스트리디움 퍼프린젠스(*Clostridium perfringens*) (오른쪽은 α독소)**

### (2) 원인식품 및 오염경로

원인식품은 동물성 단백질 식품이 주요 오염원으로 식육이나 그 가공품, 어류 및 그 가공품 등이다. 한 번 가열한 후의 조리식품에 아포가 살아남아 균이 증식되어 식중독을 일으킨다. 가정에서 소량의 식사를 조리할 경우에는 조리식품 내부까지 공기가 충분히 들어가므로 혐기성 균인 *Clostridium perfringens*가 발육할 수 없지만, 대량의 식사를 한꺼번에 가열 조리하면 내부의 공기가 방출되어 혐기성 조건이 만들어져 *Clostridium perfringens*균이 발육하기 좋은 환경이 되므로 급속히 증식되어 대규모 집단 식중독을 일으키는 특징이 있다.

따라서 단체급식에서 대량 조리한 식품, 예를 들면 국, 수프, 카레 등의 냉각과정에 주의를 기울이고 오래 방치하지 않도록 하며, 조리된 식품 내부가 혐기성이 되지 않도록 용기를 찬물에 넣어 잘 저으면서 냉각하는 것이 필요하다.

### (3) 증상

잠복기는 8~22시간 정도이고, 평균 잠복기는 12시간이며 설사와 복통이 주 증상이다. 설사는 수양성으로 드물게 점액변이나 혈변이 나타나기도 하며, 발열은 거의 없고 대체로 가벼운 증상 후 1주일 이내에 회복된다.

### (4) 예방대책

*Clostridium perfringens*균은 식중독 증상은 가볍고 발생률도 낮은 편이지만 단체급식과 같은 곳에서 대규모로 발생하고, 내열성이어서 가열에 의한 사멸이 어려우므로 예방이 필수적이다.

① 국이나 수프 등의 다량 조리 식품을 냉각 시 찬물에 용기를 넣어 자주 휘저어 산소를 충분하게 공급한다.

② 가열 조리한 식품은 신속히 냉각시킨 후 냉장고에 보존하며, 실온에 방치하지 않는다.

③ 뷔페 등에서 따뜻한 온도를 유지하여 제공하는 음식은 60℃ 이상 유지하여 제공한다.

④ 보관하던 조리식품은 섭취 전에 내부온도가 74℃ 이상 되도록 재가열한다.

## 10) 여시니아 엔테로콜리티카(*Yersinia enterocolitica*)

### (1) 여시니아 균의 특징

*Yersinia enterocolitica*균은 그람음성의 간균으로 편모가 있으나 협막은 형성되지 않는다. 분열에 40분이 소요될 정도로 장내세균 중 발육이 늦은 편이며, 4~5℃에서도 증식하는 호냉성 세균이다. 이 균은 내열성 장독소를 생산하여 설사를 유발하는 것으로 알려져 있다.

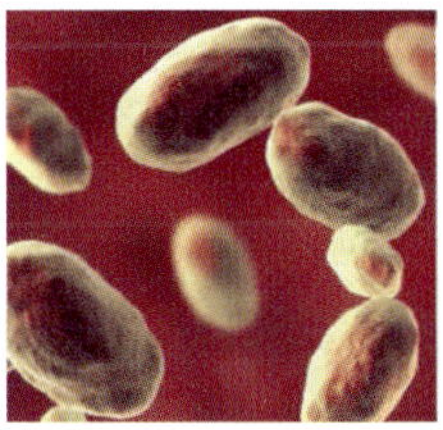

그림 3-10 **여시니아 엔테로콜리티카(*Yersinia enterocolitica*)**

### (2) 원인식품 및 오염경로

여시니아균은 각종 동물과 여러 식품에 널리 분포하며, 특히 돼지가 보균하는 경우가 많아 돼지의 장 내용물에서의 검출률이 높다. 이러한 식육을 통하여 사람에게 감염된다. 그 외에 애완동물이나 우유, 동물의 분변에 직·간접적으로 오염된 음료수에 의한 감염 사례도 보고된 바 있으며, 살모넬라와 유사한 경로로 인체에 침입한다.

#### (3) 증상

잠복기는 평균 2~5일 정도로 복통, 설사, 발열이 주요 증상이며 간혹 급성 충수염 증상을 보이기도 한다. 돼지고기와 같은 식육으로 만든 음식을 먹고 피부에 발진이 나타나는 식중독의 경우 여시니아로 의심해 볼 수 있다.

#### (4) 예방 및 방지 대책

일반적인 세균의 예방법에 따라 소독과 세척을 철저히 하고, 교차오염을 방지하며 가열 조리한다.

① 돼지고기 취급 시 조리기구와 손을 깨끗이 세척하고 소독한다.
② 칼이나 도마 등은 채소류와 육류를 구별 사용하여 교차오염을 방지한다.
③ 가열조리 시 조리온도를 준수한다.
④ 음용수나 조리수는 지하수를 피하고 가급적 수돗물을 사용한다.
⑤ 호냉성 세균이므로 냉장 보관을 과신하지 말고 가능한 빨리 섭취한다.

## 3. 바이러스성 식중독균

### 1) 노로바이러스(norovirus)

노로바이러스란 이 바이러스에 오염된 물이나 음식물을 섭취하였을 경우 사람에게 감염성 위장염을 일으키는 장관계 바이러스의 일종으로 1968년 미국 오하이오주 노워크Norwalk 지역의 초등학교에서 발생한 집단 식중독 환자의 분변에서 처음으로 분리되면서 이 지역명을 따서 노워크 바이러스norwalk virus로 부르다가 최근 노로바이러스로 이름 붙여졌다. 바이러스의 혈청형은 모두 다르지만 전자현미경으로 관찰하면 작고 둥근 모양으로 보이기 때문에 SRSVSmall Round Structure Virus로 부르기도 하며, norwalk-like virus, *Calicivirus* 등으로도 알려져 있다.

### (1) 노로바이러스 특징

노로바이러스는 원형이면서 소형 바이러스로 감염력이 강하여 급성 위장관염을 일으키며 생존력이 강하다. 12~2월의 겨울철에 주로 발생하고 있으나, 다른 식중독과 마찬가지로 최근에는 계절에 관계없이 발생하고 있다. 노로바이러스는 크기가 작아 쉽게 음식물을 오염시킬 수 있고, 10~100개의 적은 수로도 질병을 일으킬 만큼 강력한 감염력이 있으며, 소량의 대변으로 다량의 바이러스를 배출한다. 또한 강력한 부착성으로 생존능력이 강하고 증상없이 감염이 되기도 하며, 회복 후에도 장기간 바이러스가 배출되기도 한다.

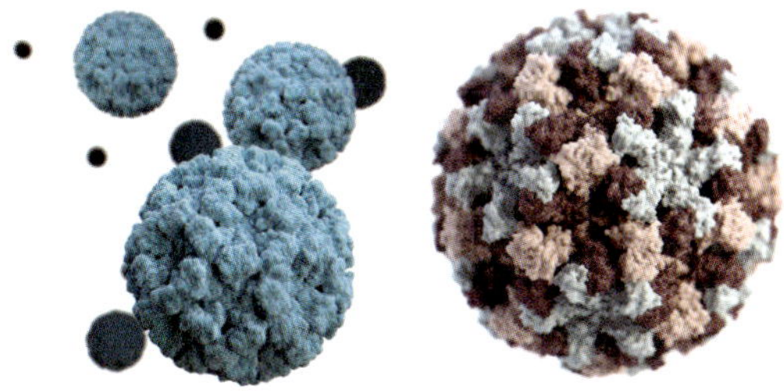

그림 3-11 노로바이러스

### (2) 원인식품 및 오염경로

주요 감염원은 감염된 환자의 구토물, 분변, 분비물 및 신체 접촉 등이며, 그 외에 오염된 물로 처리한 얼음이나 음식물, 오염된 연안에서 채취한 패류, 심지어는 공기 중에 부유하는 바이러스 입자 등도 포함된다.

### (3) 증상

잠복기는 24~48시간 정도이고 설사, 복통, 구토, 위경련이 주요 증상이며, 때로는 미열, 오한, 근육통, 두통과 피로감을 동반하기도 한다. 감염 시 갑작스러운 설사가 1~3일 지속된 후 자연적으로 치유되지만 소아, 노인, 환자의 경우에는 심한 구토와 탈수가 나타나므로 탈수를 막기 위하여 충분한 양의 수분을 섭취하여야 한다.

### (4) 예방 및 방지 대책

오염된 지하수 또는 식품을 통하여 발병하거나 사람 간 전염성이 매우 높으므로 노로바이러스성 식중독을 예방하기 위한 세심한 대책이 필요하다. 또한 현재 노로바이러스에 대한 예방 백신이나 치료법이 없으므로 예방이 가장 중요하며, 물이나 생굴을 제외한 바이러스의 공인된 검출방법이 없으므로 꾸준한 연구가 선행되어야 한다.

① 조리 전·후에는 항상 손을 깨끗하게 씻는다.

② 행주, 식기, 수저 등은 85℃ 이상에서 1분 이상 열탕 소독하고 음식물도 가열하여 섭취한다.

③ 오염이 의심되는 기구나 시설은 차아염소산나트륨과 같은 염소계 살균제나 소독제를 사용하여 살균·소독한다.

④ 조리수는 가급적 수돗물을 끓여서 사용하되 물탱크, 저수조, 배관관리 등 위생적으로 식수 공급을 할 수 있도록 정수 처리시설을 관리한다.

⑤ 굴, 과일, 채소 등을 깨끗이 세척하고 섭취하는 위생적 식습관을 생활화한다.

⑥ 감염자가 있는 경우 바이러스에 오염될 만한 옷이나 이불 등을 소독하고 감염자와의 접촉을 피하여 2차 감염을 예방한다.

⑦ 식중독 증상이 나타나면 즉시 치료하여 확산을 막고, 완치되더라도 3일 이상 조리업무에 복귀하는 것을 금지한다.

### 2) 로타바이러스(rotavirus)

로타바이러스는 노로바이러스처럼 11~3월까지 주로 겨울철에 발생하며 바이러스 모양이 수레바퀴처럼 생겼다고 하여 'rota'란 이름이 붙여졌다. 영유아에서 발생하는 위장관염 병원성 원인 바이러스로 생후 3~24개월의 영유아에게 가장 많이 발생하는 바이러스성 식중독이다.

오염된 음료수나 음식 또는 손과 손을 통하거나 입과 분변의 접촉에 의하여 감염되며, 바이러스의 특성상 호흡기를 통한 공기 전파 가능성도 있다.

잠복기는 1~3일이며 감염 초기에는 기침, 발열 등의 감기 증상이 나타나고, 더 진행되면 설사, 구토, 탈수가 나타난다. 영유아에게 탈수가 심해지면 혈액순환장애와 쇼크,

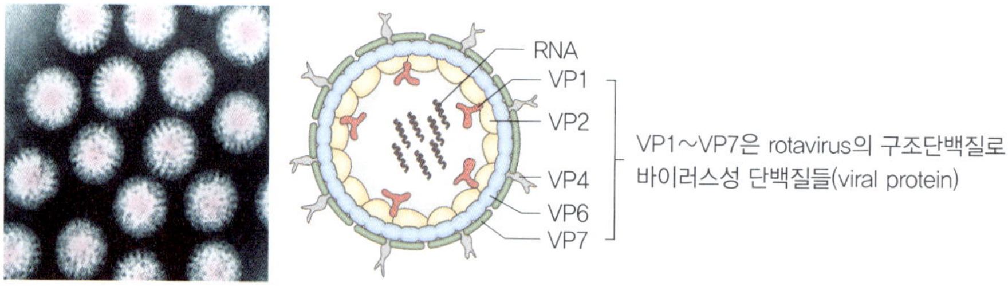


그림 3-12 로타바이러스

나아가 사망할 수도 있다.

효과적인 예방대책은 아직 알려져 있지 않으며, 열악한 조건에서도 생존력이 강한 로타바이러스는 적은 수로도 쉽게 감염되고 전염성이 강하여 단순한 위생관리로는 확산을 막기 어렵다. 특히 영유아가 모여 있는 산후조리원, 어린이집, 유치원 등에서의 감염을 막기 위하여 특별한 주의를 기울여야 한다.

### 3) 간염바이러스(hepatitis virus)

간염을 유발하는 바이러스 중 A형 간염바이러스HAV와 E형 간염바이러스HEV는 장관으로 감염이 되는 식품매개 바이러스이다. 감염이 되면 초기에는 증상이 없다가 30일 정도 경과 후에 증상이 나타날 수도 있으며, 보통은 1~2주 후에 두통, 고열, 메스꺼움, 피로, 복통, 근육통, 식욕 감퇴, 황달 그리고 독감 증세로 나타난다. 6세 이하의 유아인 경우에는 증상이 나타나지 않다가 드물게 황달이 나타나며, 성인과 고학년의 어린이들에게서는 대부분 황달이 발생한다. 증상이 발현되기 전까지 본인이 알 수 없는 경우가 많아 감염 예방대책도 세우기 어렵고, 감염된 사람에게는 위험한 상황이 될 수도 있어 세심한 주의가 필요하다.

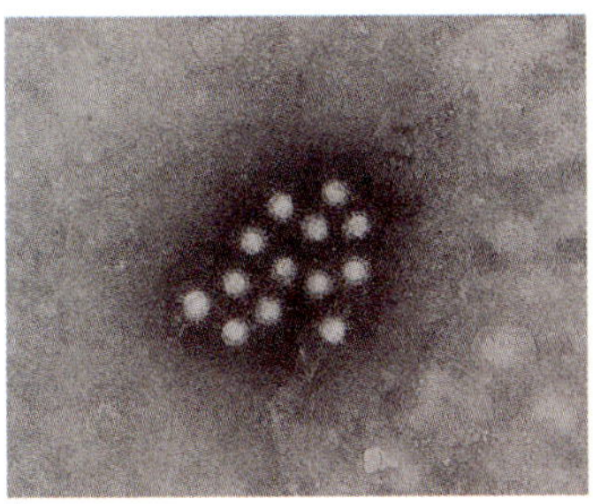

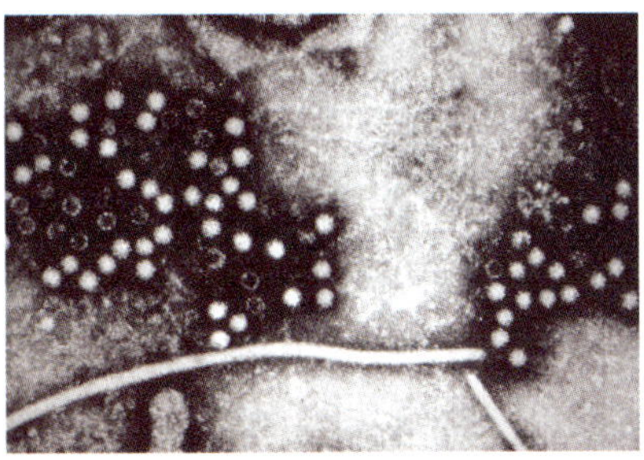

그림 3-13 **간염바이러스(왼쪽: HAV, 오른쪽: HEV)**

CHAPTER 4

# 화학물질에 의한 식중독

1. 화학적 식중독
2. 자연독 식중독
3. 환경오염에 의한 식중독
4. 조리가공 중 생성·혼입 가능한 유해물질
5. 식품알레르기

# 1. 화학적 식중독

## 1) 농약

농약은 농산물의 생산, 저장, 유통 과정 중에 피해를 주는 병·해충과 잡초의 발생으로 인한 손실을 방지하기 위해 사용된다. 농약은 용도에 따라 분류할 수 있으며 병원균에 의한 감염 예방 및 사멸을 위해 사용하는 살균제fungicide, 해충을 죽이거나 방제하기 위한 살충제insecticide, 작물의 생육을 저해하는 잡초를 제거하기 위한 제초제herbicide와 생장조절제plant growth regulator 등이 있다. 농약의 사용은 식량의 안정적인 공급과 동시에 노동력 부족을 대체할 수 있는 가장 경제적인 화학물질이지만, 동시에 사용량의 증가에 따른 식품 중 농약의 잔류 가능성에 대한 우려가 높아지고 있는 실정이다.

일반적으로 농약은 살포 후 전체 살포량의 5~20%가 농작물의 표면에 부착하거나 내부조직에 침투하는데, 침투한 화학물질은 농작물에 그대로 남거나 대사산물 또는 분해산물로서 잔류하는 경우가 있다. 대부분의 농약들은 유기화합물로 존재하기 때문에 무기화합물에 비해 인체 조직에 더 용이하게 흡수·축적될 수 있으며 위해성은 농약의 종류에 따라 다르다.

### (1) 농약의 잔류허용기준

농약의 잔류에 대한 위해성을 최소화하기 위해 수확 전 사용제한기간pre-harvest interval을 정하여 출하단계의 작물에서 농약의 잔류량을 제한하고 있으며, 또한 농약에 대한 잔류허용기준Maximum Residue Limit, MRL을 설정하여 관리하고 있다. 수확전 사용제한기간의 설정은 수확된 농산물의 농약의 잔류량이 허용기준을 초과하지 않도록 하고, 농약의 잔류가 농약의 분해성과 사용횟수 등에 따라 다르게 나타나므로 사용 농작물에 대하여 농약별로 최종사용일, 사용횟수, 사용방법 등을 규정하는 것을 말한다. 농약에 대한 잔류허용기준이란 식품 중에 잔류가 허용되는 농약의 최대농도(mg/kg)이며 이론적 1일 최대섭취량Theoretical Maximum Daily Intake, TMDI[1]이 1일 섭취허용량Acceptable Daily

1) 이론적 1일 최대섭취량(Theoretical Maximum Daily Intake, TMDI) : 농약의 잔류허용기준에 기준이 설정된 해당 식품의 1일 섭취량을 곱하여 모두 합한 값(mg/person/day)을 말한다.

Intake, ADI[2]의 80%를 넘지 않아야 안전한 수준이다.

농산물의 농약 잔류허용기준은 1988년 17종의 잔류농약에 대하여 최초 신설하여 1990년부터 시행하였으며 인삼의 경우 1995년 최초 신설되었고 2000년부터는 차tea에 대한 기준도 포함되었다. 매년 적용 농약 및 농산물의 범위가 확대되어 2021년 현재 식품공전에서는 농산물의 농약 잔류허용기준을 총 518종의 농약에 적용하여 설정·관리하고 있다. 식품의약품안전처에서는 2019년 1월 1일부터 모든 농산물을 대상으로 농약 허용물질목록관리제도Positive List System를 도입하였다. PLS관리제도는 농산물별로 국내·외 등록된 농약에 대해 잔류허용기준을 설정하여 관리하고 그 외 잔류허용기준이 없는 농약은 불검출 수준의 일률기준(0.01 mg/kg)을 적용하는 제도이다. PLS관리제도 도입 이전에는특정 농약에 대해 국내 기준이 없을 경우, 국제식품규격위원회CODEX의 기준과 국내 유사농산물의 최저기준을 적용해왔다.

### (2) 성분에 따른 농약의 종류

#### ① 유기인계 농약

유기인계 농약organophosphorous pesticides은 다른 농약에 비해 뛰어난 살충효과를 가지고 있으며 인P을 포함하는 유기물질로 파라티온parathion, 메틸 파라티온methyl parathion, 포스드린phosdrin 등은 독성이 커서 사용상 여러 규제를 받고 있으며, 저독성 유기인계로 마라티온malathion, DDVP, 다이아지논diazinon, EPN 등이 개발되어 사용되고 있다.

유기인계 농약은 인체에 흡수되면 신경에 존재하는 콜린에스터레이스cholinesterase의 작용을 억제하고 혈액과 조직 중 신경전달물질인 아세틸콜린acetylcholine의 분해를 저해하여 체내에 과잉 축적되므로 신경 흥분의 전도가 불가능하게 된다. 그 결과, 자율신경계, 횡문근 및 중추신경계 이상으로 발한, 호흡곤란, 두통, 구토, 설사, 방뇨무력증, 시력장애, 혼수상태 등을 유발한다.

동식물의 체내에서 비교적 분해되기 쉬우며 잔류기간이 1~2주 정도로 짧기 때문에 잔류에 의한 만성 독성과 환경오염은 크게 문제가 되지 않지만, 급성 독성은 강한 편이다. 따라서 수확 전 사용제한기간을 준수하고 살포시 흡입에 주의하고 피부나 손에

2) 1일 섭취허용량(Acceptable Daily Intake, ADI) : 사람이 일생 동안 매일 섭취해도 유해성이 나타나지 않는 최대무독성용량, 사람의 체중 kg당 1일 섭취허용량을 mg으로 나타낸다(mg/kg b.w./day).

묻지 않도록 하며 식품이나 기구에 오염되지 않도록 하여야 한다. 또한 과일은 유기인계 농약 살포 후 1개월 이후에 채소는 15일 이후에 수확하여야 하고, 식품용 세제로 세척한 후에 섭취하는 것이 좋다.

### ② 유기염소계 농약

유기염소계 농약organochlorine pesticides은 염소Cl를 포함하는 유기물질로 유기인계에 비해 저독성이어서 급성 중독사고는 적은 편이다. 그러나 잔류기간 180일~수년 정도로 잔류성이 뛰어나 토양 중에 안정하며, 지용성이어서 동물이나 사람의 지방조직에 축적되어 만성중독을 일으킬 가능성이 높다. 유기염소계 화합물은 신경독성물질로 중추신경 흥분작용으로 간질과 비슷한 신경중독 증상을 일으킨다. 주요 증상은 식욕부진, 구토, 복통, 입술의 감각이상, 수족마비, 경련을 일으키다가 심하면 혼수상태를 거쳐 사망할 수 있다.

1940~1960년대에 저렴한 비용으로 대량 생산이 가능한 DDTdichloro diphenyl trichloro-ethane의가 해충 방제로 널리 사용하였으며, 특히 제2차 세계대전 때 말라리아, 장티푸스의 퇴치를 위해 사용되었다. 그러나 잔류성의 문제와 함께 국제암연구소International Agency for Research on Cancer, IARC에서 인체발암우려물질probably carcinogenic to humans Group 2A로 분류되면서 우리나라에서는 1973년 생산이 중단되었으며, 1986년 이후부터 사용이 금지되었다. BHCbenzene hexachloride 또한 잔류성과 발암성으로 1979년부터 생산이 중단된 사용금지 화학물이다.

### ③ 카바메이트계 농약

카바메이트계 농약carbamate pesticides은 유기염소계의 사용금지에 따라 대용으로 만들어진 것으로 N-메틸(또는 N,N,-디메틸) 카바메이트의 에스테르로서 살충제, 제초제 등으로 사용되고 있다. 유기인계와 같이 콜린에스터레이스의 저해제이지만 그 저해 정도가 가역적이므로 독성이 상대적으로 유기인계보다 낮다. 증상은 즉시 발병하지만 체내에서 빨리 대사, 배출되므로 만성 중독을 일으킬 염려가 없으며 피부에도 잘 흡수되지 않는다. 주요 증상으로 눈물, 침의 과다분비, 경련 등이 있다. 살충제나 제초제로도 쓰이는 카바릴carbaryl 외에도 알디카브aldicarb, 아이소프로카브isoprocarb 등이 있으며, 제초제로 바르반barban, 클로로프로팜chlorpropham, 벤티오카브benthiocarb, 살균제로 베노밀benomyl, 티오파네이트 메틸thiophanate-methyl 등이 있다.

## 2) 동물용 의약품

식생활의 서구화로 육류, 우유 및 유제품, 수산물의 수요는 꾸준히 증가하고 있는 추세이다. 증가하는 수요를 충족시키기 위해 가축의 사육, 수산물의 양식의 생산성 향상, 성장 촉진, 질병 치료 및 예방 등의 목적으로 동물용 의약품이 첨가된 배합사료의 사용이 증가되고 있다. 동물용 의약품은 농림축산식품부령인 「동물용 의약품 등 취급규칙」에 따라 "동물용으로만 사용함을 목적으로 하는 의약품을 말하며 '양봉용, 양잠용, 수산용 및 애완용(관상어 포함) 의약품'을 포함한다."고 정의하고 있다. 동물용 의약품에는 항생제, 합성항균제, 성장호르몬, 구충제, 해열·진통·소염제 등이 있으며, 특히 가축에 사용이 허가된 구충제, 항생제가 전체의 약 57%를 차지한다. 일반적으로 동물용 의약품은 대부분 식품에 잔류하지 않거나 매우 미량이며 조리과정 중 대부분 분해된다. 그러나 항생제의 경우 오·남용으로 인해 병원성 균의 항생제 내성 증가, 개체의 면역능력 감소, 항생물질에 대한 알레르기 발현 등의 부작용 증가 등으로 인간의 건강에 위협을 줄 수 있다.

표 4-1 **동물용 의약품의 사용목적에 따른 분류**

| 분류 | 사용목적 | 동물약품 |
|---|---|---|
| 생산성 향상약 | 가축, 가금 등의 경제적 생산성 향상 | 젖소의 유량 저하 방지용<br>요도카세인, 유량 증산용 BST 등 |
| 질병예방약 | 감염증 발생 예방 | 백신 등 |
| 질병방제약 | 집단사육, 양식에서의 질병 예방 및 치료 | 사료첨가제, 음용수첨가제 등 |
| 질병치료약 | 질병 걸린 동물의 개체별 치료 | 주사제, 경구제 등 |
| 방역약 | 감염증 예방 목적의 동물사육장, 방목장, 어장에 사용 | 소독제, 살충제 등 |

출처 : 식품의약품안전처

우리나라의 1인당 축산물 연간소비량은 1995년 27.45 kg에서 2019년 55.80 kg으로 꾸준히 증가 추세이며, 이와 함께 동물용 의약품의 사용에 대한 관리의 중요성도 강조되고 있다. 동물용 의약품 중 가장 많이 사용하는 항생제는 테트라사이클린으로 전체 항생제 사용의 46.7% 정도이다.

### (1) 동물용 의약품의 잔류허용기준

가축에 사용하는 동물용 의약품은 사용대상 동물에 대한 안전성뿐만 아니라 축산식품의 안전성 확보가 이루어져야 동물용 의약품으로서의 사용이 허가될 수 있다. 「식품위생법」 상 식품에 항생제, 합성항균제 및 합성호르몬제를 함유해서는 안 되도록 규정되어 있다. 그러나 사실상 식육, 어류 및 갑각류에는 사료 등에 의한 잔류가 불가피하므로 잔류허용기준을 정하여 규제하고 있다. 동물용 의약품은 축산식품 중 잔류에 의한 공중보건학적 위해성 외에도 항생제 내성균의 확산, 축산환경 중 가축의 배설물을 통한 환경위해성도 함께 고려되어야 한다.

1991년 국내산 식육 중 유해잔류물질 검사 체계 도입 후 1996년부터 「식육 중 잔류물질 검사요령」(식약처 고시 제2021-59호, 2021.7.6. 개정)에 따라 농림축산검역본부에서는 국가잔류물질검사프로그램National Residue Program, NRP을 운영하고 있으며, 국내산 식육 잔류물질에 대한 모니터링 결과는 2019년 기준 항생물질에 대해서 3.54%, 합성항균제 0.97%의 위반율을 보였다.

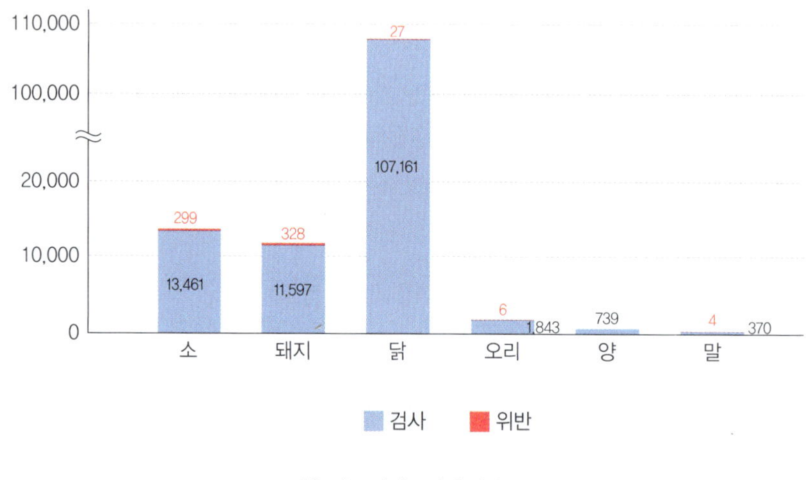


그림 4-1 식육 잔류 항생물질에 대한 모니터링 결과
출처 : 식품의약품안전평가원, 2015

동물용 의약품의 잔류허용기준은 대부분 사용이 허가된 동물에 대하여 설정되어 있으며, 일부 식품에 대해서는 국내에 유입되는 수입식품을 관리하기 위해 설정된 것도 있다. 현재 동물용 의약품 잔류허용기준 대상 식품은 표 4-2와 같다.

**표 4-2 잔류허용기준 대상 식품**

| 대분류 | 분류 | 대상 식품 |
|---|---|---|
| 축산물 | 식육류 | 쇠고기, 돼지고기, 양고기, 염소고기, 토끼고기, 말고기, 사슴고기 등에 대하여 부위별(근육, 지방, 신장, 간) |
| | 가금류 | 닭고기, 꿩고기, 오리고기, 거위고기, 칠면조고기, 메추라기고기 등에 대하여 부위별(근육, 지방, 신장, 간) |
| | 유 | 우유, 산양유 등 |
| | 알 | 달걀, 메추라기알, 오리알, 타조알 등 |
| 수산물 | 어류 | 가다랭이, 가물치, 가오리, 가자미, 갈치, 고등어, 꽁치, 날치, 넙치, 노가리, 농어, 다랭이, 도루묵, 도미, 돔, 망둥어, 메기, 멸치, 미꾸라지, 민어, 방어, 뱀장어, 뱅어, 병어, 복어, 볼기우럭, 볼락, 붕어, 붕장어, 빙어, 삼치, 송어, 연어, 우럭, 은어, 잉어, 장어, 참붕어, 향어 등 |
| | 갑각류 | 새우, 게, 바닷가재, 가재, 방게, 크릴 등 |
| | 패류 | 전복 등 |
| 기타 | 벌꿀 | 벌꿀, 로얄젤리, 화분 등 |

출처 : 식품의약품안전처

어류 및 갑각류의 양식과정에 먹이로 사용되는 배합사료에도 항생물질이 첨가되므로 우리나라에서는 어류 및 바닷가재에 대하여 옥시테트라사이클린 등의 항생제에 대한 잔류기준을 정하여 규제하고 있다.

### (2) 잔류의 문제점 및 현황

유기·무항생제 축산물로 인증된 경우를 제외하고 거의 대부분의 동물이 항생물질 등이 첨가된 사료로 사육되고 있으며 사용량뿐만 아니라 사용빈도도 높은 상태이다. 일반적으로 동물성 식품에 잔류하는 정도가 낮아 급성 독성은 크게 문제가 되지 않으나, 만성 독성을 유발할 경우에는 발암성 유발, 내성균 출현에 의한 균교대증의 위험성, 알레르기 발현 등 건강에 큰 위험을 가져올 수 있다. 특히 내성균 출현 문제가 가장 심각한데, 치료목적이나 사료첨가용 항생물질의 대량 투여 결과로 생태계 교란과 동시에 항생제 저항성 세균의 자연계 분포가 증가하면서 각종 질환의 치료나 예방과정에서 기존 항생제를 무력하게 만들 수 있다.

우리나라는 1980년대에 축산식품 중 항생물질과 합성항균제가 잔류하여 안전성 문제가 제기됨에 따라 잔류허용기준을 설정하였으며, 동물용 의약품의 사용량, 사용방법, 도살 전 휴약기간 등이 규정되었다. 이후 배합사료 첨가 항생제 금지 정책에 따라 1997년부터 2011년까지 금지항목이 확대되어 현재 항콕시듐제제 9종을 제외한 모든 항생제는 배합사료에 첨가하는 것이 금지되었다.

국내 동물용 의약품의 잔류실태 조사결과, 국내산 식육의 잔류위반율은 2006년 0.26%에서 2010년 0.15%로 지속적으로 감소하였으나, 2014년에는 0.21%로 증가하여 여전히 관리가 필요한 상황이다. 주요 위반물질로는 항생물질 중 스트렙토마이신, 겐타마이신을 포함하는 아미노글리코사이드 15.18%, 페니실린류 9.58%, 테트라사이클린 1.23% 그리고 합성항균제로는 설파티아졸 포함 설페이스 1.07%, 퀴놀론 3.53% 정도로 나타났다.

### (3) 동물용 의약품의 1일 섭취허용량 산출법

유해잔류물질에 대한 안전성 평가는 독성시험 결과에 근거한 독성학적 1일 섭취허용량toxicological Acceptable Daily Intake, ADI과 인체 장내 정상세균총에 대한 영향을 근거로 한 미생물학적 1일 섭취허용량microbiological ADI 중 더 낮은 1일 섭취허용량을 채택하며 잔류허용기준 설정을 위한 근거자료로 사용한다. 이때 ADI 값은 실험동물을 이용한 아급성(1개월 미만), 아만성(1~3개월), 만성(1년~생애기간) 독성학적 실험 또는 미생물학적 독성시험을 통해 대상 화학물질에 대한 최대무작용량NOEL을 결정할 수 있다. NOEL 값은 동물실험 결과로 인간에게 그대로 적용하기에 어려움이 있으므로 동물과

**표 4-3 독성학적, 미생물학적 ADI 측정방법**

| 독성시험 | 안전계수 |
|---|---|
| chronic | 100 |
| Reproduction/Teratology | 100 또는 1,000 |
| 90 Day | 1,000 |

$$\text{독성학적 ADI (mg/kg bw/day)} = \frac{\text{NOEL (mg/kg bw/day)}}{\text{안전계수}}$$

$$\text{미생물학적 ADI } (\mu\text{g/kg bw/day}) = \frac{\{(\text{MIC50의 기하평균}^{a} \times \text{CF2})/\text{CF1} \times \text{일일분변량(150 mL)}}{\text{섭취량 중 장내균총이 이용하는 양} \times \text{성인 체중(60kg)}}$$

[a]장내세균 중 가장 민감하고 분포도가 높은 세균종의 성장을 50% 억제하는 최소농도(MIC50) 또는 일련의 장내정상세균총에 대한 MIC50의 기하평균

*CF1, CF2 : 보정계수

출처 : 식품의약품안전처

사람 간의 차이를 10배, 사람 간 차이를 10배로 생각하여 곱한 값인 100을 안전계수safety factor로 이용하여 나눈 값을 독성학적 ADI 값으로 정하게 된다. 독성시험 자료가 불충분할 경우에는 추가적으로 10을 더 곱하기도 한다(1,000배).

동물용 의약품에 대한 이론적 1일 최대섭취량TMDI은 잔류허용기준 적용 식품에 대하여 잔류허용기준량에 각 식품의 1일 섭취량을 곱한 양의 합을 말하며, 모든 식품에 잔류허용기준량만큼 잔류하고 있다는 가정하에 해당 식품을 매일 섭취 시 노출되는 동물용 의약품의 양을 말한다. 이때 잔류허용기준Maximum Residue Limits, MRL은 대상 가축의 모든 가식 부위(근육, 간, 신장, 지방 등)에 잔류하는 물질에 대하여 동물용 의약품을 사용하여 법적으로 허용하는 최대잔류농도(mg/kg 또는 μg/kg)를 말하며, 이는 1일 섭취허용량을 초과해서는 안 된다.

휴약기간withdrawal period의 선정은 동물용 의약품의 잔류량이 잔류허용기준을 넘지 않는 시점으로 정한다. 휴약기간은 가축에 약물을 투여한 후 약물이 체내에서 배출되어 가식 부위에 잔류량이 잔류허용기준보다 낮아질 때까지 약물투여를 중지하는 기간으로 사용기구, 축산, 사료저장고를 완전히 청소하여 약제가 들어가지 않은 사료와

**표 4-4 이론적 1일 최대섭취량 계산법**

| 계산식 |
|---|
| • 1인 1일 섭취허용량 = ADI(mg/kg bw)×한국인 평균체중(kg)<br>• 이론적 1일 최대섭취량(mg) = [잔류허용기준 및 기준(안)(mg/kg)×식품별 섭취량(g/day)/1000] 합 |
| **ADI가 0.06 mg/kg bw/day인 'A' 동물용 의약품의 평가 예** |
| • 포유류(소, 돼지 등), 가금류(닭, 오리 등)의 근육, 간, 신장, 지방에 잔류허용기준을 각각 1 mg/kg으로 설정할 경우<br>- 1일 포유류의 부위별 섭취량 : 근육 87 g, 간 15 g, 신장 29 g, 지방 15 g<br>- 1일 가금류의 부위별 섭취량 : 근육 25 g, 간 8 g, 신장 8 g, 지방 1 g<br>• 1인 1일 섭취허용량 = 0.06 mg/kg × 55 kg(몸무게) = 3.3 mg<br>• 이론적 1일 최대섭취량(mg)<br>= [(1 mg/kg×87 g + 1 mg/kg×15 g + 1 mg/kg×15 g) + (1 mg/kg×25 g + 1 mg/kg×8 g + 1 mg/kg×8 g + 1 mg/kg×1 g)]<br>= 0.146 mg<br>• 1일 1일 섭취허용량(ADI) 대비 이론적 최대섭취량(TMDI) 비율=0.146 mg/3.3 mg×100 = 4.4% |
| **평가 의미** |
| 'A'라는 동물용 의약품은 소, 돼지, 닭 등의 포유류와 닭, 오리 등의 가금류에 부위별로 1 mg/kg 농도로 존재(잔류허용기준)한다고 하더라도 이론적 1일 최대섭취량(0.146 mg)이 매일 먹어도 괜찮은 양(3.3 mg)의 4.4%밖에 되지 않기 때문에 안전함 |

출처 : 식품의약품안전처

물만 먹이도록 한다. 농어민 등의 생산자들은 반드시 휴약기간을 준수하여 도살시기를 결정해야 잔류허용기준을 위반하지 않는 안전한 식품을 공급할 수 있을 것이다. 나아가 기본적으로 설명서에 나와 있는 안전사용 수칙(사용방법, 사용량 등)을 준수하고, 시설 개선을 통해 위생 수준 향상으로 인한 질병의 발생 및 예방을 효율적으로 관리하고, 주사기의 재사용, 사료 생산 시 약품이 오염된 통의 재사용으로 인한 교차오염이 일어나지 않도록 해야 할 것이다.

## 2. 자연독 식중독

### 1) 식물성 자연독

식물성 자연독은 세균, 곤충 또는 동물로부터 식물을 보호하기 위해 식물이 생산하는 물질로 광합성, 성장과정 중 생성되는 저분자량의 1차 대사산물과 2차 대사에 의해 생성되어 광범위하게 존재한다. 이러한 독성분이 함유된 식물을 과량 섭취하거나 식용식물과 비슷한 유해성 식물을 오인하여 섭취하는 과정에서 식중독이 발생할 수 있다. 또한 유독물질을 함유하고 있는 식물의 특정 부위에 대한 부주의로 독성물질의 제거가 불충분하게 이루어졌거나, 독성화된 야생벌꿀의 유독성분에 의한 중독증상이 발생할 수 있다.

일반적으로 식물에 의한 식중독을 일으키는 경우는 상대적으로 매우 적으며, 후추의 사프롤, 양송이와 같은 식용버섯의 하이드라진, 어린 고사리의 타킬로사이드 등은 발암성이 알려져 있으나 데치는 과정에서 대부분 소멸된다. 또한 셀러리나 파슬리의 소랄렌, 코코아의 테오브로민, 회향의 사프롤, 소철의 사이카신 등도 발암물질로 알려져 있으나, 그 양이 매우 소량이어서 일반적인 섭취량으로는 암을 유발하지 않는다. 그러나 셀러리의 경우 상하거나 병들면 발암물질이 100배 이상 증가할 수 있으며, 감자는 병들고 멍들거나 빛에 노출되면 솔라닌 등의 성분이 증가하여 위험할 수 있다.

대표적인 식물성 식중독으로 독성이 강한 알칼로이드alkaloid가 있는데, 이는 아미노산을 전구체로 하여 생합성되는 염기성 성분으로 구토, 사지마비로 시작하여 수시간 이내에 인사불성이 되어 호흡마비로 죽음에 이를 수 있는 치사력이 높은 유독물질이다. 알칼로이드 함유 식물 외에도 청산배당체, 기타 배당체를 함유하는 식물이 있다.

### (1) 독버섯

독버섯은 분류학상 진균류에 속하며, 우리나라에는 약 1,900여 종의 버섯이 알려져 있다. 이 중 식용버섯 517종, 약용버섯 204종, 그리고 독버섯 243종이 있다. 독버섯에 의한 중독사고는 2004~2013년에 53건이 보고되었으며, 환자 204명 중 23명이 사망하였다. 이러한 중독사고는 주로 식용버섯과 유사한 색과 모양으로 인해 식용버섯으로 오인하여 섭취하여 중독을 일으키는 경우가 대부분이며, 식물성 식중독에 의한 주요 사망 원인이다.

야생독버섯은 식용 1시간에서 수시간 이내에 어지러움, 메스꺼움, 복통, 구토, 설사 등의 증상이 나타나며, 조기 치료 시 경과가 좋아지나 늦으면 근육변성, 지방변성이 남을 수 있다. 치료법은 독버섯의 종류, 함유 독소물질에 따라 매우 다양하다. 독버섯의 유독성분에 따라 다음과 같이 나눌 수 있다.

#### ① 무스카린

무스카린muscarine, muscaridine은 자율신경계에 작용하는 알칼로이드 화합물로 조리과정에서 파괴되지 않으며, 장에서 혈관으로 독소가 침투되어 발한, 구토, 설사 등 소화기장애를 일으키지만, 심하면 동공수축, 혈압저하, 경련수축 등의 신경장애를 일으키며 사망에 이를 수 있다. 치사량은 약 180 mg으로 신선한 버섯 100~150 g만 섭취해도 사망할 수 있다. 주로 광대버섯, 깔대기버섯류, 삿갓외대버섯, 땀버섯류, 그물버섯 등이 있다.

#### ② 아마니타톡신류

아마니타톡신류amanitatoxins는 아마톡신amatoxins과 팔로톡신phallotoxins, 비로톡신virotoxins이 포함되어 있으며, 버섯류에 함유된 유독물질 중 가장 맹독성이다. 이 독소는 가열, 냉동, 절임 등에도 파괴되지 않는다. 독소의 치사량은 체중 60 kg 성인 기준으로 6 mg 정도이며, 이는 버섯 한 개만 섭취해도 사망할 수 있을 정도이다. 주로 광대버섯속의 알광대버섯, 개나리광대버섯, 독우산광대버섯, 흰알광대버섯 등이 포함되어 있으며, 식용버섯인 흰주름버섯, 흰우산버섯 등과 외관이 비슷하다. 대표적인 식중독 사고로 1987년 7~10월에 우리나라 영서지역에서 16명의 환자가 독우산광대버섯을 섭취하고 중독 증상을 보였으며 이 중 10명이 사망하였다. 중독 증상은 섭취 후 6~24시

흰주름버섯 알광대버섯 독우산광대버섯

그림 4-2 식용버섯인 흰주름버섯과 아마니타톡신류 생산 흰알광대버섯, 독우산광대버섯

간 내 메스꺼움, 구토, 복통, 오심, 혈변 등의 소화기장애와 함께 경련과 신경마비 증상과 같은 콜레라 증상을 수반하며 간부전증, 신부전증, 혼수상태를 보이다가 1~3일 사이에 사망한다. 일반적인 국내 사망률은 약 20%이다.

### ③ 코프린

코프린coprine은 아세트 알데하이드탈수소효소 등 알코올분해효소의 작용을 저해하여 아세트산알데하이드의 축적에 의한 독성을 일으킨다. 주로 두엄먹물버섯과 배불뚝이깔때기버섯 등이 이 독소를 함유하고 있으며, 식후 30분부터 5일 이내에 알코올을 섭취하면 안면홍조, 심장박동 증가, 혈압저하, 구토와 두통의 증상을 보인다.

### ④ 일루딘

일루딘illuden S은 과거 람프테롤lampterol로 알려진 물질로 버섯 식중독 중 가장 많이 발생하는 화경버섯에 의해 중독되는 원인물질이다. 화경버섯은 대표적 식용버섯인 느타리버섯이나 표고버섯과 유사하여 식중독이 발생한다. 식후 30분~3시간 후 메스꺼

화경버섯 표고버섯 느타리버섯

그림 4-3 일루딘 생산 화경버섯과 식용버섯인 표고, 느타리버섯

움, 복통, 설사, 구토, 오한 등 주로 위장장애 중독 증상을 보이며 구토 증상이 오래 지속되는 편이다.

### (2) 솔라닌

솔라닌solanine은 콜린에스테레이스cholinesterase에 의한 신경전달물질인 아세틸콜린의 분해를 방해하여 용혈작용 및 운동중추의 마비작용을 일으키는 식물성 자연독이다. 신선한 감자에는 솔라닌이 2~13 mg% 정도 함유되어 있으나, 발아 부위에 81 mg%, 일광에 노출되어 생긴 녹색 부위에는 80~100 mg% 이상 함유되어 있어 이 부분을 반드시 제거하고 섭취해야 한다. 솔라닌은 열에 안정하고 물에 녹지 않기 때문에 일반 가열로는 쉽게 파괴되지 않으므로 조리 시 발아 부위, 녹색 부위를 반드시 제거하고 조리하며, 보관 시 통풍이 잘되고 그늘진 곳에 보관하도록 한다. 중독 증상으로 20~40 mg/100 g 이상 섭취 시 복통, 메스꺼움, 설사, 구토에 의한 위장장애, 두통, 어지럼증, 가벼운 의식장애 등의 신경장애를 일으킬 수 있다.

### (3) 시안배당체

시안배당체cyanogenic glycoside는 가수분해에 의해 시안화수소hydrogen cyanide, HCN(청산)을 형성하는 화합물들의 총칭이다. 20여 종의 시안배당체가 존재하며 대표적으로 청매(미숙 매실)·살구씨·아몬드·복숭아씨 등에 존재하는 아미그달린amygdalin과 수수 등에 있는 듀린durrin·라마콩·아마씨·카사바 등에 함유된 리나마린linamarin 등이 있다.

시안배당체 자체는 무해하지만 식물 자체의 효소나 인체 장내세균의 효소에 의해 가수분해되어 독성을 나타낸다. 특히 미토콘드리아의 시토크롬 산화효소와 결합하여

살구씨 | 복숭아씨 | 아몬드 | 청매

그림 4-4 시안배당체 함유 살구씨, 복숭아씨, 아몬드, 청매

CHAPTER 4 화학물질에 의한 식중독

작용을 억제, 세포호흡을 중단시킨다. 따라서 중독 시 두통, 소화기장애와 호흡곤란, 경련 등을 일으키고, 심하면 호흡중추마비에 의한 사망을 초래한다. 중독을 예방하려면 충분한 가열로 휘발시키거나 수용성이므로 물에 담가 시안배당체를 용출시켜 제거할 수 있다.

### (4) 고시폴

고시폴gossypol은 폴리페놀 화합물로 목화씨에 존재하며 정제되지 않은 면실유에도 함유되어 있다. 고시폴은 가열에 의해 일부 분해되고, 묽은 NaOH 용액 또는 아닐린aniline에도 쉽게 용해되므로 기름에서 분리, 제거가 용이하나 정제되지 않은 면실유와 면실유박에 남아 있다가 중독을 일으킬 수 있으므로 독성분의 완벽한 제거가 반드시 필요하다. 또한 면실유박에 양질의 식물성 단백질이 다량 함유되어 있으나 0.7~1.5% 고시폴 함량에 의한 위험성으로 이용을 가축사료로 제한하고 있다.

고시폴의 중독은 칼슘, 철과의 불용성염 형성에 의한 칼슘과 철의 체내 흡수를 방해하여 출혈성 신염과 신장염(신부전), 심장비대, 황달, 간장애, 장기출혈 등의 중독 증세를 일으킬 수 있다. 또한 고시폴 함유 사료를 소에게 주면 부종 또는 심할 경우 폐사한다.

### (5) 리신과 리시닌

리신ricin과 리시닌ricinine은 피마자(아주까리)의 잎과 씨에 존재하는 렉틴lectin과 알칼로이드alkaloid 독성물질로, 피마자에는 그 외에도 리시놀레산ricinoleic acid을 다량 함유하고 있으며, 일부 사람들에게는 심한 알레르기를 유발하는 항원allergen을 함유하고 있다. 주요 중독 증상으로 복통, 구통, 설사와 알레르기 증상이 있다.

목화　　피마자　　고사리

그림 4-5 식물성 자연독 함유 목화, 피마자, 고사리

리신의 경우 독성이 매우 강하지만 열에 쉽게 파괴되고 콩과식물의 종자와 다양한 식물의 잎, 뿌리에서도 발견된다. 리신은 적혈구를 응집시키는 hemagglutinin 또는 phytagglutinin이라는 특수 단백질의 일종이며, 피마자의 종자로부터 피마자유castor oil를 용매로 추출한 후 용매를 제거하는 과정에서 제거된다.

리시닌은 리신보다 독성이 약하며 가열에 의해 쉽게 분해되고 상대적으로 함유량이 적어 위험성이 낮다. 알레르기 유발 항원의 경우 피마자유박에 6~9% 함유하고 있으며, 용매 제거과정에서 제거되는 리신과 달리 내열성이 강해 불활성화가 어려워 알레르기 중독증상을 일으킨다. 피마자유에 다량 함유된 리시놀레산의 경우 설사제로 사용된다.

#### (6) 프타퀼로사이드

프타퀼로사이드ptaquiloside는 고사리에 함유된 독성물질로 티아민 가수분해효소thiaminase 작용으로 비타민 $B_1$ 결핍증을 초래하며, 위암, 방광암, 후두암, 식도암 등을 일으킬 수 있는 강력한 발암물질이다. 고사리의 프타퀼로사이드는 말린 고사리 중량의 0.1~0.6% 수준이며, 주로 줄기보다 뿌리에 많이 존재한다. 영국, 터키 등에서 고사리를 섭취한 소가 비뇨기나 장관의 출혈을 일으켜 급성 중독으로 죽은 사례가 있으며, 마우스에서는 암 발생과 함께 기형 유발성도 확인되었다. 프타퀼로사이드는 물에 용해되기 때문에 말린 고사리를 불리고 삶는 과정에서 용이하게 제거되어 발암성을 잃게 된다.

### 2) 동물성 자연독

동물성 자연독은 복어와 같이 동물에 자연적으로 함유되어 있거나 유독 미생물, 플랑크톤 및 해조류 등의 먹이에서 유래된 유독성분에 의한 식중독으로 대부분 복어, 조개류, 어류 등이며, 육지의 동물이나 조류에서는 거의 발견되지 않는다. 복어에 의한 중독이 대부분이나 어장의 확대, 어업자원의 부족, 수입어류의 증가 등으로 다른 어류에 의한 중독이 발생할 수 있다. 특히 조개류는 특정 시기, 연안 지역의 오염 등 환경 조건에 의해 유독성을 나타낼 수 있으므로 양식 환경의 정화와 채취시기가 중요하다.

### (1) 복어독

복어는 열대 및 온대 지역에 널리 분포하는 난해성 어종으로 우리나라에는 약 40여 종이 분포하고 있으며 까치복, 졸복, 검복 등 10여 종이 식용으로 이용되고 있으나 이 중 검복, 매리복, 졸복, 황복 등이 맹독성으로 알려져 있다 그림 4-6.

복어독은 동물성 자연독 중 가장 많이 발생하며 치사율도 40~80%로 매우 위험하다. 복어의 독성분은 테트로도톡신tetrodotoxin으로 치사량이 0.5~2 mg이며 저분자 자연독 중 가장 강력한 독력을 가져 시안화나트륨의 1,000배에 이른다. 무색·무미·무취이며, 약염기성으로 106℃에서 4시간 가열해도 파괴되지 않는 열저항성이 강한 독이고, 산에 안정하나 알칼리에는 불안정하다. 독성은 개체, 부위(장기), 계절, 지역 등에 따라 다르며, 복어의 생식선(난소), 간, 장, 피부 등에 독소가 함유되어 있어 이들 부위를 섭취하였을 때 또는 부주의한 손질에 의해 중독을 일으킬 수 있다. 특히 산란기 직전 난소의 무게가 가장 커지는 4~6월에 독성이 가장 강하다. 반면 양식복어인 자지복은 독소 함량이 없거나 낮다.

테트로도톡신은 신경독소로 신경이나 골격근육의 $Na^+$ 세포내 유입을 억제하여 자율신경과 운동신경을 마비시켜 독작용을 나타낸다. 일반적으로 섭취 후 짧게는 20~30분, 대개 3~6시간이 지나면 신경의 일시적인 이온 삼투성 증가로 입술이나 혀끝이 얼얼하고 손과 발끝의 저림 현상이 일어나며 복통과 구토가 동반된다. 이런 증상이 계속되다가 운동불능상태가 되고 지각마비, 언어장애, 혈압저하와 함께 호흡곤란을 느끼게 되나 의식은 뚜렷한 상태이다. 이후 완전한 운동마비로 운동불능, 발성

그림 4-6 **다양한 복어**

곤란, 연하곤란이 오고, 호흡곤란에 의한 청색증cyanosis이 나타난다. 반사기능의 상실과 함께 의식이 흐려지다가 의식불명과 호흡중추의 완전한 마비로 인한 사망에 이른다. 심한 경우 10분 이내에 사망할 수 있으며, 생사가 결정되는 8시간 이후에도 사망하지 않는 경우 대체로 회복되나 근육마비 증상은 며칠간 계속될 수 있다. 중독 증상은 임상 증상별로 지각이상, 운동장애, 호흡장애, 혈행장애, 위장장애, 뇌증 등으로도 구분한다. 중독 시 효과적인 치료법이 없으며, 진행이 빨라 치사율이 높으나 일반적인 치료방법으로 토제, 하제 투여를 통해 위장내 독소를 제거하고 혈압상승제로 혈압 유지 및 호흡촉진제 투여나 인공호흡을 실시한다.

예방대책으로 복어의 독소물질이 함유된 부분을 제거하는 과정에서 독성분 오염에 의한 섭취를 예방하기 위해 복어요리 전문가가 조리한 것만 섭취해야 하며, 독소가 많은 부위인 알, 내장, 난소, 간, 피부 등은 먹지 않도록 한다. 또한 폐기된 유독 부분 처리 부주의에 의해 다른 사람이 먹고 중독되는 일이 없도록 처리를 철저히 해야 한다.

2016년 10월 한 식당에서 독성이 제거되지 않은 복어알을 실수로 홍어 내장탕에 넣어 이를 먹은 5명 중 2명이 사망하고 2명은 입 안과 다리가 마비되는 증상을 겪었다. 이는 취급과정 중 포장용기 표시 부재로 발생한 사건으로 부주의 시 사망에 이를 수 있으므로 반드시 전문가에 의해 안전한 취급이 가능해야 한다.

### (2) 시구아톡신

시구아테라ciguatera는 시구아톡신ciguatoxin을 가지고 있는 독어류의 총칭으로, 열대나 아열대 해역의 산호초 주변에서 서식하는 400여 종의 어류 중 곰치, 숭어, 독곰치, 청어 등 10~30종이 식중독 관련 어종이다. 우리나라에는 주로 원양어업과 수입어류 등의 영향이 있으나 지구 온난화의 영향으로 시구아테라 독어의 출현 가능성이 높아지고 있다. 시구아톡신이 함유된 와편모조류를 섭취한 어류를 섭취하면서 식중독 사고가 발생하며, 특히 내장, 알에 주로 축적된다. 독소는 수용성이며 내열성으로 일반 가열·조리로 파괴되지 않는다.

어종에 따라 중독 증상이 다양하나 일반적으로 치사율이 1%로 매우 낮다. 섭취 30분~8시간 후 증세가 나타나며 구토, 설사, 복통 등 소화기계 증상과 두통, 근육통, 현기증, 시각장애, 전신마비 등 신경계 이상을 일으킨다. 사망에 이르는 경우는 낮으나 저혈압 증상과 더불어 호흡기계 마비, 의식불명으로 사망할 수 있다.

### (3) 패류독소

패류독소에 의한 중독은 유독 플랑크톤의 섭식에 의한 유독성분 생성, 패류 장관 내 세균에 의한 생성, 패류의 자체적 생성에 의한 것으로 체내에 축적된 독소를 가진 패류를 섭취하는 과정에서 식중독이 발생한다. 패류독소는 마비성, 설사성, 신경성, 기억상실성 패류독소가 있으며, 주로 마비성 패류독소가 존재한다. 유독패류는 외관, 맛 냄새로 무독패류와 구분이 어려울 뿐 아니라 독성물질이 열에 안정하여 조리과정에도 파괴되지 않아 위험성이 높다. 유독패류는 지역적으로 나타나며, 특히 계절의 영향을 많이 받으므로 독성이 증가하는 시기에는 채취와 섭식을 금지하는 것이 바람직하다.

#### ① 베네루핀 중독

베네루핀venerupin은 적조 유발 편모조류를 통해 모시조개, 바지락, 굴 등이 이를 섭취하여 축적되면서 유독화시키는 원인 독성분이다. 처음 발견 당시 바지락에서 분리되어 학명인 *Venerupis semidecussata*을 따라 베네루핀으로 명명하였다. 베네루핀은 열에 안정하여 pH 5~8에서 100℃로 1시간 가열해도 파괴되지 않으나 pH 9 이상 또는 120℃에서 가열하면 50% 이상 파괴된다.

잠복기는 12~48시간이며, 중독 증상으로 초기에는 불쾌감, 권태감, 구토, 두통, 미열 등과 함께 배, 팔, 다리 등 피하에 암갈색 출혈반점이 생긴다. 간비대, 황달, 간기능 저하를 보이며, 중증일 경우 토혈, 혈변과 함께 의식장애 등 뇌증상을 나타내다가 7일 이내에 사망한다. 과거 1970년대 이전에는 치사율이 44~50%로, 1942년 일본에서 모시

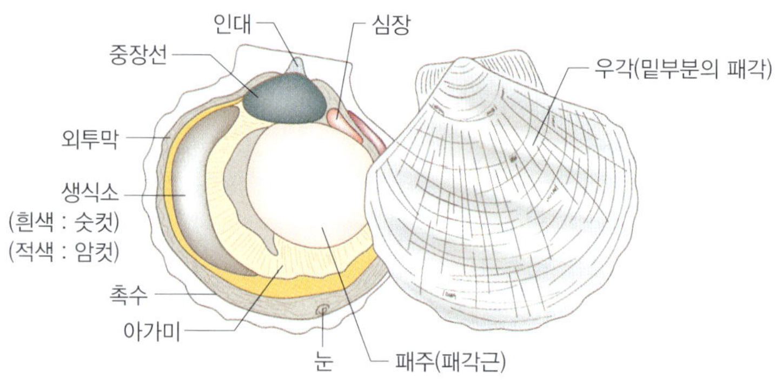


그림 4-7 조개 중장선

조개에 의해 334명의 환자 중 114명이 사망하였다. 국내의 경우 1968~1969년 거제도 장승포 주민 90여 명에게서 발생, 이 중 18명이 사망한 사례가 있다. 베네루핀의 발생시기는 1~4월이 높고 6~11월에는 독성분이 거의 검출되지 않으므로 유독시기에는 채취를 피하고, 섭취 시 베네루핀이 축적되는 조개류의 중장선을 제거하면 안전하다.

#### ② 마비성 패류중독

삭시톡신saxitoxin은 마비성 식중독을 일으키며 주로 홍합, 대합조개, 섭조개, 가리비 등의 중장선에 독성분이 존재하여 식중독을 일으킨다. 적조현상을 일으키는 와편모조류를 섭취하면서 독소가 축적된 것으로 과거에는 주로 태평양과 대서양 연안의 고위도에서 집중적으로 발생하였으나, 근래에는 열대 및 아열대 해역, 남반구 등 범세계적으로 확대되는 경향을 보이고 있다.

삭시톡신은 복어독과 같은 맹독성을 가지며 신경세포로의 $Na^+$ 유입을 차단하여 말초신경의 마비증상을 나타내므로 마비성 패류중독paralytic shellfish poisoning, PSP이라고 부른다. 강한 독성으로 마우스 복강내 주사 시 $LD_{50}$은 10 μg/kg이며 사람에 대한 치사량은 0.5 g 이하로 추정된다. 독소는 100℃에서 30분 가열하거나 pH 3.0~4.0의 산성 조건에서도 안정하여 일반적인 조리에 의해 제거되지 않는다. 따라서 우리나라에서는 「식품위생법」상 국내 어패류의 잔류허용기준은 가식부 100 g당 80 μg 이상인 지역에서 패류의 채취를 금지하고 있다. 특히 해수온도가 15~17℃인 3~5월에 독성이 가장 강하며, 독소의 축적은 적조가 지속되는 동안 진행되나 적조가 끝나면 독을 배설하거나 분해하므로 적조 발생시기에 섭취를 피하면 된다.

중독 증상으로 식후 30분 이내에 입술, 혀, 잇몸, 안면 등의 마비 증세가 나타나며, 사지마비, 보행곤란, 언어와 운동장애, 근육통, 두통, 오심, 구토 등을 일으킨다. 심하면 호흡마비로 인한 사망이 12시간 이내에 일어날 수 있으며, 치사율이 10~15%이다. 응급조치 시 구토에 의한 독소물질 배출, 인공호흡과 수액 공급이 필요하다.

#### ③ 설사성 패류중독

설사성 패류중독diarrhetic shellfish poisoning은 수용성인 마비성 패류독소와 달리 지용성인 오카다산okadaic acid과 다이노피시스톡신dinophysistoxin, 에소톡신yessotoxin 등을 포함하며, 식중독 원인은 검은조개, 큰가리비, 굴, 홍합, 모시조개 등의 이매패류가 와편모조류 등의 플랑크톤 섭취에 의해 독화되어 이를 사람이 섭취하는 과정에서 발생한다. 독소는 내열성이 있어 일반 가열 조리 시 감소되지 않으며, 잠복기는 30분~3시간이다. 중독 증상으로 구토, 복통, 오한을 동반한 소화기계 증상이 나타나며, 주로 심한 설사와 탈수현상을 보인다. 장염비브리오와 유사한 증상을 보이나 설사형 패류중독의 경우 발열증상이 없다. '식품공전'상 식품일반의 기준 및 규격의 설사성 패류 독소 기준은 이매패류 내 0.16 mg/kg 이하로 규정하고 있다.

### 3) 곰팡이독

곰팡이는 수확 전 곡물에 번식하거나 수확 후 저장 중에 기생, 또는 불량한 저장조건에서 곡류의 부패가 심할 때 기생함으로써 인체에 유해한 독소를 생산하게 된다. 이렇게 곰팡이가 생산하는 2차 대사산물을 진균독mycotoxin이라고 하며 사람이나 동물에게 질병 또는 장애를 유발할 수 있다. 진균독이 오염된 식품을 섭취하여 일어나는 급성 또는 만성의 건강 장애를 곰팡이중독증mycotoxicosis이라고 하며 이는 곰팡이독소가 아닌 곰팡이의 감염에 의해 발생하는 진균증mycosis과는 구별된다. 곰팡이중독증은 전염성이 없으나 항생제에는 효과가 없다. 곰팡이독은 만성 독성을 일으킬 수 있으며 발암성이 강한 종류도 있어 보건위생상 중대한 문제를 야기할 수 있다.

곰팡이는 주로 탄수화물이 풍부한 농산물에 쉽게 오염되어 자라며 생산된 독소의 경우 대부분 저분자화합물로 열에 안정하여 식품 가공과정에서 분해되지 않고 잔류할 수 있다. 대부분 호기성의 곰팡이는 식품의 표면에서 자라며 특히 온도 20~25℃ , 상대습도 80% 이상, 수분활성도 0.80 이상, pH 4.0 내외의 환경에서 잘 자란다. 곡물은 수확 직후 수분활성도가 0.85 이상으로 곰팡이독을 생산하는 곰팡이가 자라기 쉬운 상태이므로 곡물류는 수확 후 바로 건조하여 수분활성도 0.7(수분함량 13.5~14%)이하의 조건을 유지하여 곰팡이 생장을 막고 곰팡이독으로부터 위험을 방지하도록 해야 한다.

곰팡이의 독소는 현재까지 300여 종의 구조가 밝혀져 있으며 그 중 사람이나 동물에게 중요한 독소를 중심으로 인체에 장애를 일으키는 주요 기관이나 부위에 따라 다음과 같이 분류할 수 있다.

◎ 간장독hepatotoxin : 동물에게 간경변, 간종양 또는 간세포의 괴사, 간암을 일으키며 대표적으로 아플라톡신이 있다. 그 외에도 루브라톡신류rubratoxin, 루테오스카

이린luteoskyrin, 오크라톡신류ochratoxin 등이 있다.

◎ 신장독nephrotoxin : 신장에 만성 또는 급성을 일으킬 수 있는 물질군으로 주로 만성적 신장장애를 일으킨다. 시트리닌citrinin, 코지산kojic acid 등이 있다.

◎ 신경독neurotoxin : 뇌와 중추신경에 장애를 일으키며 파툴린, 말토리진maltoryzine, 시트레오비리딘citreoviridin 등이 있다.

◎ 과민성피부염물질photodynamic dermatoxic metabolites : 독소 섭취 후 햇빛을 쬐면 피부염 증상을 일으키는 물질군으로 특히 안면습진을 일으킨다.

◎ 기타 : 식도암을 일으키는 독소로 푸모니신fumonisin B1, 침흘림 유발물질인 슬라프라민slaframine, 발정유인물질인 제랄레논zearalenone, 방사선 장애성 병변을 일으키는 푸사리움*Fusarium* 독소 등이 있다.

곰팡이독소는 다른 화학물질에 비해 발암성이 강하며 국제암연구소의 분류에 따라 살펴보면 아플라톡신 B1, B2, G1, G2의 경우 인간에게 발암성인 group 1군에 속하고 아플라톡신 M1, 오크라톡신 A, 스테리그마토시스틴sterigmatocystin은 발암가능물질군인 group 2B군에 속한다. 그 외에도 시트리닌, 파툴린, 루테오스카이린, 사이클로클로로틴cyclochlorotine, 데옥시니발레놀deoxynivalenol 등은 비발암물질군인 group 3으로 분류된다.

곰팡이가 독소를 생산하는 조건은 수분활성도 0.93~0.98이며 pH 5.5 이상으로 농산물을 저장할 때 건조한 상태인 낮은 수분활성도를 유지하는 것이 곰팡이 생성을 방지할 수 있는 가장 효과적인 방법이다. 기후 온난화에 의해 고온 다습한 환경으로 점차 곰팡이 번식에 의한 식품안전관리의 중요성이 증가하고 있는 추세이다. 또한 우리나라의 경우 곰팡이를 이용한 발효식품이 많으므로 주의가 요망된다.

### (1) 아플라톡신

아플라톡신은 *Aspergillus flavus*, *A. parasiticus* 등을 포함하는 *Aspergillus*속의 2차 대사산물로 주로 열대, 아열대 지방에 분포하고 있다. 아플라톡신은 전 세계 농작물에 문제를 일으키는 곰팡이독소로 1960년 영국에서 수개월 동안 어린 칠면조 10만 마리 이상이 간장장애로 집단 폐사한 사건에 의해 처음 발견되었다. 칠면조는 브라질에서 수입한 땅콩사료에 의해 폐사했으며, 사용된 땅콩이 *A. flavus* 곰팡이가 생산한 유해물질에 오염된 것으로 밝혀져 해당 독소를 아플라톡신으로 이름을 붙이면서 알려졌다. 아플라톡신에 의한 최대 중독 사건은 2004년 케냐에서 발생하였으며, 아플라톡신에 오염된 옥수수를 섭취하여 317명의 급성 간부전증 환자 중 125명이 사망하였다. 이때 옥수수에서 아플라톡신 B1이 최대 4,400 ppb 이상 검출되었으며 이는 허용기준치인 20 ppb의 220배를 넘는 수치이다.

아플라톡신은 총 18종이 알려져 있으며 그 중에 인체에 유해한 영향을 줄 수 있는 독소는 아플라톡신 B1, B2, G1, G2, M1이다. 이 중에서 아플라톡신 B1과 M1이 가장 강한 독성을 가지고 있다. 아플라톡신 M1, M2는 B1, B2를 각각 섭취한 동물의 생체 대사산물로 배설물, 젖 중에 분비되어 우유에서 검출된다. 국제암연구소에서는 인체 발암성 group 1군으로 분류하고 있으며 간암을 일으키는 강력한 발암물질($LD_{50}$ = 9 mg/kg 마우스 경구)이다. 독소는 내열성이 강하여 280~300℃로 가열해야만 분해할 수 있으며 일반적인 가공처리로 파괴하기 어렵다. 그러나 자외선(365 nm) 조사시 B1, B2의 경우 청색, G1, G2의 경우 녹색 형광색을 띠기 때문에 오염된 식품의 검출방법으로 활용하고 있다.

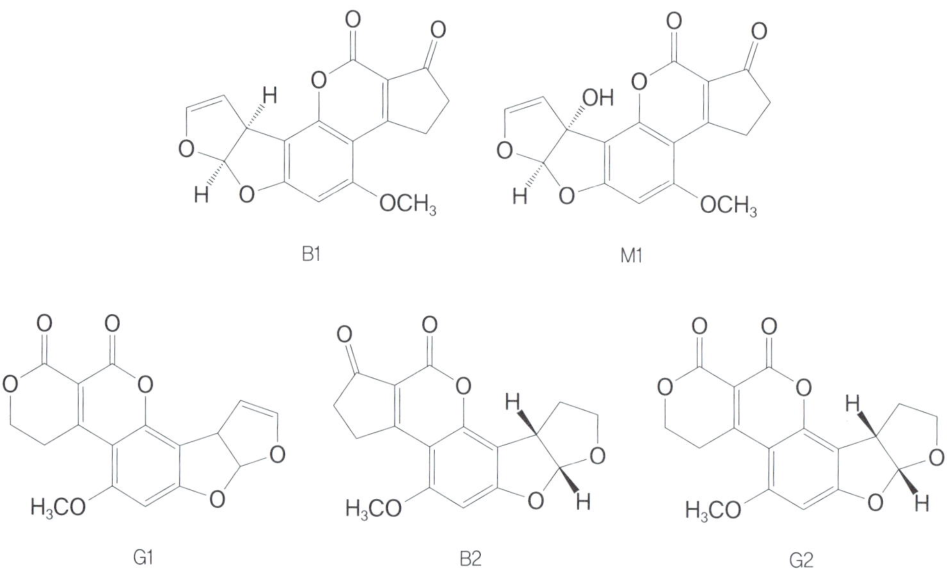


그림 4-8 아플라톡신의 화학구조

### (2) 황변미독

황변미yellow rice는 쌀에 페니실리움속*Penicillium* 등의 곰팡이가 성장하면서 적홍색 또는 황색의 색소를 생성하여 쌀이 착색된 것으로 고온다습한 동남아시아의 여러 나라에서 저장 곡류의 습도조절이 어려워 자주 발생한다.

#### ① 톡시카리움 황변미

톡시카리움 황변미citreoviridin는 *Penicilllium citreoviride*에 의해 생성되며 1937년 일본으로 수입된 대만쌀에서 원인곰팡이가 최초로 발견되었다. 주로 백미보다는 현미에서 잘 발생하며 수분 15%, 12~18℃에서 잘 생성된다. 자외선 조사 시 황색 형광을 띠며 중추신경에 강한 작용을 하는 신경독으로 $LD_{50}$은 20 mg/kg·bw이다. 신경마비, 호흡장애, 경련을 유발하며 혈액순환장애, 호흡마비로 사망할 수 있다.

#### ② 태국 황변미

태국 황변미citrinin는 *P. citrinum*, *P. implicatum*, *P. jensein*와 *Aspergillus terreus*, *A. niveus* 등의 곰팡이에 의해 생성된다. 1951년 태국산 쌀에서 최초로 발견되었다. 주로 백미에서 발생하며 신장에서의 수분 재흡수를 저해하는 강한 신장독이다. 원인식품은 백미 외에도 옥수수, 맥류 등의 곡류, 땅콩에 주로 발생한다.

#### ③ 아일란디아 황변미

아일란디아 황변미islanditoxin는 *P. islandicum*에 의해 생산되며 사이클로클로로틴이라고도 부른다. 1947년 이집트산 쌀에서 발견되었으며 동남아시아, 일본, 미국과 유럽 등지에서 생산된 곡류에 오염되어 문제를 일으킨다. 간경화, 간종양, 간암 등을 유발하는 간장독이다. 주요 원인식품으로 쌀, 보리, 소맥, 수수, 후추 등이 있다.

### (3) 맥각독

곰팡이독소 중 가장 먼저 발견되었으며 중세 유럽에서 유행하여 프랑스에서 994년에 4만 명, 1129년에는 12,000명이 맥각독Ergot에 의해 사망한 기록이 있다. 최근에는 맥각중독을 예방하는 품질 시스템에 의해 피해 사례는 줄었으나 여전히 개발도상국에서는 문제가 발생하고 있으며, 1977~1978년 에티오피아에서 오염된 귀리를 섭취한 93명의 환자 중 47명이 사망하는 사례가 보고되었다. 맥각독은 호밀, 보리, 밀, 귀리 등에 맥각균*Claviceps purpurea*이 기생하여 흑자색의 균핵을 생성하는데 이를 맥각이라고 한다. 균핵이 호기적 조건에서 포자를 분산시키면서 교차오염에 의한 피해를 확산시킬 수 있다.

맥각에는 에르고톡신ergotoxine, 에르고타민ergotamine, 에르고메트린ergometrine 등 3군의 유독 알칼로이드 함유하고 있으며, 곡류에 0.5% 이상 혼입 시 구토, 설사, 복통과 함께 환각, 헛소리, 경련 등이 나타나며 혈관수축으로 인한 혈압 상승이 일어난다. 심할 경우 괴저를 동반할 수 있다. 특히 환각 증상은 맥각곰팡이독의 유도체인 리제르그산lysergic acid에 의한 것으로 diethyleneamine과 결합한 lysergic acid diethylamide(LSD)는 의학적 목적으로 사용하는 환각제이다. 7% 이상 혼입 시 치명적이며 임산부의 경우 유산을 일으키기도 하여 미국, 캐나다 등지에서는 맥각의 혼입허용치를 각각 0.3%, 0.2%로 설정·관리하고 있다.

### (4) 푸사지움속 곰팡이독

#### ① 푸모니신(Fumonisin)

붉은곰팡이라고도 불리는 *Fusarium*속 곰팡이는 온난지역뿐 아니라 한랭지역에서도 독소를 생산하며 다양한 곰팡이독이 알려져 있다. 그중 푸모니신은 주로 *F. vetillioides*, *F. proliferatum*, *F. moniliforme*에 의해 만들어지는 곰팡이독의 총칭으로 B1, B2, B3 등 여러 형태의 이성체가 있는데 B1에 의한 오염빈도가 가장 높으며 독성 또한 가장 강하다. 간독성을 유발하고, 푸모니신이 오염된 사료를 먹일 경우 말, 당나귀, 노새에서는 뇌세포를 괴사시키는 신경독성 작용을 하며, 쥐에서는 간경화증·섬유종, 돼지에서는 폐부종 및 호흡장애 등을 유발하는 것으로 알려져 있다. 남아프리카에서는 푸모니신에 의한 식도암 유발이 확인되었다.

그림 4-9 푸자리움속 곰팡이와 오염된 옥수수

주로 옥수수, 밀, 보리, 쌀, 콩과 같은 곡류에 오염되며, 우리나라와 유럽연합에서는 푸모니신 기준을 옥수수 4 mg/kg, 옥수수 가공품 2 mg/kg으로 정해 엄격히 관리하고 있으며, 영유아용 식품에는 200 μg/kg으로 별도로 기준 정해 관리하고 있다.

#### ② 제랄레논(Zearalenone)

*F. graminearum*, *F. roseum*, *F. culmorum* 등이 생산하는 주요 곰팡이독으로 가축의 사료나 축산물에서 빈번히 검출되며 F-2 독소라고 불린다. 주로 수분이 많은 옥수수에서 발견되며, 보리, 밀 등의 곡류에 주로 오염되어 농작물에 큰 피해를 일으킨다. 1928년 미국 중서부 지방에서 오염된 사료를 먹은 돼지와 양의 어린 암컷에서 이상발정을 일으킨 것이 최초로 보고된 사례이며, 1962년 *F. graminearum*에서 분리하였다.

제랄레논은 포유동물의 에스트로겐 수용체에 결합하여 활성을 일으켜 돼지 등의 가축에서 자궁비대, 유선비대, 외음부의 종창이나 부종, 질염 등을 일으킨다. 주로 제랄레논에 오염된 사료를 섭취하면서 노출되며 해당 가축에서 유산, 불임, 사산 등의 번식능력 저하로 가축생산 저하가 관찰되었다. 인체 발암성에 대한 연구자료는 거의 없으나 유방암과의 관련성이 의심되고 있다.

#### ③ 트리코테신(Trichothecene)

푸사리움속*Fusarium*, 트리코데르마속*Trichoderma* 등의 곰팡이가 생성하는 대표적 곰팡이독소로 50여 종의 이성체가 밝혀져 있다. 대표적으로 우리나라에서 문제가 되는 독소는 *F. tricinctum*이 생산하는 T-2 toxin, *F. roseum*에 의해 생산된 데옥시니발레놀deoxynivalenol, vomitoxin, 그리고 *F. nivale*에 의한 니발레놀이 있다. 트리코데르마속 곰팡이에 의한 독소로는 *T. virde*가 생산하는 트리코데르몬trichodermin, *T. roseum*에 의한 트리코테신, trichothecolone이 있다.

트리코테신의 독성은 강하여 T-2 toxin의 경우 마우스 복강 시 $LD_{50}$가 3.04 mg/kg 정도로 피부, 호흡기, 소화기를 통해 감염될 수 있다. 노출 시 수분에서 4시간 내 증상이 발현되며, 피부 접촉 시 타는 것과 같은 느낌이 나고, 피부 붉어짐과 함께 물집이 생기며 허물이 벗겨진다. 호흡기 노출 시 인후통, 가려움, 재채기, 기침, 콧물, 출혈 등을 유발하며, 소화기 침입 시 구토, 복통, 혈변 등을 유발한다. 중증일 경우 기력상실, 심장질환, 충격 등으로 사망할 수 있다.

### (5) 오크라톡신

오크라톡신ochratoxin은 *A. ochraceus*가 옥수수에 기생하여 생산하며, A, B, C등 3종의 독소가 알려져 있다. 오크라톡신 A는 국제암연구소에서 인체발암가능물질possibly carcinogenic to humans group 2B로 분류되며, 오크라톡신 3종 중 가장 독성이 강해 오크라톡신 B와 C의 1000 배의 독성을 가지고 있다. 오크라톡신 생산 곰팡이는 자연계에 널리 분포한 쌀, 보리, 밀, 옥수수, 콩, 커피콩 등에서 발견되며, 최근 우리나라에서 원두커피, 인스턴트 커피 등에서 검출되어 새롭게 기준이 설정되었다. 오크라톡신은 안정성이 높아 오염된 콩을 통조림 가공해도 감소율은 10~21% 정도이고, 커피콩을 200℃에 가열해도 20~30% 정도 잔류한다. 자외선 조사 시 초록색의 형광을 띤다.

오크라톡신은 동물의 간장 및 신장에 장애를 일으킬 수 있다. 간장에 급성 지방변성과 글리코겐 합성효소를 저해하여 발암성을 유발하는 것으로 알려져 있으나 인체 발암성은 확실히 알려지지 않았다.

### (6) 파툴린

파툴린은 *Penicillium patulum* 외에도 *P. expansum*, *P. melinii*, *Aspergillus clavatus*, *A. giganteus* 등에서 생산된다. 그람양성과 그람음성 세균에 항균성이 있는 것으로 알려져 있으나 부패된 과일 또는 과일 주스 등의 가공품에 오염 사례가 많다. 특히 사과 부패균인 *P. expansum*에서 대량 생산되며, 배·포도·체리 등으로 만든 주스 가공품에도 함유될 수 있다. 열에 안정하여 100℃에서 15분간 가열해도 파괴되지 않으나 비타민 C를 첨가하면 독소의 활성을 잃게 된다. 파툴린은 신경독으로 마우스 경구투여 시 $LD_{50}$가 35 mg/kg의 독성을 가지며, 출혈성 폐부종, 간·비장·신장의 모세혈관 손상, 뇌수종, 뇌와 중추신경에 출혈반이 나타난다.

# 3. 환경오염에 의한 식중독

## 1) 중금속

중금속heavy metal은 비중 4.0보다 큰 금속원소로 지각 내 함유량이 0.1% 이내이지만 극미량으로도 인체에 독성을 일으킬 수 있다. 주로 폐광석, 산업용 배기가스, 매립지

침출수 및 산업폐기물 등이 환경에 배출되면서 먹이연쇄를 통해 인체에 흡수 및 축적되어 만성 중독을 일으키는 환경오염물질이다. 환경에 노출된 중금속은 토양, 물, 공기 등에 오염되어 농작물, 가축, 수산물 등으로 교차오염을 통해 식품의 조리 및 가공, 저장 중에 오염을 일으켜 최종적으로 인간에게 영향을 준다. 특히 인체에 비교적 독성이

**표 4-5 주요 식품별 중금속 기준**

| 분류 | 대상식품 | 납(mg/kg) | 카드뮴(mg/kg) |
|---|---|---|---|
| 농산물 | 곡류(현미 제외)[$] | 0.2 이하 | 0.1 이하(밀, 쌀 0.2 이하) |
| | 서류 | 0.1 이하 | 0.1 이하 |
| | 콩류 | 0.2 이하 | 0.1 이하(대두 0.2 이하) |
| | 땅콩 또는 견과류 | 0.1 이하 | 0.3 이하 |
| | 유지 종실류 | 0.3 이하(참깨, 들깨에 한함) | 0.2 이하(참깨에 한함) |
| | 과일류 | 0.1 이하 | 0.05 이하 |
| | 엽채류(결구 엽채류 포함) | 0.3 이하 | 0.2 이하 |
| | 엽경채류 | 0.1 이하 | 0.05 이하 |
| | 근채류 | 0.1 이하(인삼, 산양삼 2.0 이하, 도라지, 더덕 0.2 이하) | 0.1 이하(양파 0.05 이하, 인삼, 산양삼 0.2 이하) |
| | 과채류 | 0.1 이하(고추, 호박 0.2 이하) | 0.05 이하(고추, 호박 0.1 이하) |
| | 버섯류 | 0.3 이하(양송이버섯, 느타리버섯, 새송이버섯, 표고버섯, 송이버섯, 팽이버섯, 목이버섯에 한함) | 0.3 이하(양송이버섯, 느타리버섯, 새송이버섯, 표고버섯, 송이버섯, 팽이버섯, 목이버섯에 한함) |
| 축산물 | 가금류 고기* | 0.1 이하 | |
| | 돼지고기** | 0.1 이하 | 0.05 이하 |
| | 돼지간 | 0.5 이하 | 0.5 이하 |
| | 돼지신장 | 0.5 이하 | 1.0 이하 |
| | 소고기** | 0.1 이하 | 0.05 이하 |
| | 소간 | 0.5 이하 | 0.5 이하 |
| | 소신장 | 0.5 이하 | 1.0 이하 |
| | 원유 및 우유류 | 0.02 이하 | |

[$]무기비소: 0.2 mg/kg 이하(쌀에 한한다), 단 총비소 0.2 mg/kg 초과 검출 시에만, 무기비소로 시험하여 기준 적용
*가금류고기 : 부착된 지방 및 표피를 포함하는 가금류 도체의 근육조직으로 닭, 오리, 꿩, 거위, 칠면조, 메추리 등의 고기를 말한다.
**소고기, 돼지고기 : 근육 내 지방 및 피하지방과 같이 부착된 지방조직을 포함하는 도체(혹은 이를 자른 덩어리)의 근육조직을 말한다.
출처 : 식품의약품안전처 고시 제2021-79호

강한 중금속인 납, 카드뮴, 수은, 비소 등은 식품과 관련된 주요 유해물질로 구분하여 식품의약품안전처에서는 안전관리대상으로 하고 있다.

중금속에 따라 인체 축적되는 정도나 독성은 다르지만, 일반적으로 납, 카드뮴, 수은, 비소 등의 중금속을 체내에 유입되어 매우 안정한 유기복합체를 형성하며 배설되지 않고 높은 농도로 축적되어 소화기관과 신장 등 장기에 만성장애를 일으켜 인간에게 치명적일 수 있다. 특히 단백질의 –SH기와 결합하여 구조단백질을 변성시키거나 생체활성 유지에 필요한 각종 효소들과 비가역적으로 결합하여 활성을 저해하기도 한다. 또한 당, 단백질에 의한 에너지대사 경로를 차단하거나 인체에 필요한 금속의 대사에 영향을 주어 문제를 일으킬 수 있다.

이에 따라 식품의약품안전처는 「식품위생법」에 의해 각종 식품에 대한 중금속 허용기준을 정하여 규제하고 있다. 특히 최근 기후변화, 환경오염, 식생활 다변화 등의 사회적 환경변화와 연령별 섭취량 등을 반영하여 중금속 기준 재평가를 통해 식품 중 중금속에 대한 안전관리를 강화하였다. 특히 수산물의 소비 증가로 카드뮴의 노출량이 2010년 0.189 μg/kg·bw/day에서 2015년 0.292 μg/kg·bw/day로 증가하여 2017년부터 노출 기여도가 높은 오징어와 미역에 대한 카드뮴 기준을 강화, 신설하였다.

표 4-6 **수산물의 중금속 기준**

| 대상식품 | 납(mg/kg) | 카드뮴(mg/kg) | 수은(mg/kg) | 메틸수은(mg/kg) |
|---|---|---|---|---|
| 어류 | 0.5 이하 | 0.1 이하(민물 및 회유 어류에 한한다) 0.2 이하(해양어류에 한한다) | 0.5 이하(심해성 어류, 다랑어류 및 새치류 제외) | 1.0 이하(심해성 어류, 다랑어류 및 새치류 해당됨) |
| 연체류 | 2.0 이하(오징어 1.0 이하, 내장을 포함한 낙지 2.0 이하) | 2.0 이하(내장을 포함한 낙지 3.0 이하) | 0.5 이하 | - |
| 갑각류 | 0.5 이하(내장을 포함한 꽃게류 2.0 이하) | 1.0 이하(내장을 포함한 꽃게류 5.0 이하) | - | - |
| 해조류 | 0.5 이하(미역(미역귀 포함)에 한한다) | 0.3 이하(김(조미김 포함) 또는 미역(미역귀 포함)에 한한다) | | |
| 냉동식용 어류머리 | 0.5 이하 | - | 0.5 이하 | 1.0 이하 |
| 냉동식용 어류내장 | 0.5 이하(두족류는 2.0 이하) | 3.0 이하(어류의 알은 1.0 이하, 두족류는 2.0 이하) | 0.5 이하 | 1.0 이하 |

출처 : 식품의약품안전처 고시 제2021-79호

### (1) 납

납lead은 주로 배터리 제조, 땜납, X-선 장치, 제련, 인쇄, 농약 등에 존재하며 크레파스, 유약을 바른 도자기 등에서도 납이 검출되었다. 예전에는 통조림에 납땜으로 밀봉하여 중독된 예가 보고되었으나 현재는 납땜이 전면 금지된 상태이다.

납의 인체 노출량의 약 60%가 식품에서 유래된 것으로 보고되고 있으며, 우리나라 국민의 1일 평균 납의 노출량은 2010년 0.348 μg/kg·bw/day에서 2016년 0.210 μg/kg·bw/day으로 다소 감소하였다. 농산물 재배과정 중 표면 오염이나 가축 사육을 통해 식품에 오염되며, 어패류와 해조류 섭취의 영향 또한 많이 받는 것으로 확인되었다. 채소류 등 농산물을 통한 노출량은 0.085 μg/kg·bw/day으로 그 기여율은 전체의 40.7%이고, 어패류, 해조류 등의 수산물을 통한 납의 노출량은 0.061 μg/kg·bw/day으로, 그 기여율은 전체의 29.2%이었다. 가공식품의 납 노출량은 수산물과 비슷한 수준으로 0.060 μg/kg·bw/day으로 확인되었다.

유아의 경우 납에 대한 노출 수준이 성인에 비해 높고 유아의 신경발달에 더 큰 영향을 주어 낮은 지능 및 주의력 결핍 과잉행동장애 발생 가능성이 높기 때문에 국제식품규격위원회Codex, 유럽연합 등에서도 유아에 대한 기준이 강화되고 있는 실정이다. 그 예로, 1~2세 유아의 사과, 귤, 딸기에 대한 평균섭취량은 20세 이상 성인에 비해 3.9~10.8배나 많기 때문에 최근 식품의약품안전처에서는 사과, 귤, 장과류에 대한 납의 기준이 현행 0.2 mg/kg 이하에서 0.1 mg/kg으로 강화되었다.

납은 대부분이 간으로 이행되어 담즙을 통해 대변으로 배설되지만, 일부는 혈액을 통해 뼈 등의 조직에 침착되어 만성 중독을 일으킬 수 있다. 혈중 반감기는 약 1개월이지만 뼈에서는 약 20년이기 때문에 주의가 필요하다. 만성 중독의 주요 증상은 신경계 이상, 심혈관계질환, 골밀도 저하, 헤모글로빈 합성 저해로 인한 빈혈 유발 등이 있다. 급성 중독의 경우 구토, 복통, 인사불성, 사지마비, 실명 또는 사망까지 이를 수 있다.

### (2) 카드뮴

카드뮴cadmium은 아연이나 구리, 금의 부산물로 얻어지며 전기도금, 합금 등을 만드는데 사용되며, 또한 도료의 색소, 플라스틱, 배터리 제조 등에 많이 사용된다. 토양의 주요 오염원은 공업용수로, 광산폐수, 금속 제련공장의 폐수, 생활 폐기물 등으로 근처 농산물에 심각한 오염을 일으킬 수 있다.

우리나라 국민의 1일 평균 카드뮴 노출량은 2016년 기준 0.291 μg/kg·bw/day으로 2010년의 0.189 μg/kg·bw/day보다 65.0% 증가하였으며, 이는 주로 수산물에 대한 노출량의 증가(0.055 μg/kg·bw/day에서 0.141 μg/kg·bw/day으로 2.56배 증가)에 기인한 것이다.

카드뮴의 경우 어패류와 해조류의 섭취량이 카드뮴 섭취 수준에 가장 큰 영향을 미쳤다. 어패류로부터 섭취하는 카드뮴의 양은 4.230 μg/day, 해조류는 3.894 μg/day이었고 기여도는 각각 40.3%, 37.1%로, 특히 생미역이 17.0%로 가장 기여율이 높았다. 한국인이 많이 섭취하는 식품군인 채소류와 곡류 또한 카드뮴 섭취량에 상당한 영향을 미쳤다. 채소류의 카드뮴 섭취 기여율은 7.8%, 곡류의 기여율은 6.2% 정도이다.

「토양환경보전법 시행규칙」에 따른 기준을 살펴보면 농경지, 학교·체육용지, 하천, 수도용지 등에 대해서 카드뮴 함량이 1.5 mg/kg인 경우 토양오염 우려기준(사람의 건강에 지장을 초래할 우려가 있는 토양오염의 기준), 4 mg/kg인 경우 토양오염 대책기준(우려기준을 초과하여 토양오염에 대한 대책을 필요로 하는 기준)을 환경부령으로 정하였다.

카드뮴으로 인한 대표적인 피해 사례는 일본에서 발생한 '이타이이타이병'으로 토야마현 소재 미쓰이 금속광업제련소Mitsui Mining & Smelting Co에서 카드뮴을 함유한 폐수 배출에 의한 경우이다. 카드뮴으로 오염된 농업용수로 재배를 한 쌀을 장기간 섭취하고 어패류, 상수원을 오염시켜 주민들에게 피해를 일으킨 사건이다. 조사결과 1912년경부터 진쓰우가와 유역 주민들에게서 허리, 팔, 다리의 뼈 마디가 저리는 증상이 발현되기 시작하였으며, 공식적으로는 1967년부터 이루어진 조사결과 1999년 현재 410명이 중독되었고, 그중 380명이 사망한 것으로 확인되었다. 특히 여성에게서 발생빈도가 매우 높았으며 주요 증상으로 간과 콩팥에 축적 골연화, 신기능이상이 있다.

카드뮴은 세포질 내 특수 금속단백질에 강력하게 결합하여 세뇨관에 재흡수되면서 배출이 어려워져 축적성이 매우 높다. 신장의 생물학적 반감기는 약 6~38년이며 간에서는 4~19년이다. 장기간 노출 시 신장, 골조직, 신경계, 생식기관에 독성, 혈중 카드뮴은 고혈압 및 여러 심혈관계질환 발생 위험성이 높으며, Ca과 P의 흡수저하에 의한 골연화증, 골다공증 유발한다. 또한 카드뮴은 급성 독성이 강한 금속으로 오한, 구토, 설사, 복통, 의식불명 등이 나타날 수 있다.

### (3) 수은

수은mercury은 유일한 상온 액체 금속으로 주로 온도계·혈압계에 사용되는 금속수은metallic mercury, Hg°, 형광등·수은전지·아말감 등의 제조에 사용되는 무기수은inorganic mercury, 그리고 약품·농약 등 가종 화합물의 원료로 사용되는 유기수은organic mercury으로 나눌 수 있다. 수은이온($Hg^{+}$, $Hg^{2+}$)을 포함하고 있는 무기수은의 경우 자연계에서 미생물 등에 의해 탄소와 결합하여 유기수은인 메틸수은[$CH_3Hg^{+}$ 또는 $(CH_3)_2Hg$]이 생성된다. 이는 체내 흡수율이 95%로 매우 뛰어나 무기수은에 비해 독성이 매우 강하며, 지용성으로 소화관과 폐에 흡수되어 중추신경계와 태아조직에 농축된다. 메틸수은의 생물학적 반감기는 70일로 금속수은(60일), 무기수은(40일)에 비해 더 길다. 메틸수은은 미생물에서 동식물 플랑크톤, 그리고 어패류의 먹이사슬을 통한 생물농축으로 인체의 축적성은 더욱 커질 수밖에 없다. 특히 하천이나 연안의 물고기는 수은 함량이 0.01~0.1 ppm이고, 먹이사슬의 상위에 위치한 육식성 다랑어류 등은 0.3~2.0 ppm 수준이다.

임신·수유 기간 중 수은에 노출되면 태아 또는 영유아의 신경계 발달에 큰 영향을 주기 때문에 식품의약품안전처에서는 임신·수유 여성 및 영유아에 대한 생선 섭취 권고량을 제시하였다. 식품의약품안전평가원에 의하면, 2016년 현재 우리나라 국민의 메틸수은에 대한 위해도는 인체노출안전기준(잠정주간섭취허용량, 2.0 μg/kg bw/week) 대비 5.5% 수준으로 안전하나 수산물이 4.8%로 메틸수은에 대한 노출 기여도가 가장 높았다.

수은에 의한 대표적인 피해 사례는 일본의 구마모토현 미나마타만 연안에서 발생한 '미나마타병'으로 Chisso 회사에서 플라스틱 제조 시 촉매제에 염화제2수은이 함유되어 이를 폐수중으로 방출되는 과정에서 발행하였다. 이때 염화제2수은이 메틸수은으로 전환되어 어패류에 농축된 것을 사람이 섭취함으로써 노출된 사례로, 1951~1968년에 폐수를 방류하여 2001년 현재 2,265명이 공식적으로 미나마타병 환자로 인정되었으며, 그중 1,784명이 사망한 것으로 확인되었다. 또한 Chisso 회사에서 보상금을 받은 사람만 10,000명 이상으로 집계되었다. 노출량은 50 ppm에서 최대 920 ppm까지 확인되었다.

수은은 대부분 소변을 통해 배출되지만 만성 중독 시 사지신경마비, 난청, 언어장애, 정

표 4-7 임산부와 영유아 생선섭취 권고량

| | | 일반 어류 | 참치통조림 (가다랑어) | 다랑어류 | 새치류 | 상어류 등 |
|---|---|---|---|---|---|---|
| 메틸수은 | 평균함량(μg/g) | 0.04 | 0.04 | 0.21 | 0.52 | 0.27 |
| | 기준(μg/g) | - | 1 | 1 | 1 | 1 |
| 임신·수유부 | 권고량(g/주) | 400 | 400 | 100 | 100 | 100 |
| | 1회 제공량(g/회) | 60 | 60 | 60 | 60 | 60 |
| | 횟수(회/주) | 6 | 6 | 1 | 1 | 1 |
| 1~2세 | 권고량(g/주) | 100 | 100 | 25 | 25 | 25 |
| | 1회 제공량(g/회) | 15 | 15 | 15 | 15 | 15 |
| | 횟수(회/주) | 6 | 6 | - | - | - |
| 3~6세 | 권고량(g/주) | 150 | 150 | 40 | 40 | 40 |
| | 1회 제공량(g/회) | 30 | 30 | 30 | 30 | 30 |
| | 횟수(회/주) | 5 | 5 | 1 | 1 | 1 |
| 7~10세 | 권고량(g/주) | 250 | 250 | 65 | 65 | 65 |
| | 1회 제공량(g/회) | 45 | 45 | 45 | 45 | 45 |
| | 횟수(회/주) | 5 | 5 | 1 | 1 | 1 |

출처 : 식품의약품안전처

신장애 등이 나타나고, 임산부에 축적될 경우 태아에 영향을 미쳐 자폐증, 기형아의 원인이 될 수 있다. 성인 중독량은 약 5 mg으로 150~300 mg 이상 노출 시 사망할 수 있다.

### (4) 비소

비소arsenic는 합금첨가제, 방부제, 살충제, 농약 등에 사용되며 주로 광산, 제련소 등의 폐수, 분진과 농작물의 비소살충제가 토양, 하천 등으로 오염되어 식품에 존재한다. 주로 독성이 강한 비소는 산소와의 화합물인 3산화비소(아비산, $As_2O_3$), 5산화비소($As_2O_5$)의 형태로 존재한다. 2016년 기준 총 노출량은 3.647 μg/kg bw/day로 수산물이 60%, 가공식품에서 31% 그리고 농산물이 9%를 차지하는 것으로 확인되었다. 이는 2010년의 3.062 μg/kg bw/day에 비해 19%나 증가한 결과로 주로 가공식품에 기인한 것으로 확인되었다(0.228에서 1.130 μg/kg bw/day로 증가).

국제암연구소IARC에서는 비소를 인체발암물질(group 1)로 분류하고 있으며 피부암,

폐암, 방광암, 신장암 등을 유발하는 것으로 알려져 있다. 생물학적 반감기는 10시간으로 대략 70%가 소변을 통해 배출된다. 주로 간, 신장, 뼈 등에 축적되며 손발톱의 미스선Mee's line이 나타나므로 손톱의 성장과 선의 거리를 통해 노출시간을 측정할 수 있나. 급성 중독 시 발열, 심한 구토와 설사, 신경염, 흑비종 등을 유발하여 이후 복통, 체온저하, 혈압저하, 경련 등의 증상 후 혼수상태가 되어 사망할 수 있다. 만성 중독 시 피부각화증, 사마귀, 흑색증, 빈혈, 체중감소, 황달이 일어날 수 있다.

대표적 식중독 사례는 1955년 일본에서 Morinaga 조제분유를 먹은 영유아 12,159명에게서 집단적으로 발생한 비소 중독사고로 영유아들은 발열, 식욕감퇴, 구토, 설사, 피부 흑변 등의 증상을 보였다. 이 사고는 유질안정제로 사용한 인산나트륨에 아비산나트륨이 불순물로 들어가면서 발생한 사건이다. 이로 인해 131명이 사망하였으며, 후유증으로 시력저하, 난청, 학업부진, 발작, 두통, 현기증 등이 나타났다.

## 2) 방사능 오염 식품

방사선은 불안정한 상태의 원자핵이 안정된 다른 원자핵으로 변환하면서 방출하는 알파선, 전자, 감마선, X선, 중성자를 말하며, 방사성물질 중 식품오염과 문제가 되는 것은 요오드131($^{131}I$), 세슘134($^{134}Cs$), 세슘137($^{137}Cs$) 등이 있다. 이 물질들은 주로 감마선을 발생하며 방사능 오염 여부를 확인할 수 있는 좋은 지표이자 2주에서 한 달까지 소요되는 우라늄, 플루토늄에 비해 분석시간이 상대적으로 짧아 수입식품을 분석하는 데 있어 유용하다.

방사능이 인체에 노출되는 경로는 우주 복사선, 지구의 감마선에 의한 자연적 노출과 질병 치료나 진단 목적으로 피부에 접촉되는 인위적인 노출이 있다. 이러한 노출 형태는 일반적으로 건강에 특별한 영향을 주지 않고 일상생활이 가능하다. 그러나 원자력발전소의 핵연료 이용 및 재처리시설과 지진에 의한 쓰나미, 핵폭발 실험에 의한 방사성 낙진 강하물 등에 의해 해수와 토양, 대기까지 방출될 수 있다. 이러한 방사성 물질은 대기를 떠돌아다니다 방사성 강하물이 빗물과 함께 육지나 바다로 떨어져 흡수될 수 있으며, 오염된 토양, 바다에서 자란 채소, 가축, 물고기 등이 방사성 물질에 축적되고 사람이 이를 섭취함으로써 다량 노출될 경우 내부피폭에 의한 급성 영향이 나타날 수 있다.

### (1) 방사능의 농·축·수산물 오염

방사능의 오염은 농산물의 경우 강우에 의해 오염되기 쉬우며, 식물의 뿌리에 의한 토양에서의 흡수, 낙진에 의한 표면 부착 또는 직접 흡수에 의해 오염된다. 특히 엽채류의 경우 넓은 표면적으로 인해 근채류보다 축적 가능성이 높다. 근채류는 방사능이 토양 속으로 침투하는 데 시간이 걸리기 때문에 상대적인 영향력이 적으며 내부에 침투가 어렵다. 세슘137은 식물체 표면흡수량이 스트론튬90보다 뛰어나며 식물체 내 이동이 활발하여 열매에 농축되는 경향이 있으나 잘 세척하면 거의 제거되기 때문에 위해성이 감소될 수 있다.

수산물의 경우 원자력을 이용한 시설물에서 배출되는 방류수와 방사능 강하물에 의해 오염되며, 방사성물질이 어패류의 입이나 아가미 및 체표면을 통해 흡수·흡착되고, 오염된 플랑크톤, 해조류 등의 먹이 섭취를 통해 오염될 수 있으며, 주로 내장에 밀집하여 농축된다.

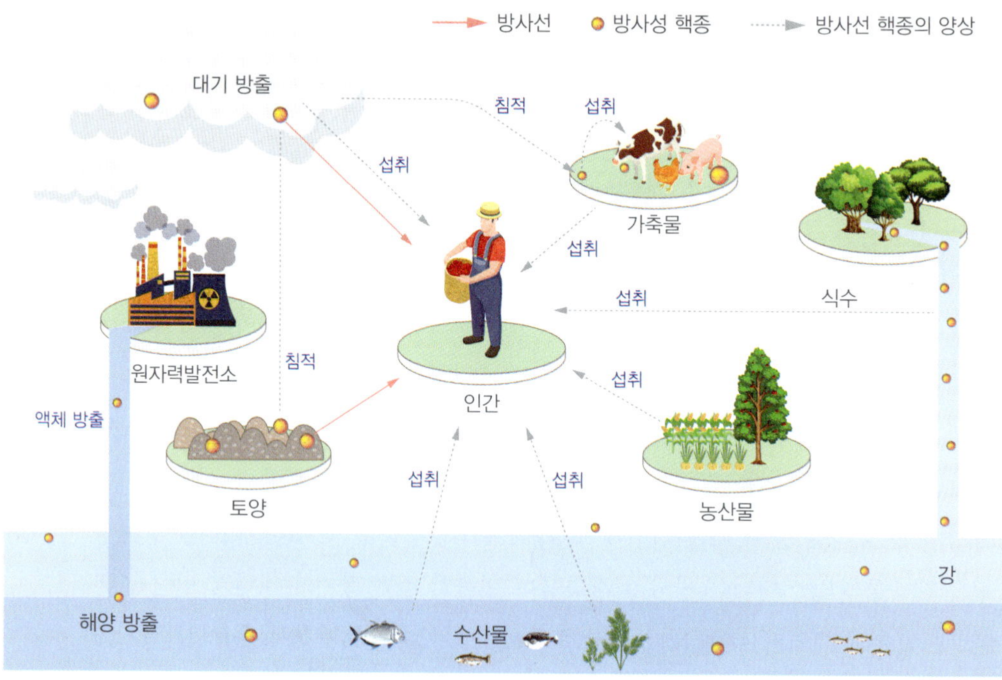


그림 4-10 식품 중 인공 방사능 유입 경로

출처 : 식품의약품안전처

표 4-8 우리나라 식품 중 방사능 기준(2021년 기준)

| 핵종 | 대상식품 | 기준(Bq/kg, L) |
|---|---|---|
| 요오드 $^{131}I$ | 모든 식품 | 100 이하 |
| 세슘 $^{134}Cs + ^{137}Cs$ | 영아용 조제식, 성장기용 조제식, 영·유아용 이유식, 영·유아용특수소세식품, 영아용 조제유, 성장기용 조제유, 유 및 유가공품, 아이스크림류 | 50 이하 |
| | 기타 식품* | 100 이하 |

*기타식품은 영아용 조제식, 성장기용 조제식, 영·유아용 이유식, 영·유아용특수조제식품, 유 및 유가공품을 제외한 모든 식품 및 농·축·수산물을 말한다.
출처 : 식품의약품안전처 고시 제2021-79호

축산물은 오염된 토양에서 자란 사료를 가축이나 가금류가 섭취하고 생산한 우유나 달걀을 인간이 섭취하여 문제를 일으킬 수 있으나, 스트론듐90의 경우 우유에서 6~10일간이면 0.003~0.006% 잔류하며 20일 이후에는 큰 영향이 없다.

### (2) 방사능이 인체에 미치는 영향

방사성물질의 종류에 따라 조직에 침착되는 성질과 친화성이 다르기 때문에 인체 내 장애 부위가 다르다. 일반적으로는 구토, 탈모, 세포분열 억제, 세포기능 장해, 조혈기관의 장애, 피부점막 궤양, 백혈병, 암 유발, 돌연변이 유발 등이 있으며, 급성 방사선 증후군 등이 나타날 수 있다.

반감기가 짧은 요오드131는 $\beta$선과 $\alpha$선을 방사하여 갑상선에 축적되어 갑상선장애를 일으킨다. 세슘의 경우 전신 근육조직에 축적되며, 반감기는 세슘134가 2.1년, 세슘137은 30년으로 상대적으로 길며, 체세포, 생식세포에 장애를 일으킨다. 스트론듐90은 $\beta$선만 방출하는 핵종으로 뼈 조직 표면에 흡착하여 배설이 잘 되지 않기 때문에 유전적 영향이 크다. 유효반감기가 약 29년으로 매우 길며 백혈병이나 조혈기능 장해, 골수암 등을 일으킨다.

### (3) 방사능 오염 사고

1986년 우크라이나 체르노빌 원전 폭발사고 이후, 식품에서 발견된 가장 중요한 오염원은 요오드로 반감기는 8일 정도로 매우 짧은 편이지만 피폭 직후 짧은 기간 동안 상당한 양이 노출되었다. 당시 멀리 떨어진 영국에서 생산된 원유의 경우 요오드 함량이 평소 50 Bq/L 수준에서 500 Bq/L까지 급증하였으며, 북반구의 많은 지역에서도 우유에 세슘을 포함한 과량의 방사능이 검출되었다. 이 사고로 4000여 명이 사망한 것으로 추정되며 37만 명이 이주할 수밖에 없었다.

2011년 지진에 의한 일본 후쿠시마 원전 폭발사고의 경우에는 피폭 직후 인근 이바라키현에서 재배한 시금치의 경우 15,000 Bq/kg의 오요드131와 524 Bq/kg의 세슘137이 검출되었으며, 후쿠시마현 가와마타정에서는 1,500 Bq/kg의 요오드131이 검출되었다. 이러한 사고에 의한 다량의 방사능 유출로 막대한 인명 피해와 함께 주변 해양과 토양에 심각한 오염을 초래하고 있어 해당 국가의 수입식품에 대한 국가 차원의 지속적인 모니터링이 필요하다.

**방사능 관련 용어**

- 방사선(radiation) : 불안정한 원자핵 에너지를 가진 전자기파(X-선, $\gamma$선)와 입자선($\alpha$선, $\beta$선)을 스스로 방출하여 방사붕괴 되어 다른 원소(원자핵)로 바뀌는데 이때의 전자파와 입자선을 방사선이라 함
- 방사능(radioactivity) : 원자핵이 붕괴하여 방사선을 내는 능력, 농도
- 방사성 물질(radioactive substance) : 방사능을 지니고 있어서 방사선을 방출하는 물질(방사성 동위원소 : radioisotope, RI)
- 방사성, 방사선, 방사능의 관계 : 방사성 핵종이 많을수록 시간당 붕괴원자수가 많을 것이고 따라서 방출되는 방사선이 많아 방사능도 높을 것임
- 단위 : 베크렐(Bq), 식품 및 물 등에 포함된 방사선 물질이 방사선을 방출하는 능력을 나타낸 단위로 1Bq=1초 동안 1개의 원자핵이 붕괴하는 것
- 시버트(Sv) : 사람이 방사선을 쬐었을 때의 영향 정도를 나타내는 단위

### 3) 유전자변형식품

유전자변형식품Genetically Modified Organism, GMO은 유전자변형기술을 이용하여 생산된 농산물과 그 농산물을 가공하여 만든 식품을 말한다. 유전자변형기술은 특정 형질을 결정하는 유전자를 목표 생물체의 유전자와 재조합하거나 세포 내 직접 주입을 통해 목표 생물체에 특정형질을 나타내도록 변형시키는 기술을 말하며, 대상 생물체는 미생물, 동물, 식물을 모두 포함한다. 2014년부터 식품의약품안전처에서는 '유전자재조합식품' 또는 '유전자변형식품'과 같이 다양하게 사용하던 용어를 '유전자변형식품'으로 통일하여 규정에 반영하고 있다.

유전자변형식품은 품종 개량을 통해 병원성미생물, 해충과 잡초 등에 내성이 강한 품종 확보, 수확량 증가와 가뭄에 저항성 증진을 통한 식량 증산, 영양성분 강화와 질병관리를 통해 인구증가와 기후변화에 의한 식량문제를 해결하기 위해 도입되었으며, 1994년 미국 Calgene사에서 개발한 무르지 않는 토마토Flavr Savr 판매를 시작으로 콩, 옥수수, 면화, 감자, 파파야, 호박, 카놀라, 알팔파 등 120여 품종이 안전성 심사에 승인받았다.

2017년 기준 GM농산물 재배국은 28개국이며, 전 세계 주요 농산물 재배면적의 약 50%에서 생산하고 있다. 우리나라의 경우 콩, 옥수수, 면화, 감자, 알팔파, 사탕무 등 7 작물이 승인되었으나, 감자는 생산이 중단되어 시중에 유통되고 있지 않다. 우리나라의 경우 101%의 자급률을 가지는 쌀과 달리 옥수수 0.8%, 콩은 9.4%에 불과하여 낮은 곡물자급률로 인해 GMO 수입이 불가피하다. 수입 콩의 GMO 비중은 75%로 99%이상이 식용유, 간장 등으로 제조되고 있으며, 옥수수의 경우 49%가 GMO로 대부분 과당, 물엿, 올리고당으로 제조·판매되고 있다.

### (1) 유전자변형식품 표시제도

소비자들에게 올바른 정보를 제공하여 알고 선택할 권리를 보장하기 위해 유전자변형식품을 원재료로 제조·가공한 식품 중 유전자변형 DNA 또는 단백질이 남아 있는 식품은 '유전자변형식품'이라고 표시해야 한다(식품위생법 제12조의2 및 건강기능식품에 관한 법률 제17조의2). 다만 해당 원재료를 사용했어도 최종제품에 유전자변형 DNA 또

**표 4-9 유전자변형식품의 수입 현황(2014~2016년)**

(단위 : 천 톤)

| 구분 | 대두 | | 옥수수 | | 가공식품 | |
|---|---|---|---|---|---|---|
| | GMO | GMO 표시 면제* | GMO | GMO 표시 면제 | GMO | GMO 표시 면제 |
| 총계 | 3,032 | 854 | 3,350 | 3,212 | 64 | 572 |
| 2014년 | 988 | 295 | 1,100 | 1,015 | 18 | 178 |
| 2015년 | 1,062 | 278 | 1,118 | 1,081 | 19 | 192 |
| 2016년† | 982 | 281 | 1,132 | 1,116 | 27 | 202 |

*정부증명서 등 구비 시, †잠정치임

※기준 및 규격이 정하여지지 아니한 유해물질 등은 국제식품규격위원회(Codex Alimentarius Commission, CAC) 규정을 준용함

출처 : 식품공전

는 단백질이 남아 있지 않은 식품에는 표시하지 않으며, GM농산물이 생산·수입·유통 과정에서 비의도적으로 3% 이하가 혼입된 식품의 경우 구분유통증명서, 정부증명서 확인을 통해 표시하지 않아도 된다.

「유전자변형식품 등의 표시기준(식품의약품안전처 고시 제2019-98호, 2019.10.28. 일부개정)」에 고도의 정제과정 등으로 유전자변형 DNA 또는 유전자변형 단백질이 전혀 남지 않아 검사 불능인 당류, 유지류 등과 유전자변형농산물이 비의도적으로 3%이하인 농산물과 이를 원재료로 사용하여 제조·가공한 식품 또는 식품 첨가물을 제외하고 식품용으로 승인된 유전자변형농축수산물과 이를 원재료로하여 제조가공 후에도 유전자변형 DNA 또는 유전자변형 단백질이 남아 있는 유전자변형식품 등에 대하여 표시하도록 하였다. 콩, 옥수수, 카놀라, 면화, 사탕무, 알팔파, 감자로 제조·가공한 식품 중 해당 농산물이 유전자변형 원재료를 사용하지 않을 경우 비유전자변형식품, 무유전자변형식품, Non-GMO, GMO-free 표시가 적용된다.

그림 4-11 GMO 표시 예시

출처 : 식품의약품안전처

### (2) 생산방법

전통적인 육종은 동일 품종을 인위적으로 교배시켜 우수한 형질을 가지는 품종을 선발하는 과정의 반복을 통해 신품종을 확보하며, 이러한 교배육종 과정 중 후대까지 우수한 형질 유지가 어려울 수 있어 다시 교배 과정을 거쳐야 하므로 시간이 많이 소요된다. GMO의 확보는 생물이 가진 유전자 중 병충해, 살충제, 제초제, 기후 등에 대한 저항성을 가진 우수한 형질을 지닌 유전자를 효소 등을 이용하여 절단, 연결하여 재조합 DNA를 만들어 다른 생물체에 삽입하여 신품종을 확보하거나 이를 이용하여 유용물질 생산을 통해 확보할 수 있으므로 다른 생물종 간의 유전자 이용이 가능하며 상대적으로 시간 소모가 적다. 유전자변형방법에는 여러 가지가 있는데 변형된 유전자를 아그로박테리아를 이용해 식물세포에 이식하는 아그로박테리아법Agrobacterium, 유전자를 금속입자에 코팅시켜 대상 식물세포에 침투시켜 확보하는 유전자총법gene gun 등이 있다.

### (3) 유전자변형식품의 안전성 평가

유전자변형식품의 생산으로 생산성 증가, 비용절감 등의 효과가 있으나, 유전자변형

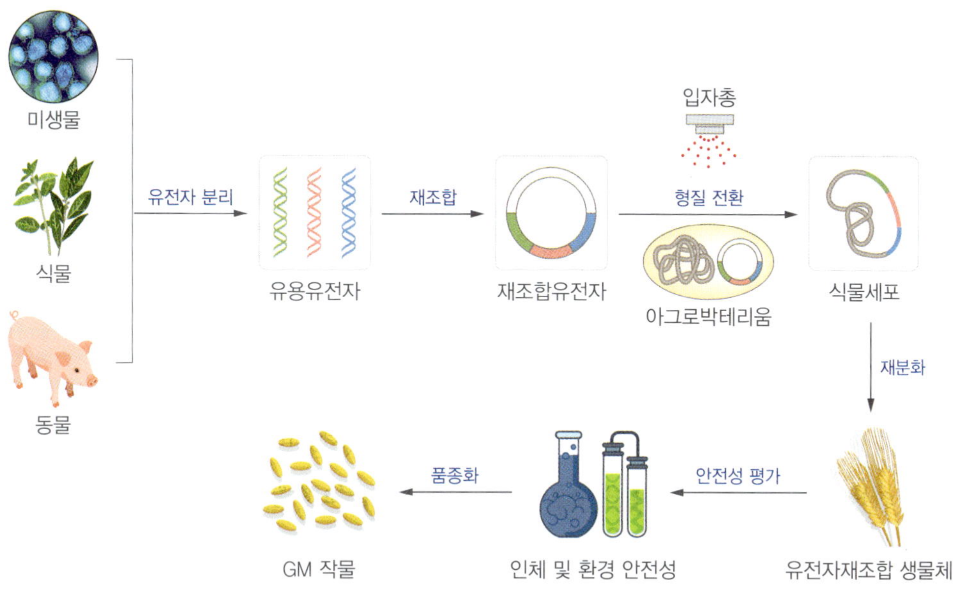


그림 4-12 유전자를 이식하여 유전자변형식물을 얻는 과정
출처 : 식약처, 유전자변형식품 올바로 알기

에 의해 새로운 단백질의 합성 등의 변화로 전통육종 감소, 생태계 교란, 내성에 의해 더욱 강력한 화학물질 사용 가능성 증가 등 인간에 유해한 영향을 미칠 수 있다는 우려가 있다. 이에 따라 유전자변형식품은 반드시 식품의약품안전처로부터 안전성을 승인받아야 하며, 안전성 평가는 「유전자변형식품 등의 안전성 심사 등에 관한 규정(식품의약품안전처 고시 제2021-67호, 2021.8.6. 일부개정)」을 따른다.

안전성에 대한 평가는 기존 농산물과 비교하였을 때 실질적 동등성이 확인되면 안전한 것으로 판단되며, 안전성 심사위원회의 인체위해성 평가와 환경부, 농식품부, 해수부의 환경위해성 평가를 거쳐 공개 의견수렴 후 최종적으로 상업화가 승인된다. 인간이나 생태계에 잠재적 위해성을 평가하기 위해 삽입된 유전자에 의한 새로운 발현 단백질의 알레르기 유발 가능성, 섭취에 의한 독성 및 만성 독성 위험성 평가, 주요 성분의 조성 분석, 대사산물의 양, 축적 가능성 등 영양학적 변화 평가 등을 확인하게 되며, 그 외에도 유전자변형농산물에서 잔류농약이나 그 대사산물 등의 잔류에 의한 인

그림 4-13 **유전자변형식품의 안전성 심사 흐름도**
출처 : 식품의약품안전처

체에 미칠 수 있는 영향, 항생제 내성이 있는 유전자의 사용 여부 등을 고려해야 한다.

## 4. 조리가공 중 생성·혼입 가능한 유해물질

### 1) 다환방향족탄화수소

다환방향족탄화수소Polycyclic Aromatic Hydrocarbons, PAHs는 2개 이상의 벤젠고리를 갖는 유기화합물로 벤조피렌benzo(α)pyren, 벤조안트라센benzo(α)anthracene 등 50여 종의 PAH가 존재한다. PAH는 음식물을 300℃ 이상의 고온으로 가열하는 동안 음식물을 구성하는 지방, 탄수화물, 단백질이 불완전 연소되면서 생성된다. 벤조피렌은 PAH 중 가장 강력한 발암물질이며 미량으로도 발암성, 돌연변이성을 가진다. 다량 노출로 인한 중독 시 적혈구가 파괴되어 빈혈, 면역력 저하가 동반되며, 장기간 노출 시 암을 유발할 수 있으므로 국제암연구소IARC에서는 벤조피렌을 인체발암물질(group 1군)로 규정하고 있다.

벤조피렌은 조리과정 중 음식이 불꽃과 직접 접촉할 때 가장 많이 생성되므로 숯불로 구운 고기의 탄 부위에 다량 함유되어 있으며, 훈제식품, 가열 처리한 튀김유지, 볶은 커피와 볶은 견과류, 그리고 식용유지류의 정제과정 중에서도 발생할 수 있다. 또

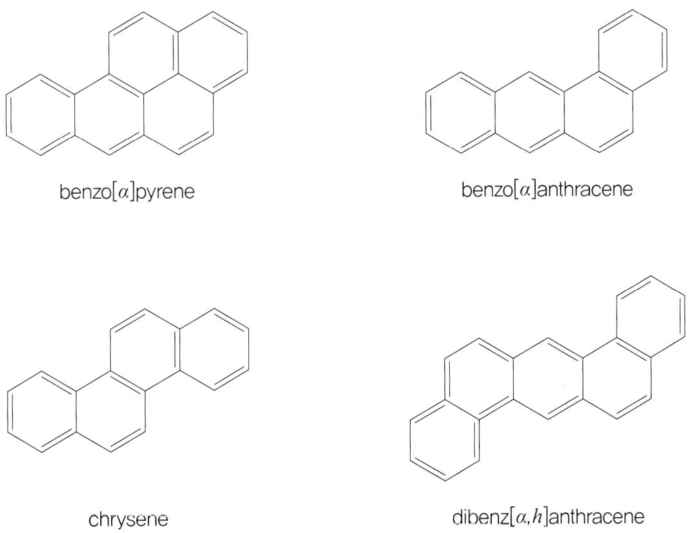


그림 4-14 대표적 다환방향족탄화수소

한 배기가스나 환경오염된 해조류나 농산물에서도 검출되고 있다. 벤조피렌 함유 식품으로 육류와 육가공품이 절반 이상(54.4%)을 차지하고 있으며, 다음으로 채소(19.2%), 곡류(11.5%) 등으로 검게 탄 부위는 반드시 제거하여 섭취하도록 한다. 조리 중 연기를 마시지 않도록 주의하고 구이, 튀김, 볶는 것보다 삶거나 찌는 조리습관으로 예방이 가능하다.

### 2) 아크릴아마이드

아크릴아마이드acrylamide는 2002년 스웨덴 국립식품청에서 고탄수화물 식품을 고온 처리하는 과정에서 발암물질인 아크릴아마이드가 생성된다는 사실을 처음 보고하면서 그 위험성에 대한 국제적 관심을 받기 시작했다. 동물실험을 통해 신경계 독성을 일으키는 발암성을 확인하였으나 사람의 발암성은 확인되지 않아 국제암연구소IARC에서는 발암유력물질(group 2A군)로 분류하고 있다.

아크릴아마이드는 포도당glucose이나 과당fructose 등의 환원당과 아스파라진asparagine을 고온에서 장시간 조리하는 과정 중 메일라드 반응maillard reaction을 통해 생성되며, 열 처리 온도와 시간이 증가할수록 아크릴아마이드의 생성량도 증가한다. 원인식품으로 탄수화물이 풍부한 감자나 곡류 등을 굽고 튀기고 볶으면서 갈변화된 식품, 포테이토칩, 빵, 크래커, 시리얼, 팝콘, 튀김류, 커피 등에서 주로 검출된다.

예방법으로 튀김온도는 160℃를 넘지 않아야 하고, 오븐에서도 200℃를 넘지 않도록 한다. 또한 조리시간이 길수록, 가열온도가 높을수록 아크릴아마이드 함량이 증가하므로 조리 시 온도와 시간을 준수하도록 하며, 120℃보다 낮은 온도에서 삶거나 쪄서 익힌 식품을 섭취하도록 한다.

### 3) 3-MCPD

3-MCPD3-monochloropropane-1,2-diol는 산분해간장 또는 식물성 단백가수분해물Hydrolyzed Vegetable Protein, HVP을 제조하는 과정에서 식품의 맛을 좋게 하기 위해 단백질을 산분해하여 얻어지는 부산물이다. 특히 탈지대두 등을 염산으로 가수분해하면 단백질은 아미노산으로, 지방은 3개의 지방산과 글리세롤로 가수분해된다. 이때 생성된 글리세롤

**식물성 단백가수분해물(Hydrolyzed vegetable protein, HVP)**

콩, 옥수수 또는 밀 등으로부터 얻은 식물성 단백질원을 산가수분해와 같은 화학적공정(효소분해 제외)을 통해 아미노산 등으로 분해하여 얻어진 것을 말한다. (식품공전)

이 염산과 반응하여 3-MCPD, 또는 2-MCPD, 1,3-dichloro-2-propanol 등이 생성되는 것이다. 따라서 대두박의 조지방 함량 등 원료의 지방 함량과 염산농도에 따라 영향을 많이 받으며, 글리세롤보다 트리올레인의 3-MCPD 생성량이 4배 정도 높다. 산분해간장 외에도 곡류 및 맥아 등을 볶는 열 가공 중에 발생할 수 있으며, 빵, 크래커, 치즈, 도넛, 훈제살라미 등에서 검출된다.

3-MCPD의 위해성은 명확히 알려지지 않았으나 실험동물에 장기간 투여 시 빈혈, 백혈구 감소, 혈소판 감소와 함께 발암성 효과가 나타났으며, 우리나라에서는 산분해간장 또는 혼합간장의 경우 0.3 mg/kg 이하, 식물성단백가수분해물은 1.0 mg/kg 이하로 기준을 정하여 따르도록 하고 있다.

## 4) 바이오제닉 아민

바이오제닉 아민biogenic amines은 식품의 저장, 발효 과정 중 미생물에 의한 유리아미노산의 탈탄산반응으로 생성되는 저분자물질로 체내 신경전달, 심혈관계, 알레르기 반응 등을 유발할 수 있다. 가장 잘 알려진 물질은 히스타민histamine으로 고등어, 참치, 정어리 등 등푸른생선을 저장하는 동안 생선 근육에 있는 히스티딘을 분해하여 히스타민을 생성한다. 이때 프로테우스속*Proteus*, 모르가넬라속*Morganella* 등이 생산한 탈탄산효소의 반응에 의해 히스타민이 생성되어 히스타민 중독증scombroid poisoning을 유발

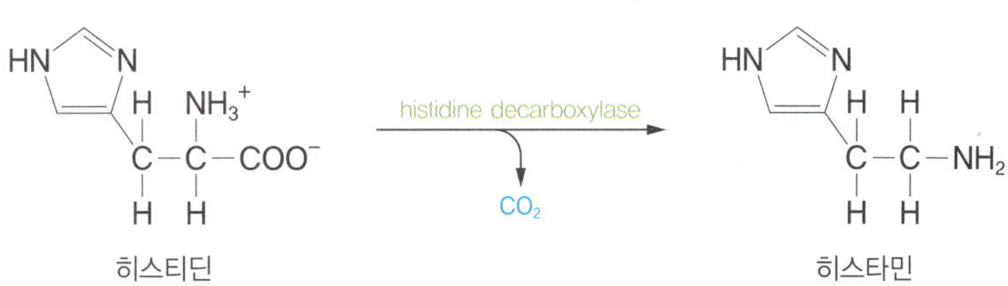


그림 4-15 히스타민 생성과정

CHAPTER 4 화학물질에 의한 식중독

한다. 중독 증상은 섭취 후 수분~3시간 이내에 나타나며, 발진, 국소적 피부염증, 메스꺼움, 구토, 설사 등이나 지속시간은 대체로 짧은 편이다.

### 5) *N*-나이트로소 화합물, 나이트로사민

아질산염은 햄, 베이컨, 소시지 등 육류 가공식품에 발색제 및 보툴리누스균*Clostridium botulinum* 등 식중독균 증식 억제를 목적으로 첨가하는 화합물로, 아질산염이 식품 중 아민이나 아마이드류amide와 산성조건에서 반응하여 나이트로소 화합물을 생성한다. 나이트로소 화합물로 결합 아민의 종류에 따라 나이트로사민nitrosamine과 나이트로사마이드nitrosamide의 두 그룹으로 나눌 수 있다. 아질산염은 발암성이 없으나 과다 섭취 시 인체에 유해할 수 있으며, 나이트로소 화합물 생성 시 강한 발암성을 가진다. 아질산은 타액 중에도 존재하므로 식품 내 아민류와 구강 내 세균 또는 위의 산성조건하에서 반응하여 생성된다.

아질산은 육가공품 외에도 질산 함량이 많은 채소류의 섭취 중에 생성되며, 나이트로소 화합물이 직접 섭취되는 경우는 구운 어패류, 가공 어패류 등으로 육가공 식품보다는 함량이 낮으나 주의가 요구된다.

### 6) 지질의 산화생성물

식품 함유 지질 중 불포화지방산은 산소, 효소 또는 미생물에 의해 산화되면 과산화물, 분해산물, 중합체 생성하며 산패나 부패를 일으킨다. 지질 산화생성물은 급성 중독 시 구토와 설사 등의 증상을 보이며, 만성 중독의 경우 동맥경화, 간장장애, 노화를 일으킬 수 있다.

가수분해에 의한 변패는 유지가 산, 물 또는 리페이스lipase에 의해 유리지방산과 글리세롤로 분해되어 불쾌한 냄새와 맛을 형성하면서 부패를 유도하며, 특히 수분 함량이 높은 유제품 등에서 문제가 된다. 유지의 산화적 산패는 산소에 의한 불포화지방산의 자동산화로 유지의 불포화도, 열, 광선, 금속이온, 수분, 미생물에 의한 효소 반응으로 촉진된다. 가열에 의한 산화는 유지를 160~180℃에서 가열 시 산화와 중합 반응으로 중합체의 생성과 함께 분해산물로 저급지방산, 알데하이드류aldehyde, 에스터류ester 등이 생성된다.

이러한 지질 산화물의 생성은 식품의 품질을 저하시키고 생체 내에서는 단백질과 반응하여 효소의 활성을 저해시키므로 노화물질인 리포푸신lipofusin이 생성되어 발암의 성장단계에서 활성인자로 작용한다. 지질의 산화생성물 중 과산화물인 하이드로과산화물hydroperoxide과 그 2차 생성물인 4-hydroperoxy-2-enal의 독성이 가장 강하며 주로 라면, 포테이토칩, 말린 생선 등에서 검출된다. 유지 산패의 지표물질인 말론알데하이드malonaldehyde의 경우 DNA의 아미노기와 높은 반응성으로 발암성 및 돌연변이 유발성을 보인다. 지방함유 식품을 장기간 가열한 유지나 육제품 가열 시 검출된다.

트랜스지방은 불포화지방산의 이중결합에 수소가 결합하여 자연적으로 생성되는 시스*cis* 형태가 아닌 트랜스*trans* 형태를 가지며, 유지의 경화를 위해 가공하는 과정 또는 튀김식품 등에 존재한다. 트랜스지방은 심혈관질환 중 심장병, 동맥경화증과 밀접한 관련이 있으며, 이는 혈액 내 나쁜 콜레스테롤인 저밀도지방단백질Low Density Lipoprotein, LDL의 수치를 증가시키고 좋은 콜레스테롤의 수치를 감소시켜 유해하다. 그 위험성으로 인해 전 세계적으로 식품 내 트랜스지방을 영양표시 항목으로 표시하도록 의무화하고 있다. 우리나라의 경우 하루 섭취량의 1% 이하로 제한하고 있다.

## 5. 식품알레르기

알레르기allergy란 일반적으로 인간의 몸에 해가 되지 않은 물질에 대해 비정상적인 반응 또는 과도한 면역반응에 의해 인체 내 일어나는 상해작용으로 식품알레르기를 포함하여 아토피피부염, 천식, 알레르기성 비염 등이 있다. 현재 우리나라 전체 인구 중 3.8~5.1%가 식품알레르기가 있는 것으로 확인되고 있다.

### 1) 알레르기 원인과 증상

알레르겐은 알레르기를 일으키는 원인물질을 말하며 단백질로 구성되어 있다. 알레르기 반응은 유전적 요인에 의해 항원(알레르겐) 특이적인 항체를 보유하고 태어나는 경우와 환경적 요인이 복합적으로 작용하여 발병한다. 환경적 요인으로 알레르기 발생이 높은 항원 노출, 깨끗한 환경과 예방접종에 의한 위생가설 등이 있다. 알레르겐에 노출되면 B림프구에서 항원(알레르겐)이 특이적인 IgE항체를 생성하고, 이 항체들은 비

• 아나필락시스 : 심각한 전신적 알레르기 증상으로 호흡곤란, 불규칙한 심박동, 저혈압, 쇼크 등이 발생할 수 있으며, 신속한 처치가 이루어지지 않으면 사망에 이를 수 있다. 특히 식품 섭취 후 운동 중에 증상이 나타날 수 있는데 이는 물리적 자극에 의한 비만세포의 활성화에 기인한 것으로 확인되고 있다.

• 식품불내증(Food intolerance) : 면역매개반응에 의한 식품알레르기와 달리 이와 유사한 형태의 반응으로 특정 효소의 부족이나 물질 운반 결함 등이 원인이다. 그 예로 유당불내증, 히스타민에 의한 식중독 반응이 있다.

만세포에 결합하고 있다가 동일한 항원에 다시 노출되어 비만세포에 결합된 IgE와 항원이 반응하면 비만세포에서 히스타민, ECF eosinophil Chemotactic Factor 등의 화학전달물질을 분비하게 된다.

화학전달물질은 혈액을 통해 특정 조직에 부착하여 세포의 팽창, 평활근 수축, 모세혈관을 확장시키고 분비선을 자극하여 부종이 생기게 된다. 이때 화학전달물질이 부착하는 조직의 위치에 따라 다양한 증상이 나타나며 식후 30분~수시간 사이에 주로 나타난다. 일반적으로 혈관확장이나 부종은 두드러기를, 장관평활근의 수축은 설사 등의 과민성대장증후군 증상을, 점막 부종은 코나 기관지에 영향을 주어 비염, 천식 등을 일으킨다.

### 2) 알레르기 진단

식품알레르기에 대한 진단은 크게 세 가지 검사방법을 통해 확인할 수 있다.

◎ 식품유발검사 : 환자에게 의심되는 식품을 섭취하도록 한 후 증상 유발을 확인하는 방법으로 개방 식품 경구유발시험은 평상시 먹는 형태로 섭취하면서 의심되는 식품을 단계적으로 증량하여 섭취시킨 후 관찰하는 방법이다.

◎ 맹검 식품경구유발시험 : 의심 유발 식품을 매개체와 섞거나 불투명한 캡슐에 넣어 숨기는 방법으로 환자의 경우 검사할 식품을 모르는 상태에서 관찰하는 방법이다.

◎ 피부반응검사 : 원인식품에서 추출한 단백질을 이용하여 피부 단자 검사를 통해 항원에 대한 양성을 확인한다. 혈액검사 시 혈액 내 원인식품과 특이적으로 반응하는 IgE 항체를 측정하는 방법으로 반드시 해당 식품을 섭취한 뒤 임상 증상을 확인해야 한다. 이러한 임상 증상은 피부반응검사에서도 확인해야 하며, 그 이유

는 피부나 혈액을 통해 증상을 확인해도 실제 식품을 섭취하고 증상이 나타나지 않는 경우가 있기 때문이다.

이러한 식품알레르기 증상 유무에 대한 판단은 의심될 경우 병원에 가서 직접 진단을 통해 확인해야 하나, 식품 섭취를 통한 진단의 경우 검사 중 급성 알레르기 반응과 아토피피부염의 악화를 초래할 수 있기 때문에 주의해야 한다.

### 3) 알레르기 예방과 치료

식품알레르기에 의한 증상 재발을 예방할 수 있는 유일한 방법은 원인식품의 식품을 피하거나 제한하는 것이나 알레르겐에 노출될 경우 약제 치료를 통해서 증상을 완화할 수 있다. 항히스타민제의 경우 항원항체반응 과정 중 비만세포에서 유리되는 화학전달물질인 히스타민의 작용을 억제하며, 교감신경흥분제는 교감신경계를 흥분시켜 상대적으로 부교감신경계의 운동 억제로 증상을 완화시킨다. 대표적으로 아나필락시스 발생 시 투여하는 에피네프린이 있으며, 그 외에도 스테로이드제를 이용하나 장기간이나 다량 사용 시 부작용이 생길 수 있다.

### 4) 알레르기 원인식품 및 표시기준

소아의 주요 알레르기 원인식품으로 달걀, 우유, 땅콩, 대두, 밀, 메밀, 견과류, 갑각류 등이며, 성인의 경우 밀, 메밀, 갑각류, 과일, 육류, 생선 등이 있다. 알레르기 유발식품에 대해 우리나라에서는 '식품 등의 표시기준'(식품의약품안전처고시 제2021-7호, 2021.2.5. 일부개정) 식품알레르기 의무표시 대상과 그에 따른 식품알레르기 표시제도가 법제화되어 있어 알레르기 유발 식품은 함유된 양과 관계없이 반드시 원재료명을 표시해야 한다. 식품알레르기 유발물질 표시 대상 식품으로 21가지가 지정되어 있으며 2015년 기준 난류(가금류에 한한다), 우유, 메밀, 땅콩, 대두, 밀, 고등어, 게, 새우, 돼지고기, 복숭아, 토마토, 아황산류(이를 첨가해 최종제품에 이산화황으로 10mg/kg 이상 함유한 경우), 호두, 닭고기, 쇠고기, 오징어, 조개류(굴·전복·홍합 포함)가 있다. 우리나라 학교급식에는 2012년 9월부터 알레르기 유발식품 표시제도가 도입·시행중이며 2017년 5월부터 제과·제빵, 아이스크림, 햄버거, 피자 등 어린이기호식품을 조리·판매하는

그림 4-16 **우리나라의 식품 알레르기 의무표시 대상 유발식품**
출처 : 식품의약품안전처

식품접객업소 중 점포 수가 100개 이상의 외식업체에 대해 알레르기 유발식품 표시제를 의무화하여 시행 중이다.

식품알레르기 발생을 예방하기 위해서 원인식품에 대한 관리가 철저히 이루어져야 할 것이다. 먼저 알레르기 유발식품 표시제 적용에 따라 함유량과 관계없이 모든 노출식품은 정확하게 표시해야 한다. 단체급식소의 경우에는 영양적으로 대체 가능하거나

- 식약처에서 고시된 알레르기 의무표시제로 우유, 대두 등 21가지 원재료가 포함되는 경우 테두리 등으로 구분한 별도의 알레르기 표시란에 유발물질 표시

**식품의 유형 :** 과자(유처리 제품)
**원재료명 :** 밀가루(수입산), 백설탕, 대두유, 코코아매스, 전지분유, 합성착향료(바닐라향)
밀, 대두, 우유 함유
**이 제품은 달걀을 사용한 제품과 같은 제조시설에서 제조하였습니다.**

- 같은 제조시설에서 알레르기를 유발시킬 수 있는 제품이 생산되어 교차오염(cross-contamination)의 가능성이 있음을 알리는 정보로 소비자에게 알레르기반응이 일어날 수 있다는 것을 의미함

그림 4-17 **식품알레르기 표시 예**
출처 : 식품의약품안전처

항원성이 낮은 식품으로 대체식품을 제시해야 한다. 식품 제조업체의 경우 알레르기 유발식품이 원료로 사용 여부를 반드시 확인하고, 만약 가공식품을 원료로 사용하는 경우에도 반드시 해당 가공식품에 알레르기 유발물질 포함 여부를 확인해야 한다. 또한 가공 중 알레르기 유발물질이 원료로 사용되지 않더라도 같은 제조시설 내에서 다른 식품에 알레르겐을 이용한 기구나 작업자 등에 의한 혼입 가능성이 있기 때문에 교차오염을 방지하기 위해 조리도구 및 조리기구를 구분하여 사용하고 세척 및 소독을 철저하게 해야 한다. 또한 해당 알레르겐을 사용한 제품과 같은 제조시설에서 제조하였음을 반드시 표시하여 식품알레르기 사고를 예방할 수 있도록 한다.

CHAPTER 5

# 식품과 감염병

1. 감염병의 이해
2. 감염병의 전파경로에 따른 분류

# 1. 감염병의 이해

감염병infectious disease은 미생물에 의해 전파되는, 즉 전염이 가능한 질병이라고 정의할 수 있다. 특정 병원체나 병원체의 독성물질로 인하여 발생하는 질병으로 감염체로부터 감수성이 있는 숙주에게 감염되는 질환을 의미한다. 가장 빈번하게 질병을 일으키는 미생물은 세균bacteria, 바이러스viruses, 진균류fungi, 원생동물protozoa 등을 들 수 있다. 감염병은 사람 간 접촉, 오염된 식품이나 식수, 곤충이나 동물 매개체를 통하여 사람에게 전파되기도 한다 그림 5-1.

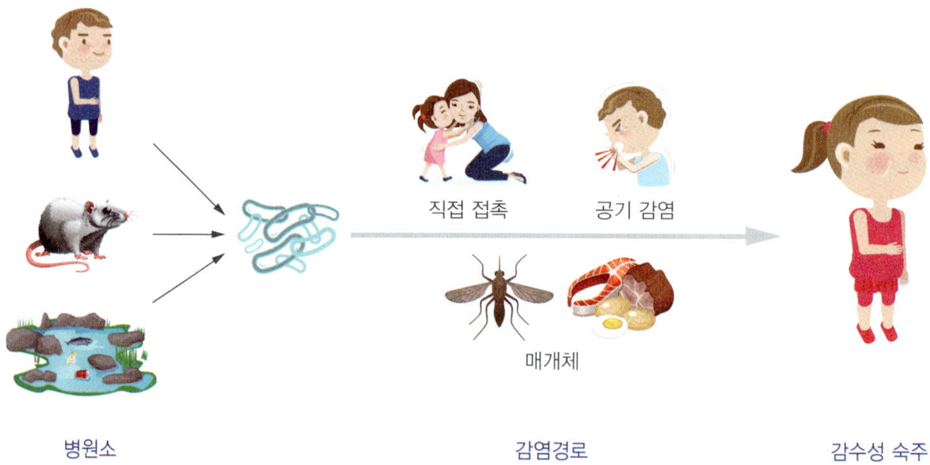


그림 5-1 **감염병의 발생경로**

출처 : U.S. Department of Health and Human Services

## 1) 감염병 생성의 요건

감염병의 발병은 병원체pathogenic agent, 숙주host, 환경의 3가지 요인으로 구성되어 있으며, 숙주가 약해지거나 병원체가 강해지거나, 환경 요인이 숙주에게 해롭게 혹은 병원체에게 이롭게 작용하면 발생하게 된다. 감염병은 병원체가 존재하는 장소인 병원소reservoir of infection로부터 병원체가 탈출하여 새로운 숙주에 침입하고, 숙주의 감수성이 높으면, 즉 면역력이 약할 경우에는 질병이 발병하게 되는 생성요건을 따른다 그림 5-2. 그러므로 병원소, 감염경로, 감수성 숙주는 감염병 발병의 3대 요소이다.

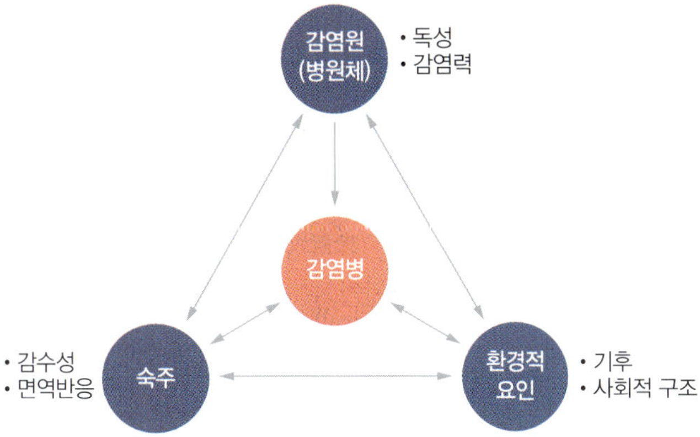


그림 5-2 감염병의 3대 요인

## 2) 우리나라 법정 감염병

우리나라의 경우, 수인성 감염병 및 식품 매개 질환에 대하여는 질병관리본부에서 전반적으로 관리하고 있으며, 식중독의 경우에는 식품의약품안전처에서 식품 위주로 관리하고 있다. 법제처에서 정의한 보건복지부 장관이 고시한 법정 감염병은 표 5-1에 제시하였고, 기타 감염병의 분류는 다음과 같이 구분하고 있다.

◎ 기생충감염병 : 기생충에 감염되어 발생하는 감염병

◎ 세계보건기구 감시대상 감염병 : 세계보건기구가 국제공중보건의 비상사태에 대비하기 위하여 감시대상으로 정한 질환

◎ 생물테러 감염병 : 고의 또는 테러 등을 목적으로 이용된 병원체에 의하여 발생된 감염병

◎ 성매개 감염병 : 성 접촉을 통하여 전파되는 감염병

◎ 인수공통감염병 : 동물과 사람 간에 서로 전파되는 병원체에 의하여 발생되는 감염병

◎ 의료 관련 감염병 : 환자나 임산부 등이 의료행위를 적용받는 과정에서 발생한 감염병

◎ 검역감염병 : 외국에서 발생하여 국내로 들어올 우려가 있거나 우리나라에서 발생하여 외국으로 번질 우려가 있어 검역법에서 검역대상감염병으로 지정한 감염병

표 5-1 **법정 감염병의 분류 및 종류**

| 구분 | 특성 | 질환 | 신고주기 |
|---|---|---|---|
| 제1급감염병 | 생물테러감염병 또는 치명률이 높거나 집단 발생의 우려가 커서 발생 또는 유행 즉시 신고, 음압격리와 같은 높은 수준의 격리가 필요한 감염병 (17종) | 에볼라바이러스병, 마버그열, 라싸열, 크리미안콩고출혈열, 남아메리카출혈열, 리프트밸리열, 두창, 페스트, 탄저, 보툴리눔독소증, 야토병, 신종감염병증후군, 중증급성호흡기증후군(SARS), 중동호흡기증후군(MERS), 동물인플루엔자인체감염증, 신종인플루엔자, 디프테리아 | 즉시 |
| 제2급감염병 | 전파 가능성을 고려하여 발생 또는 유행 시 24시간 이내에 신고, 격리가 필요한 감염병 (20종) | 결핵, 수두, 홍역, 콜레라, 장티푸스, 파라티푸스, 세균성이질, 장출혈성대장균감염증, A형간염, 백일해, 유행성이하선염, 풍진, 폴리오, 수막구균 감염증, B형헤모필루스인플루엔자, 폐렴구균 감염증, 한센병, 성홍열, 반코마이신내성황색포도알균(VRSA) 감염증, 카바페넴내성장내세균속균종(CRE) 감염증, E형간염 | 24시간 이내 |
| 제3급감염병 | 발생을 계속 감시할 필요가 있어 발생 또는 유행 시 24시간 이내에 신고하여야 하는 감염병 (26종) | 파상풍, B형간염,일본뇌염, C형간염, 말라리아, 레지오넬라증,비브리오패혈증, 발진티푸스, 발진열, 쯔쯔가무시병, 렙토스피라증, 브루셀라증, 공수병, 신증후군출혈열, 후천성면역결핍증(AIDS), 크로이츠펠트-야콥병(CJD) 및 변종크로이츠펠트-야콥병(vCJD), 황열, 뎅기열, 큐열, 웨스트나일열, 라임병, 진드기매개뇌염, 유비저, 치쿤구니야열, 중증열성혈소판감소증, 지카바이러스 감염증 | 24시간 이내 |
| 제4급감염병 | 유행 여부를 조사하기 위하여 표본감시 활동이 필요한 감염병 (23종) | 인플루엔자, 매독, 회충증, 편충증, 요충증, 간흡충증, 폐흡충증, 장흡충증, 수족구병, 임질, 클라미디아감염증, 연성하감, 성기단순포진, 첨규콘딜롬, 반코마이신내성장알균(VRE) 감염증, 메티실린내성황색포도상알균(MRSA) 감염증, 다제내성아시네토박터바우마니균(MRAB) 감염증, 장관감염증, 급성호흡기감염증, 해외유입기생충감염증, 엔테로바이러스감염증, 사람유두종바이러스감염증 | 7일 이내 |

출처: 법제처 국가법령정보센터, 2020. 1. 1. 기준

## 2. 감염병의 전파경로에 따른 분류

### 1) 인수공통감염병

인수공통감염병zoonosis은 동물과 사람 사이에서 직접적 혹은 간접적으로 전염이 되는 질병을 말한다. 사람에게서 감염의 중증 정도는 가벼운 증상부터 생명에 치명적인 증상까지 다양하다. 인수공통감염병은 기생생물parasites, 세균, 바이러스 등에 의해 발생하는데 대부분의 감염은 사람들과 접촉이 많은 가축이나 반려동물에 의한 경우가 많고, 야생동물이나 진드기, 모기, 파리와 같은 곤충에 의해 발생하는 경우도 있다. 인수공통감염병은 사람과 사람 간에는 감염되는 사례가 적고, 보통 감염된 곤충이나 동

물에 물리는 경우, 감염된 동물의 배설물에 접촉이 되거나 감염된 동물의 고기를 섭취함으로써 발병된다.

### (1) 탄저

탄저anthrax는 *Bacillus anthracis* 감염에 의한 인수 공통 질환이며, 오염된 목초지에서 *B. anthracis*의 포자에 의해 소, 양, 염소, 돼지 등의 동물에 감염된다. 사람은 주로 감염된 동물이나 그 부산물에서 *B. anthracis* 포자가 섭취되어 발병한다. 감염 부위에 따라 피부탄저, 폐탄저, 장탄저 등이 발병한다. 피부 감염은 감염동물이 죽었을 때 사체와 접촉하여 발생하지만, 파리가 매개되는 경우도 있고, 폐감염이나 장감염은 오염된 고기를 섭취하여 발생한다. 가장 흔한 피부 탄저는 항생제로 대부분 치료가 가능하나, 흡입에 의한 전신성 감염과 장탄저의 경우는 100%에 가까운 치명률을 보인다.

### (2) 브루셀라증

브루셀라증brucellosis은 *Brucella*속 세균에 의해 감염된 동물에서 사람으로 감염되어 발생하는 인수공통감염병이다. 인체에 감염을 일으키는 *Brucella*종은 4가지로 가장 병원성이 높은 종은 *Brucella melitensis*로 주로 염소, 양, 낙타에서 일차적으로 발생하며, *B. abortus*는 소, *B. suis*는 돼지, *B. canis*는 개에서 일차적으로 발생한다. 사람 브루셀라증은 저온 살균되지 않은 우유 또는 유제품을 섭취하였을 경우에 발생하는 경우가 대부분이고, 그 외에 피부 상처나 결막을 통해 감염된 가축의 우유나 소변, 태반, 분비물 등에 직·간접 노출되는 경우 또는 비말을 통한 감염으로 발병한다. 증상은 다양하고 비특이적이며 발열, 오한, 발한, 두통, 근육통, 피로감, 식욕부진, 관절통, 요통, 체중감소 등이 나타난다.

### (3) 큐열

큐열Q-fever은 급성 열성 질환을 일으키는 인수공통감염병으로, 국내에서는 제3급 법정감염병으로 지정되었고 발병률이 계속 증가하는 경향을 보이고 있다. 리케치아속에 속하는 *Coxiella burnetii*가 원인균이다. 대부분의 큐열은 갑작스런 고열과 함께 오한, 심한 두통, 전신 권태감, 근육통, 구토, 설사, 복통, 흉통 중 1가지 이상을 동반한다. 발열은 대개 1~2주간 지속되며, 증상이 6개월 이상 지속되는 경우는 만성 큐열로 흔하지는 않지만 중증의 임상 증세를 보인다. 만성 큐열은 대부분 합병증인 심내막염의 형태로 나타나고 치사율이 최대 65% 정도로 높다.

### (4) 고병원성 조류인플루엔자

일반적으로 조류인플루엔자 바이러스avian influenza virus는 RNA 바이러스로, 이 중 대유행을 일으키는 것은 A형 바이러스로서 표면 단백질인 hemagglutinin(HA)과 neuraminidase(NA)에 의해 다른 종류로 분류된다. 이 중 사람에게는 H1, H2, H3와 N1, N2형이 주로 감염을 일으키고, 조류에게는 주로 H5와 H7형이 감염을 일으킨다. 조류에서 조류인플루엔자 감염은 감염된 조류의 콧물 등 호흡기 분비물과 대변에 포함된 바이러스를 다른 조류가 섭취함으로써 감염되어 전파되며, 사람도 이렇게 배출된 바이러스가 코나 입으로 침투하여 감염되는 것으로 알려져 있다. 그러나 일반적으로 조류인플루엔자 바이러스는 종species에 대한 특이성이 높기 때문에 사람에게 질병을 일으킬 가능성은 매우 낮다.

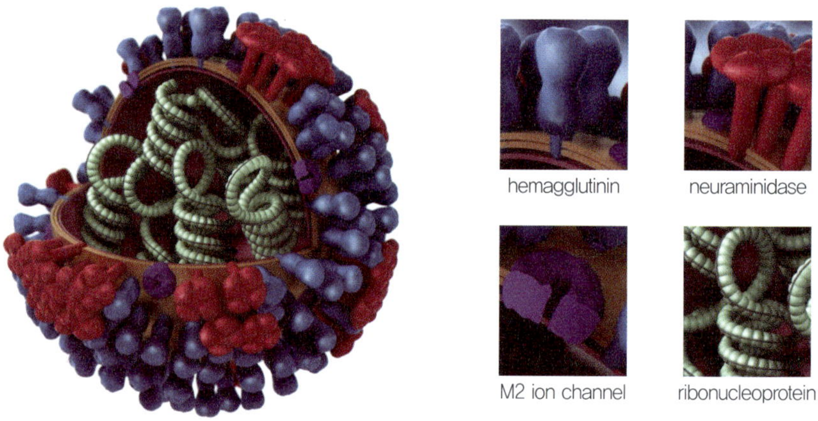


그림 5-3 조류인플루엔자 바이러스의 구조
출처 : CDC

### (5) 소해면상뇌증

소해면상뇌증Bovine Spongiform Encephalopathy, BSE은 감염성 해면상뇌증Transmissible Spongiform Encephalopathy, TSE의 일종으로 소에서 발생하는 만성 신경성 질병으로서 일명 광우

병mad cow disease로 불려진다. 병인체는 변형 프리온prion 단백질로 알려져 있으며 중추 신경조직의 해면상 변화가 특징으로, 보행장애, 기립불능, 전신마비 등의 증상을 보이다 폐사되는 치명적 질병이다. 프리온은 정상신경세포막에 존재하는 당단백질로 변형 프리온은 $\alpha$-helix 구조가 $\beta$-sheet 구조로 변형되어 단백질분해효소, 열, 자외선, 화학물질에도 저항성이 강하다. TSE에는 농물의 종류에 따라 소의 BSE, 양의 스크래피 scrapie, 사슴류의 만성 소모성질병Chronic Wasting Disease, CWD 등이 있다. 인간광우병varient Creutzfeldt Jakob Disease, vCJD은 광우병에 걸린 소고기를 섭취함으로써 발병하는 것으로 알려져 있다.

### (6) 광견병

광견병rabies은 감염된 동물이 물면 동물의 침 속에 있는 바이러스가 전파되어 발생된다. 증상은 발열, 음식을 삼키기 어렵고, 발작을 일으켜 혼수상태에 빠져 치료하지 않으면 사망에 이른다. 보통 너구리, 박쥐, 개와 같은 포유동물들이 광견병을 일으키는 매개체이다.

### (7) 페스트

페스트plague는 *Yersinia pestis*에 의해 발생하며, 주로 쥐와 같은 감염된 설치류와 접촉한 파리 등이 사람을 물어서 전파된다. 감염이 혈관을 통해 전파되면 폐를 감염시키고, 이 경우엔 기침이나 재채기를 통해 사람과 사람 간 전파로 이어진다.

### (8) 라임병

라임병Lyme disease은 사슴이나 쥐 등이 *Borrelia burgdorferi*의 병원소이고 진드기가 이들 동물을 흡혈함으로써 감염된다. *Borrelia*에 감염된 진드기가 사람의 피부에 붙어서 사람을 흡혈하면서 사람에게도 전파되는 감염병이다.

## 2) 기생생물에 의한 감염병

### (1) 원생동물

원생동물protozoa은 자연계에 독립적으로 생활하거나 기생생활을 하는 단세포 생물로 이동방식에 따라 아메바류ameba, 편모조류flagellates, 섬모충류ciliates, 포자충류sporozoans

의 4그룹으로 분류할 수 있다. 체내 장관에 기생하는 원생동물은 주로 경구감염 경로 fecal-oral route를 통해 전파되고, 인체의 혈액이나 조직에 기생하는 원생동물의 경우에는 주로 모기나 진드기 같은 곤충들을 매개로 전파된다. 사람에게 주로 감염을 일으키는 원생동물은 아메바류, *Giardia*, *Cryptosporium* 등이다.

### (2) 기생충

기생충helminth은 육안으로 볼 수 있는 큰 다세포 생물로 원생동물과 마찬가지로 독립생활을 하거나 기생생활을 한다. 기생충이 성충인 형태로 지속적으로 기생하는 경우를 종말숙주라고 하고, 성숙되기 전의 발육상태에서 다른 생물에 일시적으로 기생하는 경우를 중간숙주라고 한다. 사람에게 기생하는 기생충은 일반적인 외형상 형태와 기생하고 있는 숙주의 기관에 의해 구분할 수 있다.

형태적으로 편평한 편충류는 흡충류trematodes와 조충류cestodes가 포함되고, 선형으로 이루어진 선충류nematodes로 구분할 수 있다. 선충류에는 바로 장관으로 이동하여 기생하는 요충이나 편충이 포함되고, 폐 같은 순환기관을 거쳐 기생하는 회충, 구충, 아메리카구충 등이 포함된다. 흡충류에는 폐에 기생하는 폐흡충과 간에 기생하는 간흡충이 포함되고, 조충류는 유구조충과 무구조충이 있다.

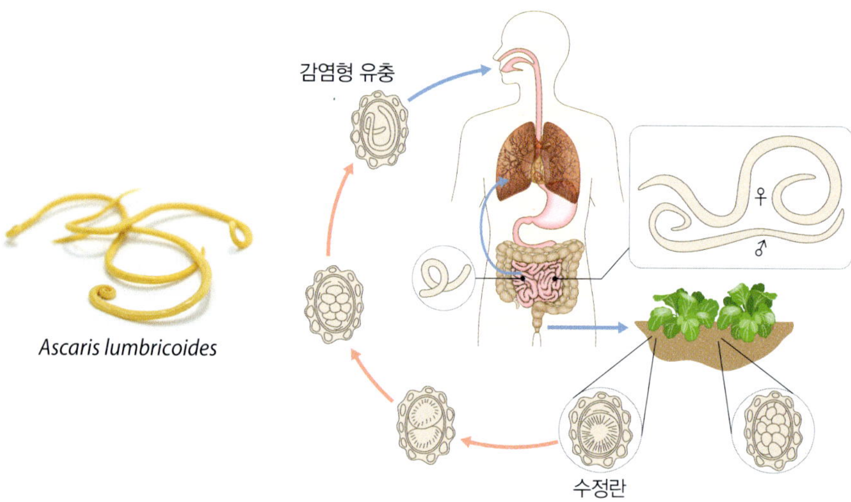


그림 5-4 **회충의 감염경로**
출처 : CDC

### ① 채소류로부터 감염되는 기생충

◎ 회충roundworm, *Ascaris lumbricoides* : 회충은 사람의 장관에 기생하는 선충류 중 가장 크다. 인체의 기생 부위는 소장이고, 암컷은 1일 20만 마리 정도의 알을 낳는다. 회충의 감염경로는 그림 5-4와 같다. 수정란은 분변으로 배출되어 흙 속에서 온도와 습도가 적당하면 감염형으로 발육한다. 감염형 충란으로 오염된 채소를 통해 경구 섭취된 후에 소장에서 유충으로 부화되고, 유충이 림프관을 통해 폐로 간 후 기관지, 인두를 거쳐 소장에서 성충으로 정착한다. 증상은 출혈, 염증반응 등을 일으키고, 그 밖에 영양장애, 복통, 식욕부진, 메스꺼움, 구토, 설사, 복부팽만 등을 볼 수 있다. 가장 중요한 매개물이 채소이다. 따라서 채소를 잘 씻어 먹는 것이 중요하다.

◎ 구충hookworm : 구충(십이지장충과 아메리카구충*Ancylostoma duodenale* & *Necator americanus*)은 최초에 십이지장duodenum에서 본충이 발견되어 *Ancylotoma duodenale*로 명명하였고, 우리나라에서는 십이지장충이라고 불렀다. 그 후 *Necator americanus*의 인체 감염과 유행도 알려져 *A. duodenale*은 두비니구충으로, *N. americanus*는 아메리카구충으로 구별하고 있다.

인체의 기생 부위는 소장 상부, 특히 공장 상부이며, 인체 감염경로는 경구감염

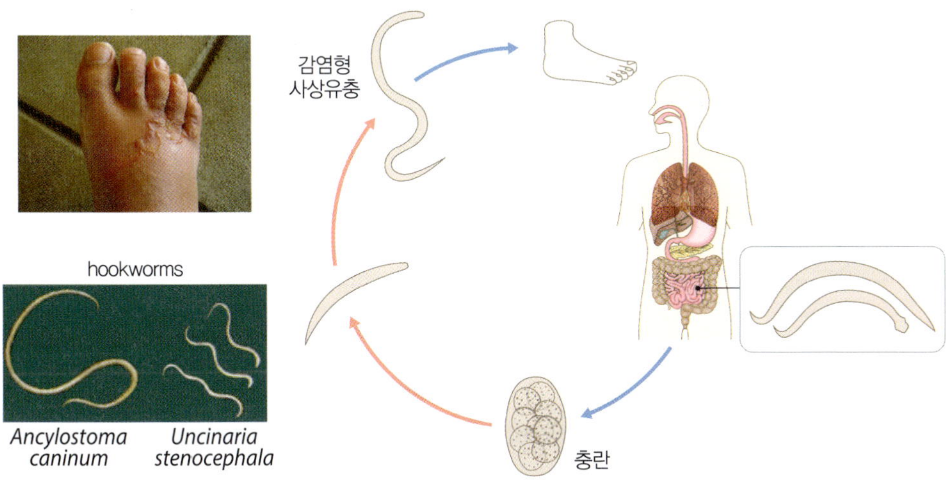


그림 5-5 구충의 감염경로
출처 : CDC

과 경피감염의 두 가지 경로가 있다 그림 5-5. 충란은 대변과 함께 배출되어 적당한 온도(30℃ 전후)와 환경에서 24~48시간에 부화되어 제1기 간상유충이 된다. 그 후 약 1주일 후 탈피되어 인체에 감염성이 강한 사상유충으로 된다. 사상유충이 노출된 인체의 피부와 접촉하여 감염이 발생한다. 감염된 유충은 정맥을 통하여 심장에 도달하고, 폐동맥을 거쳐 폐에 도달, 기도, 인두, 식도, 위를 거쳐서 소장에 도달하여 성충으로 발육한다. 감염형 사상유충이 경구로 섭취되면 점막을 침투한 후 혈류를 통하여 폐, 인두, 소장에 도달하여 성숙된다. 소장에 기생하는 성충은 장 점막에 부착하여 흡혈한다. 계속적인 출혈로 인한 혈액 손실이 일어나서 빈혈이 초래되고, 복통, 설사, 궤양과 같은 소화장애, 토식증, 이상감각 등이 발생한다. 많은 사상유충이 경구적으로 섭취될 때에도 채독증이 발생한다.

◎ 편충whipworm, *Trichuris trichiura* : 수정된 충란이 분변으로 배출된 후, 흙 속에서 인체 감염형인 자충포장란이 형성되고 경구감염으로 인체에 섭취된다. 이후 소장에서 부화되고, 대장의 맹장, 충수돌기, 결장 등으로 내려와서 성숙한 후 정착한다 그림 5-6. 성충은 굵은 채찍 모양을 하고 있고, 대장 점막 부위에서 충혈과 염증을 일으켜 식욕감퇴, 체중감소, 빈혈 등과 같은 증세가 나타난다.

◎ 요충pinworm, *Enterobius vermicularis* : 외계로 배출된 충란은 이미 자충을 포함하고 있

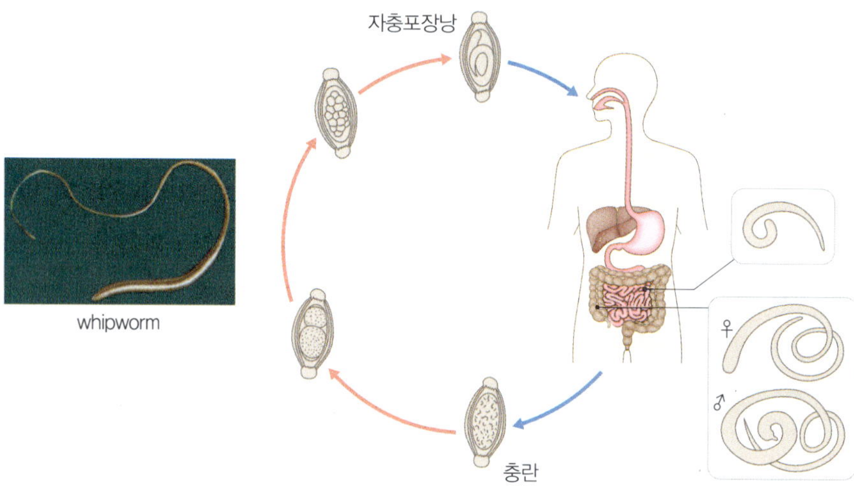


그림 5-6 편충의 감염경로
출처 : CDC

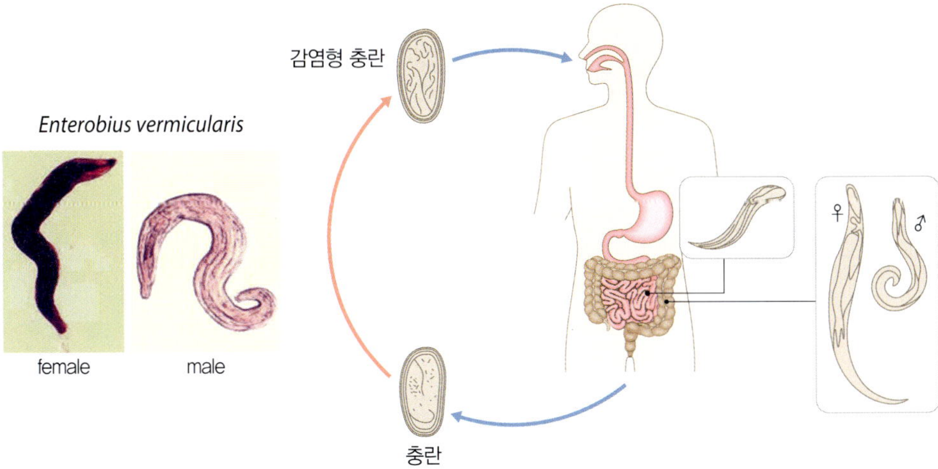


그림 5-7 **요충의 감염경로**
출처 : CDC

기 때문에 감염력을 갖는다. 충란이 경구적으로 섭취되어 소장에서 부화하고 맹장, 결장 등에 이르러 성충으로 성장하고 기생한다 그림 5-7. 성충은 희고 가는 충체로 작은 백색 선충이라고 부르며, 암놈은 꼬리가 뾰족하고, 수놈은 꼬리가 말려져 있다. 암놈이 항문 주위나 회음부 등에 기어 나와서 충란을 산란할 때에 심한 소양감을 느끼며, 이로 인하여 항문 주위의 발적, 종창을 일으키고 2차 세균감염을 유발한다.

**② 육류로부터 감염되는 기생충**

◎ 무구조충(민촌충)**beef tapeworm, *Taenia saginata*** : 충란이나 충란을 가진 편절이 분변과 함께 배출되어 오염된 사료를 중간숙주인 소가 섭취하여 감염이 발생한다. 소의 장에서 육구유충으로 부화되고 근육조직으로 이행된 후 무구낭미충으로 발육한다. 이를 종숙주인 사람이 섭취하고, 2~3개월 후 소장에서 성충으로 발육한다 그림 5-8. 성충은 1,000~2,000개의 편절로 이루어져 있고, 1,000개 정도의 편절로 이루어진 유구조충보다 크다. 두절은 사각형으로 4개의 흡반을 가지고 있으나 갈고리는 없다. 감염 증상은 주로 소화기계 관련 증상인 소화장애, 복통, 설사, 체중 감소 등이다.

◎ 유구조충(갈고리촌충)**pork tapeworm, *Taenia solium*** : 생활사는 무구조충과 동일하여 수태

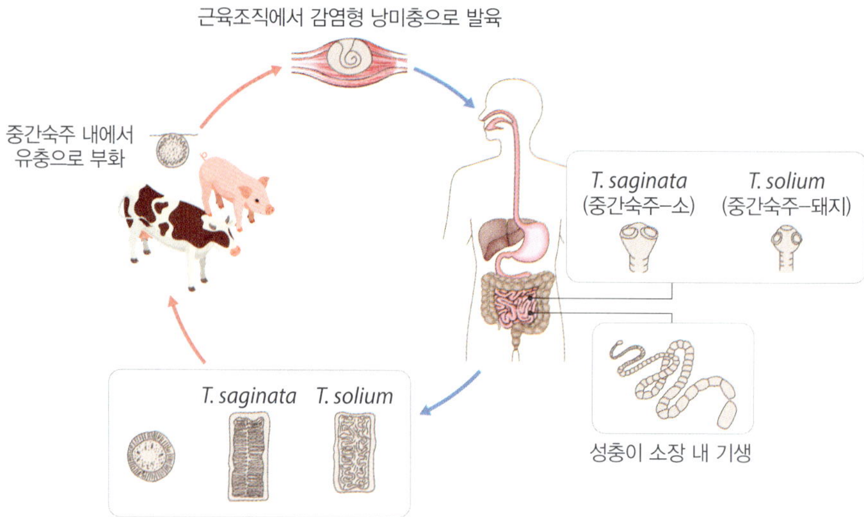


그림 5-8 **무구조충과 유구조충의 감염경로**
출처 : CDC

편절이 분변과 함께 배출되어 충란이 유리된다. 중간숙주 돼지가 감염된 사료를 섭취하면 돼지의 소장에서 육구유충으로 부화되고 조직에서 유구낭미충으로 발육한다. 사람은 덜 익은 돼지고기를 섭취하면 감염되며, 소장에서 기생하며 성충으로 발육한다 그림 5-8. 무구조충과 동일하게 흡반을 가지고 있고 갈고리가 있다. 증상은 복부불쾌감, 설사, 구역, 구토 등으로 무구조충 감염 증상과 유사하다.

### ③ 어패류로부터 감염되는 기생충

◎ 간흡충(간디스토마)liver fluke, *Clonorchis sinensis* : 간흡충은 간디스토마라고도 하며, 간 담도의 말단부에서 기생하며, 성충이 충란을 산란하여 간 담도를 통하여 대변으로 배출된다. 배출된 충란이 하천에 유입되면 제1중간숙주인 담수산 패류(왜우렁이)가 섭취한다. 제1중간숙주에서 발육과정을 거쳐 유미유충으로 된 후에 왜우렁이에서 탈출한다. 유미유충이 제2중간숙주(붕어, 잉어, 모래 무지 등)로 비늘이나 근육으로 침입하여 어육 내에서 피낭유충으로 발육하여 존재한다. 사람이 감염된 담수어를 생식하여 감염이 발생하고, 위에서 피낭유충이 분리되고 십이지장에서 탈낭한 뒤 총담관을 거쳐서 담도의 말단부로 이행하여 기생한다 그림 5-9.

대부분 증상이 그리 심하지 않아 평소 모르고 지내는 감염자가 많다. 감염 초

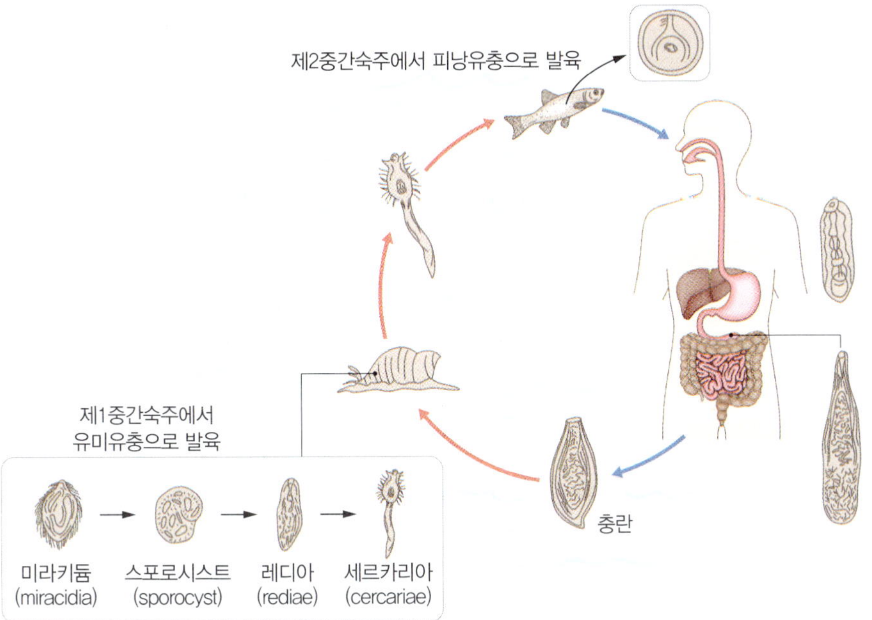


그림 5-9 **간흡충의 감염경로**
출처 : CDC

기에는 담관염이 발생하는데, 비특이적인 증상으로 발열과 복통이 있으나 이는 일시적으로 특별한 치료 없이 회복된다. 담수어를 생식하지 않는 것이 확실한 예방법이 될 수 있다. 간흡충의 종숙주는 사람 이외에 개, 고양이, 토끼, 쥐 등이 보유 숙주이다.

◎ 폐흡충(폐디스토마)lung fluke, *Paragpmous westermani* : 폐흡충은 폐디스토마라고도 하며, 폐와 기관지에 주로 기생하는데, 흉강, 복강, 피하조직에도 기생한다. 성충이 충란을 산란하여 객담 또는 대변으로 외부로 배출된다. 배출된 충란이 하천에 유입되면 수중에서 유모유충으로 부화된 후에 제1중간숙주인 다슬기에 침입한다. 제1중간숙주에서 발육과정을 거쳐 유미유충으로 된 후에 제2중간숙주인 가재나 게의 아가미, 내장 또는 근육에 침입한 후 피낭유충으로 발육하여 존재한다. 사람이 섭취하면 십이지장에서 탈낭되고, 어린 충체는 장벽을 통과하여 복강, 횡격막, 흉막강을 지나서 폐에 침입하여 성충으로 발육한다 그림 5-10. 충체가 폐에 기생할 경우, 증상이 폐결핵과 유사하다.

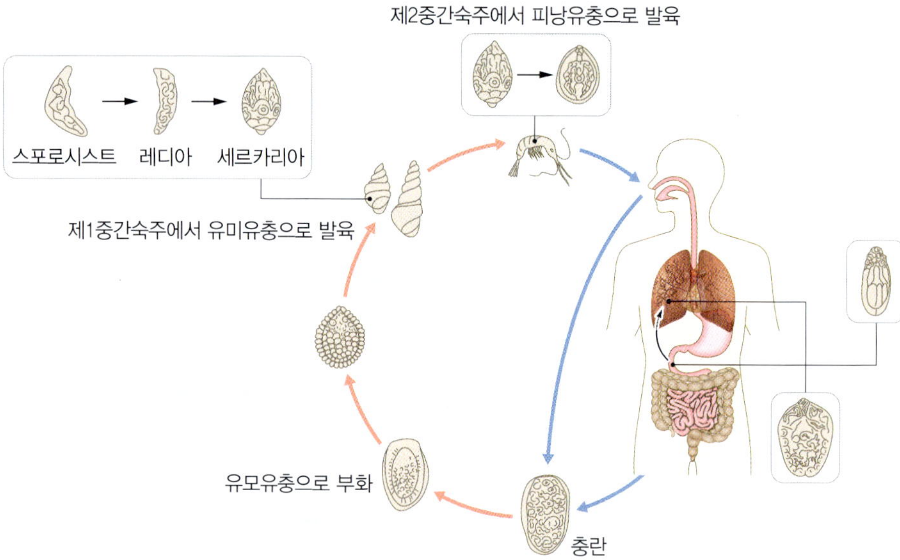


그림 5-10 **폐흡충의 감염경로**
출처 : CDC

증상은 기침, 객담, 객혈, 흉통, 두통, 위장 증상 등이다. 덜 익힌 민물 게나 민물 가재를 생식하지 않는 것이 확실한 예방법이 될 수 있다. 폐흡충의 종숙주는 사람 외에 호랑이, 여우, 늑대, 곰, 돼지, 개, 쥐 등이 보유숙주이다.

◎ 요코가와흡충(장흡충)***Metagonimus yokogawai*** : 성충이 소장에 기생하며 충란을 산란하여 대변으로 배출된다. 배출된 충란이 하천에 유입되면 수중에서 유모유충으로 부화된 후에 제1중간숙주인 다슬기에 침입한다. 제1중간숙주에서 발육과정을 거쳐 유미유충으로 된 후에 제2중간숙주인 담수어(특히 은어)에 침입, 근육 등에서 피낭유충으로 발육하여 존재한다 그림 5-11.

증상은 소장의 점막에 침입하므로 기계적 장애나 염증 등을 일으키고, 설사, 복통, 혈변, 탈력감 등이 나타난다. 덜 익힌 은어나 활어를 생식하지 않는 것이 확실한 예방법이 될 수 있다. 요코가와흡충의 종숙주는 사람 외에 개, 고양이, 돼지, 쥐 등이 보유숙주이다.

◎ 광절열두조충(긴촌충)**fish tapeworm, *Diphyllobothrium latum*** : 광절열두조충은 긴촌충이라고도 하며, 성충이 소장에 기생하다가 대변과 함께 충란이 배출된다. 배출된 충

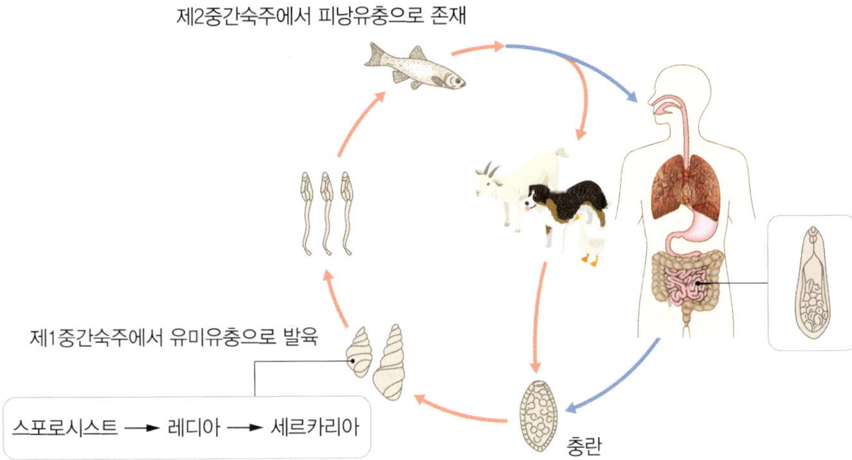


그림 5-11 **요코가와흡충의 감염경로**
출처 : CDC

란은 수중에서 코라시듐coracidium으로 부화된 후에 제1중간숙주인 물벼룩에 침입한다. 제1중간숙주에서 발육과정을 거쳐 프로세르코이드유충으로 된 후에 제2중간숙주인 어류(특히 연어, 송어, 농어)에 섭취되어 플레로세르코이드유충으로 발육하여 존재한다. 사람은 감염된 어류의 내장이나 덜 익힌 상태로 섭취하였을 때

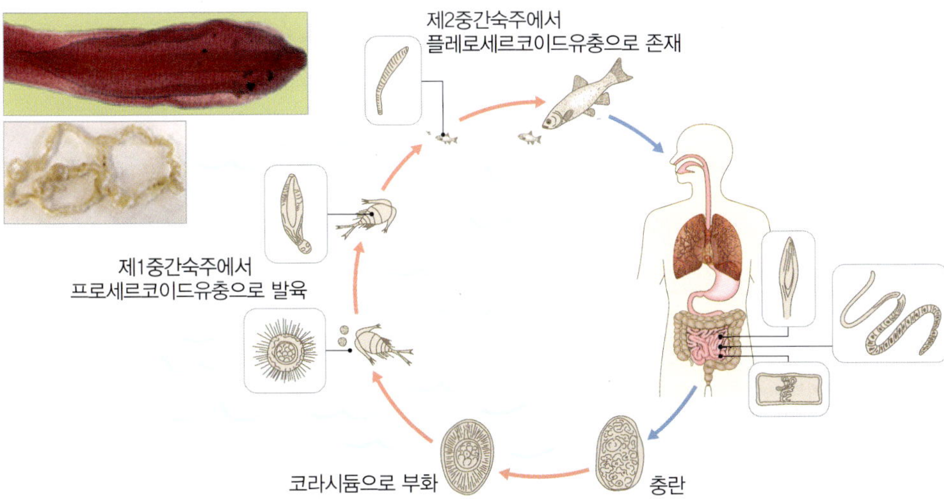


그림 5-12 **광절열두조충의 감염경로**
출처 : CDC

감염된다 그림 5-12. 성충은 길이가 10 m까지 성장하며, 곤봉 모양의 두절을 가지고, 3,000개 이상의 폭이 넓고 길이가 짧은 편절로 이루어져 광절열두조충이라고 한다. 증상은 일반적인 소화불량, 설사, 복통 등이 나타나고, 심한 경우에는 비타민 $B_{12}$ 결핍과 동반한 빈혈이 나타날 수 있다.

### 3) 위생생물에 의한 감염병

식품과 관련된 위해생물은 쥐와 파리, 바퀴, 진드기 등과 같은 위생곤충류를 들 수 있다. 이들에 의한 위해는 병원성미생물 매개, 식품을 먹어 치우거나 변질시키는 등의 식해 유발, 충체, 분변, 털 등의 식품 혼입에 따른 불결감 등을 들 수 있다.

#### (1) 쥐류

**① 쥐의 종류**

가주성 쥐와 같은 설치류는 가옥 등에 구조적인 손실을 끼칠 뿐 아니라 건강에도 위해를 끼친다. 이렇게 식품위생상 주요 문제를 일으키는 3종의 가주성 쥐는 생쥐 *Musmusculus*, house mouse, 시궁쥐 *Rattus norvegicus*와 곰쥐 *Rattus rattus*의 3종류이다. 생쥐는 가

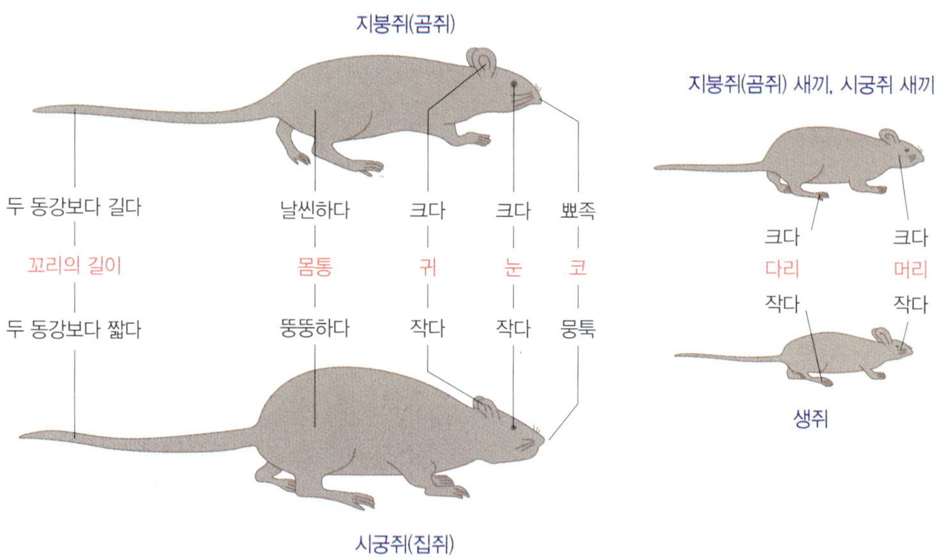


그림 5-13 가주성 쥐류의 외관상 특성

출처 : Public health pesticide applicator manual

장 흔하게 볼 수 있는 가주성 설치류이며, 큰 귀와 뾰족한 코 주변, 마른 체형을 가진 점에서 곰쥐와 비슷하다 그림 5-13.

그러나 성장한 생쥐는 몸체에 비해 머리 부분과 발이 어린 곰쥐와 비교하면 완전히 구별되게 작다. 그러므로 생쥐는 다른 쥐들이 통과할 수 없는 틈을 쉽게 출입할 수 있고 일반 가옥이나 고층건물 상층까지도 분포한다. 시궁쥐는 일명 노르웨이 쥐Norway rat라고도 하며 가주성 쥐류 중에서 가장 크고, 몸체와 머리부분을 합친 길이보다 꼬리가 조금 짧으며 귀가 두껍고 작아서 접어도 눈이 덮이지 않는다. 마루 밑, 담장 밑, 시궁창의 옆벽 등에 구멍을 파고 서식하며, 높은 곳은 잘 오르내리지 못하므로 천장이나 2층 이상에서 활동하는 일은 드물다. 반면에 곰쥐는 일명 지붕쥐roof rat라고도 하며 시궁쥐보다 몸집이 조금 작다. 몸체와 머리 부분을 합친 길이보다 긴 꼬리를 가지고 있고, 귀도 커서 접으면 눈이 덮인다. 동작이 빠르고 기둥이나 파이프를 수직으로 오르내릴 수 있기 때문에 집 천장이나 다락 속에 집을 만들고 주로 집안에서 활동한다.

#### ② 쥐의 생활사

쥐는 포유류에 속하며 대체로 생후 10일 정도에 귀가 열려 들을 수 있고, 2주 후에 눈을 뜨고 사물을 볼 수 있다. 3주 지나면 고형 먹이를 먹기 시작하고, 약 5주 후면 어미로부터 독립하여 생활한다. 평균 수명은 생쥐의 경우 1년 정도이고, 곰쥐나 시궁쥐는 약 2년 정도이다.

#### ③ 쥐의 습성

일반적으로 쥐류는 야간 활동성으로 어느 장소든 파고들고 갉는 습성을 가지고 있다. 식성은 잡식성이며, 서식처는 먹이와 물이 있고 조용한 곳이면 어디서나 서식한다. 실내에서는 이중벽 사이, 마루나 천장 등의 공간 등 사람의 손이 미치지 않는 장소에 은신처를 만들고, 실외에서는 쓰레기처리장과 하수구 등 주변에 구멍을 파고 둥지를 만들어 은신한다. 쥐의 활동범위는 어느 정도 제한되어 있어 생쥐의 경우 10 m 이내이고, 곰쥐와 시궁쥐는 50 m 이내이다.

#### ④ 쥐에 의한 피해

쥐가 끼치는 피해는 먼저 식품이나 농작물을 먹어 치우고 기물을 갉아서 훼손시키는 것을 들 수 있다. 식품위생상의 가장 큰 위해는 식품을 오염시키고 경구전염병이나 식중독을 매개하는 것이다. 이들 질병은 렙토스피라증, 서교증, 페스트, 발진열, 신증후성 출혈열, 살모넬라*Salmonella* 식중독 등이다. 또한 선모충, 조충, 흡충 등의 기생충을 사람에게 전파하기도 한다.

◎ 흑사병pest : 병원소는 *Yersinia pestis* 균을 보유하고 있는 야생설치류로서 보통은 야생동물에만 국한되나 마을 주변에 서식하는 아가주성 쥐를 거쳐 가주성 쥐들에게 옮겨지고, 다시 열대쥐벼룩에 의해 도시형 흑사병으로 사람에게 전파된다.

◎ 렙토스피라증leptospirosis : 나선균인 *Leptospira interrogans*에 의해 전파되는 질병으로 가주성 쥐를 포함한 들쥐, 다람쥐 등 야생설치류 및 야생동물 등이 병원소가 된다. 주 감염경로는 이들 감염된 설치류의 분비물로 인해 오염된 습지, 논물, 볏집 등이 사람의 피부 상처 부위에 접촉되었을 때 병원체가 침입하게 된다.

◎ 출혈열haemorrhagic fever : 많은 다른 종류의 바이러스에 의해 감염되며, 특히 한국형 출혈열은 등줄쥐가 관여한다. 등줄쥐에 기생하는 진드기류에 의해 질병이 매개된다.

#### ⑤ 쥐의 방제

쥐의 방제목적은 쥐의 개체 수와 피해를 최소한으로 감소시키는데 있으며, 이를 위하여 여러 가지 수단을 적용할 수 있다. 그 방법으로는 쥐의 서식처를 제거하는 환경개선방법과 먹이를 제거하는 위생처리방법, 천적 이용, 그리고 살서제 적용 등을 들 수 있다. 쥐의 통로가 될 수 있는 가옥과 부엌 등을 쥐가 침입할 수 없는 구조로 하고, 음식물은 쥐가 들어갈 수 없는 용기와 장소에 보관한다. 또한 쥐덫, 쥐틀, 끈끈이 등을 사용하여 쥐를 잡도록 하고, 와파린warfarin, 비소제, fratol(불소제) 등의 살서제를 사용한다.

### (2) 위생곤충류

식품위생과 관련된 곤충류 들은 대표적으로 모기, 파리, 바퀴, 벼룩, 빈대, 이, 진드기, 독나방 등을 들 수 있다. 곤충의 몸은 두부, 흉부, 복부의 세 부분으로 구성되어 있으며, 3쌍의 다리와 1쌍의 촉각을 가지며, 성충의 날개는 있는 것(한 쌍 또는 두 쌍)과 없는 것이 있다. 곤충에 의한 피해는 인체가 곤충에게 직접 물렸을 때 피부조직이 파괴되는 기계적인 외상, 이로 인한 병원체 침입으로 2차적 감염, 독성 물질의 주입과 같은 직접적인 피해가 있다. 또한 위생곤충이 병원체의 중간매개체가 되는 간접적인 피해도 발생한다. 즉 병원체가 곤충의 체내에서 증식하거나 발육한 후에 감염된 곤충으로 인해 인체로 전파되는 간접 경로이다. 곤충의 생활사는 알, 유충, 번데기, 성충의 발육과정을 가지는 완전 변태와 번데기 과정이 없는 불완전 변태의 두 가지 형태를 따른다.

**① 바퀴**

바퀴는 알, 애벌레(자충), 성충의 불완전 변태의 생활사를 따르며, 애벌레는 성충의 형태와 비슷하여 서식장소와 먹이 등의 습성이 같고 몇 차례 탈피하여 성충이 된다. 바퀴는 낮에는 구석진 곳에 숨어 있다가 밤이 되면 먹이를 찾아 활동하는 야행성이며, 다리에 흡판이 있어서 벽이나 천정 또는 미끄러운 곳에서도 활동할 수 있다. 군집생활을 하며 잡식성으로 음식물은 물론 동물의 분, 객담, 쓰레기통의 오물 등을 섭취하므로 이때 바퀴의 몸에 병원체가 붙어서 기계적으로 질병을 매개한다. 콜레라균, 장티푸스균, 이질균, 결핵균, 소아마비 바이러스, *Salmonella*균 등을 전파한다. 바퀴는 전 세계적으로 약 4,000여 종이 분포하고 있으며, 그중 우리나라 가정에서 주로 발견되는 주거 환경에 침입하여 위생곤충으로 취급되는 바퀴는 독일바퀴*Blatella germanica*, 이질바퀴*Periplaneta americana*, 먹바퀴*Periplaneta fuliginosa*, 집바퀴*Peliplaneta japonica* 등 4종이 있다.

표 5-2 **바퀴의 종별 특성**

| 종류 | 형태 | 특성 |
|---|---|---|
| 독일바퀴 | • 옅은 갈색<br>• 가주성 바퀴 중 가장 소형, 10~15 mm<br>• 전흉배판에 흑색 무늬가 2중으로 있음 | • 전국적으로 분포<br>• 성충 수명은 100일 정도<br>• 적온적습 시 연중 번식 |
| 이질바퀴(미국바퀴) | • 광택 있는 적갈색<br>• 가주성 바퀴 중 가장 대형, 35~40 mm<br>• 전흉배판은 황색 띠무늬가 있고 중간은 흑색임 | • 남부지방에 분포<br>• 성충 수명은 1년 정도<br>• 지하실에서 많이 번식 |
| 먹바퀴(검정바퀴) | • 광택 있는 암갈색<br>• 대형 바퀴로 날개가 몸체보다 큼, 30~35 mm<br>• 전흉배판은 반점 없는 반원형 | • 제주도, 남부지방에 분포<br>• 성충 수명은 1년 정도<br>• 활동적이고 날아다님 |
| 집바퀴(일본바퀴) | • 흑갈색<br>• 중형바퀴로 날개가 작음, 20~27 mm<br>• 전흉배판에 요철면이 있음 | • 중부, 북부지방에 분포<br>• 성충 수명은 4개월 정도<br>• 주방, 하수구에서 서식 |

② 파리

파리는 알, 유충, 번데기, 성충의 완전 변태 생활사를 따르며, 발육하기 좋은 곳에서 한 번에 50~150개, 일생 동안 5~6번 산란한다. 가장 흔한 가주성 파리는 집파리로, 농촌에 많고 쓰레기, 퇴비, 축사 등에서 많이 발생한다. 파리는 불결한 것과 접촉하고 음식물이나 식기 등에 날아들어 불쾌감이나 불결감을 주는 것이 가장 흔한 피해이고, 병원균을 전파하거나 기생충의 충란을 운반한다. 파리의 유충이 식품에 섞여 소화관에 침입하면 파리유충증이 일어난다. 파리의 구제는 위생관리를 철저히 하여 파리 발생원을 제거하고, 살충제를 분무하거나 파리병, 파리 포지 등을 이용한다.

③ 모기

모기는 전 세계적으로 3,000종이 존재하나 가장 흔한 종류는 학질모기아과에 속하는 얼룩날개모기속*Anopheles*과 보통모기아과에 속하는 숲모기속*Aedes*과 집모기속*Curex*의 3가지 정도로 나눌 수 있다. 공통적으로 모기는 알, 유충, 번데기, 성충의 완전 변태의 생활사를 따르며, 성충으로 되기 전까지 수서생활을 하며, 모기의 유충을 장구벌레라 한다. 그러나 다른 종류의 모기는 각각의 발육과정에서 다른 형태로 존재한다 그림 5-14.

암모기는 산란을 위해 흡혈을 하는데, 집모기*Curex*와 학질모기*Anopheles*는 야간에 흡혈활동을 하고, 숲모기*Aedes*는 주간에 흡혈활동을 한다. 모기가 매개하는 질병에는 말라리아, 뇌염, 사상충증, 황열, 댕기열 등이 있다. 말라리아는 중국얼룩날개모기*Anopheles sinensis*, 일본뇌염은 작은빨간집모기*Curex tritaeniorhynchus*, 사상충증은 토고숲모기*Aedes togoi*, 황열병과 댕기열은 에집트숲모기*Aedes aegypti*가 각각 매개한다.

④ 진드기

진드기류는 불완전변태의 생활사를 가지며 참진드기과와 물렁진드기과 2개로 분류한다. 참진드기과에 속하는 진드기는 'hard tick'이라고 부르며 세계적으로 널리 분포한다. 암컷이 수컷보다 크기가 크며, 흡혈 후에는 흡혈 전보다 크기가 훨씬 더 커지나, 수컷은 크기에 변함이 없다. 참진드기는 사람을 공격하여 자교에 의해 2차 감염을 일으킨다. 참진드기가 매개하는 질병은 라임병, Q열, 진드기매개티푸스(일명 록키산홍반열) 등이다. 물렁진드기는 'soft tick'이라고 하며, 일명 공주진드기라고도 한다. 매개질병은 진드기매개 재귀열이다. 참진드기, 물렁진드기를 제외한 모든 진드기류를 좀진드

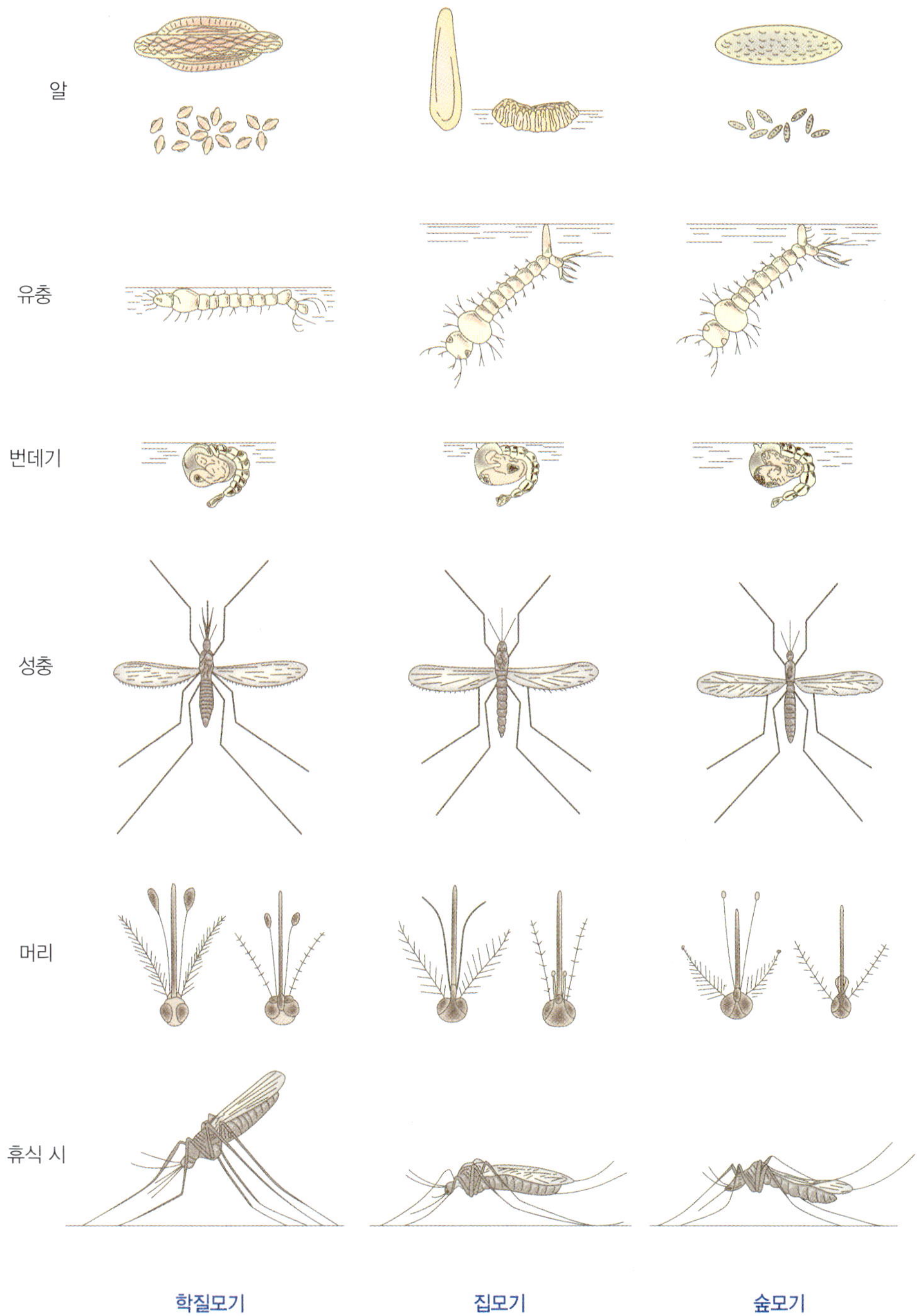


그림 5-14 주요 모기의 형태적 특징 비교
출처 : WHO

그림 5-15 **참진드기와 물렁진드기의 비교**

출처 : Dantas-Torres, 2007

기(응애mites)라고 하며, 대부분이 극히 미세하여 육안으로 쉽게 발견하기는 어렵다. 좀진드기의 종류에는 옴진드기, 집먼지진드기, 털진드기, 모낭진드기, 생쥐진드기 등이 있으며, 이 중 털진드기는 유충시기에 포유동물을 흡혈하여 쯔쯔가무시병, 유행성출혈열 등을 매개한다. 진드기류는 60℃ 이상의 가열이나 냉동으로 죽고, 0℃ 정도의 저온으로 유지하면 증식이 억제된다. 그러므로 식품에 따라 가열, 냉동, 저온보존 등 적절한 방법을 이용하여 보존하고, malathion, diazinon, sumithion, DDVP 등의 살충제를 이용하여 방제를 실시한다.

CHAPTER 6

# 위생안전관리

1. 개인위생관리
2. 식품위생관리
3. 기계·기구 위생관리
4. 시설 위생관리

# 1. 개인위생관리

개인위생관리라 함은 식품취급자의 신체를 포함하여 복장, 식품을 취급하는 습관 등이 안전한 식품을 생산하는데 적합하도록 관리하는 것이다. 따라서 식품취급자의 건강관리가 우선이 되어야 하며, 정기적인 위생교육이 수반되어야 한다.

## 1) 건강관리

식품을 취급하는 사람은 질병이 없는 건강인으로, 「식품위생법」에서 건강진단은 매년 1회 만료일자 전에 정기검진을 받도록 의무화하고 있다. 따라서 다음과 같은 질병이 있는 사람은 조리에 참여할 수 없다.

◎ 소화기계 감염병 환자 및 보균자

◎ 결핵환자(비전염성인 경우 제외)

◎ 피부병 및 화농성 질환자

◎ 후천성면역결핍증AIDS

◎ B형간염 환자(전염 우려 없는 비활동성 간염의 경우 제외)

## 2) 개인위생 일일 점검

### (1) 일일 건강상태

작업 전 자신의 건강상태를 인지하고, 이상이 있는 경우 위생관리 책임자에게 보고하여야 한다 그림 6-1.

### (2) 복장 관리

식품 취급자의 복장은 그림 6-2와 같이 관리해야 한다.

### (3) 손 위생관리

사람의 피부에는 포도상구균과 같은 상주미생물이 존재하고, 그 밖에 비상주미생물들도 피부가 접촉하는 모든 환경에서 획득되어 많은 미생물이 분포한다. 그러므로 음식물을 조리하거나 보관, 저장하여야 할 때는 반드시 손을 씻은 후 작업에 임하여야 한다. 각종 미생물을 제거하기 위해서는 올바른 손 세척이 가장 중요하며, 손 씻기에

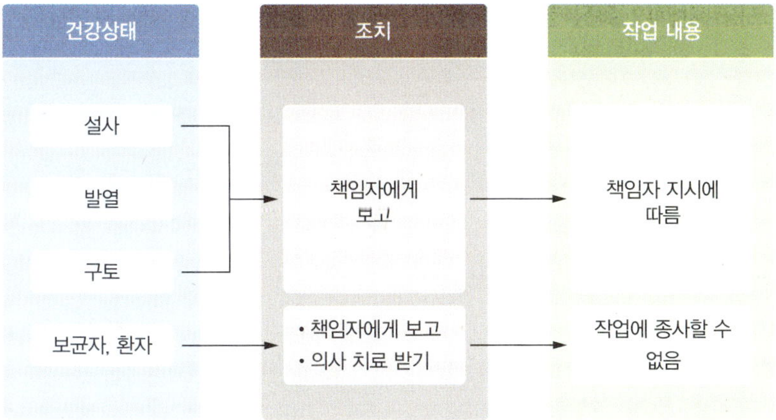


그림 6-1 개인위생 1일 건강상태에 따른 관리 기준
출처 : 식품의약품안전처

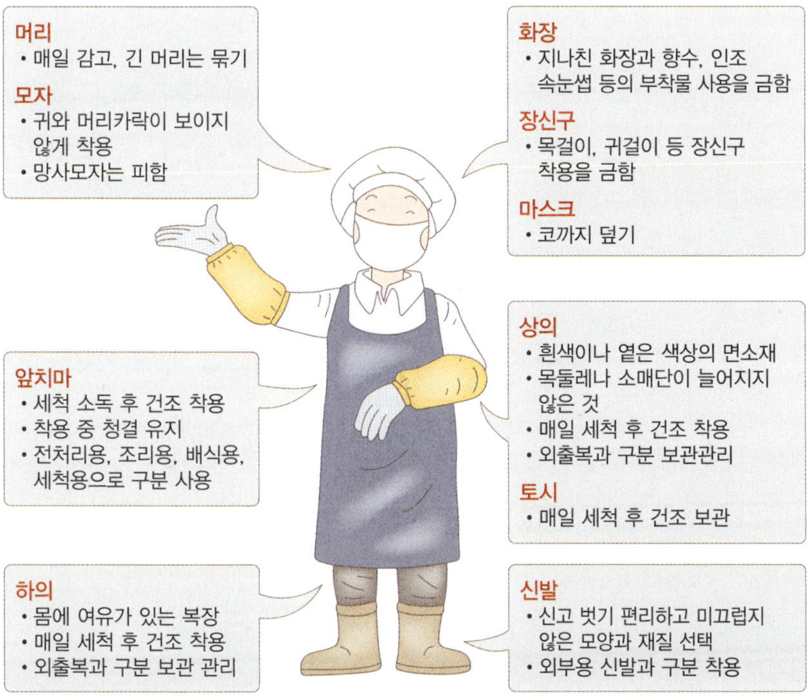


그림 6-2 식품 취급자의 복장관리
출처 : 식품의약품안전처

그림 6-3 **올바른 손 씻기**
출처 : 식품의약품안전처

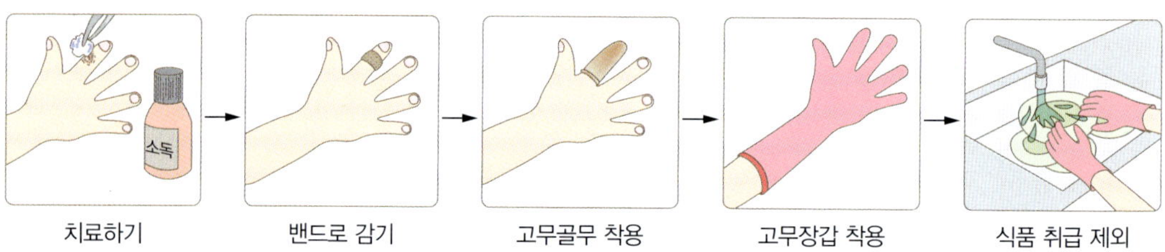


그림 6-4 **손의 상처 부위 조치 관리**
출처 : 식품의약품안전처

따른 세균의 제거효과는 흐르는 물로만 씻어도 상당한 제거효과가 있으며, 비누나 상업용 소독비누를 사용하는 경우 효과가 더욱 좋다. 손을 반드시 씻어야 하는 경우는 다음과 같다.

◎ 화장실 이용 후
◎ 신체의 일부를 만지고 난 후
◎ 애완동물을 만지고 난 후
◎ 쓰레기 취급 후

◎ 외출에서 돌아왔을 때

◎ 조리실에 들어가기 전

◎ 원재료를 다듬거나 세척작업 후(특히 생선, 날고기 등 취급 시)

◎ 전화받은 후

### 3) 위생교육

식품위생교육의 대상자는 식품제조·가공업자, 즉석판매제조·가공업자, 식품첨가물제조업자, 식품운반업자, 식품소분·판매업자, 식품보존업자, 용기·포장류제조업자, 식품접객업자가 해당된다. 또한 식품의약품안전처장은 식품위생 수준 및 자질의 향상을 위하여 조리사와 영양사에게 교육을 받을 것을 명할 수 있다. 다만, 단체급식소에서 종사하는 조리사와 영양사는 2년마다 교육을 받아야 한다.

## 2. 식품위생관리

식품위생관리는 식재료를 포함하여 식품의 모든 생산단계별 위생관리절차를 확립하여 안전한 식품을 생산하는 것이 목표이다.

### 1) 구매 및 검수

식재료의 안전성과 품질은 완성된 제품의 위생과 안전성에 직결되므로 구매 시 엄격하게 검수하여야 한다. 책임자는 창고 및 냉장·냉동고에 물품이 얼마만큼 남아 있는지 꼼꼼하게 재고조사를 실시·기록하고, 식재료는 많은 양을 주문하지 말고 다음날 필요한 적정한 물품량을 예측하여 주문하여야 한다. 검수절차 및 유의사항은 다음과 같다.

◎ 청결한 복장, 위생장갑 착용 후 검수 시작

◎ 식재료 운송차량의 청결상태 및 온도유지 여부 확인

◎ 표시사항, 유통기한, 원산지, 중량, 포장상태, 이물혼입 등 확인

◎ 검수대의 조도는 540 lux 이상 유지

◎ 제품온도 확인

표 6-1 검수온도 기준

| 식품 종류 | 검수온도 |
|---|---|
| 냉장식품 | 5℃ 이하 |
| 냉동식품 | 동결상태 유지(-18℃ 이하), 녹은 흔적이 없을 것 |
| 생선 및 육류 | 5℃ 이하 |
| 전처리 채소 | 5℃ 이하(일반 채소는 상온, 신선도 확인) |

* '식품공전'상 냉장온도는 10℃ 이하이나 안전관리를 위해 5℃ 이하를 권장함
출처 : 식품의약품안전처

◎ 검수 끝난 식재료는 곧바로 외부 포장(박스) 제거 후 전처리를 하거나 냉장·냉동 보관

◎ 부적합으로 판단된 식재료는 반품용 표시를 하여 구별하여 보관하고 검수일지에 기록

## 2) 보관 및 저장

검수를 거친 식재료는 적정하게 보관, 관리하지 않으면 식재료에 오염이 일어날 수 있다. 품질을 최적으로 유지하며 위생적으로 보관하기 위해서는 신속하고 올바른 식재료 보관이 필수적이다.

### (1) 창고(상온) 보관방법

◎ 식품과 비식품(소모품)은 구분하여 보관

◎ 세척제, 소독제 등은 별도 보관

◎ 온도 15~25℃, 습도 50~60% 유지

◎ 식품 보관 선반은 벽과 바닥으로부터 15 cm 이상 거리 두기

◎ 직사광선 피하기

◎ 대용량 제품을 나누어 보관하는 경우에는 제품명과 유통기한 반드시 표시

◎ 유통기한이 보이도록 진열

◎ 입고 순서대로 사용(선입선출)

◎ 외포장 제거 후 보관

식재료는 검수 후 외포장지(골판지)를 완전히 제거하여 보관

식품보관실은 항상 정돈상태를 유지

그림 6-5 **식재료 보관**

출처 : 식품의약품안전처

◎ 식품은 항상 정리정돈 상태 유지

### (2) 냉장·냉동고 보관방법

◎ 적정량(냉장·냉동고 용량의 70% 이하)을 보관하여 냉기순환을 원활하게 하여 적정 온도 유지

◎ 냉장온도 0~5℃, 냉동온도 -18℃ 이하 유지 및 내부 온도 주기적 확인

◎ 반드시 그 제품의 표시사항(보관방법 등)을 확인한 후 그에 맞게 보관

◎ 교차오염 방지를 위해 날 음식은 하단, 가열조리식품은 상단 보관

◎ 박스 제거 후 보관

◎ 조리한 음식은 충분히 식힌 후 냉장·냉동 보관 및 덮개 사용

◎ 냉장·냉동고 문의 개폐는 신속하고, 최소한으로 함

◎ 선입선출 원칙 준수

## 3) 전처리

전처리과정은 조리작업 전 식재료를 필요한 상태나 규격으로 만들기 위해 적절한 처리를 하는 단계이다. 다듬기, 세척, 절단 과정 등이 포함되고, 식재료에 따라 해동이나 생채소 소독이 포함된다. 유의사항은 다음과 같다.

### (1) 교차오염 방지

◎ 외포장 제거와 다듬기 작업은 일반작업구역에서 실시

◎ 식품이 바닥에 닿지 않도록 함

◎ 고무장갑, 앞치마 등은 전처리용으로 구분 사용

◎ 다듬기 작업 시 칼·도마는 육류용, 어패류용, 채소류용 등으로 구분 사용

### (2) 해동

◎ 냉장 해동 : 5℃ 이하의 해동 전용 냉장설비나 냉장고에서 해동하고, 다른 식재료와의 교차오염을 방지하기 위하여 해동해야 할 식품을 냉장고의 맨 아래 선반에 두어 다른 음식에 물이 흐르거나 튀는 것을 방지한다.

◎ 흐르는 물 해동 : 21℃ 이하의 흐르는 물에서 포장상태로 해동하고, 2시간 이내에 해동하도록 한다. 해동 전용 싱크대에서 식수를 사용하여야 하며, 다른 식품이나 조리기구에 물이 튀지 않도록 한다. 해동 전용 싱크대는 사용하기 전후에 세척 및 소독을 하여야 한다.

◎ 전자레인지 해동 : 소량의 냉동식품을 해동 후 즉시 조리에 사용할 경우나 전자레인지 이용하여 조리가 완료되는 경우에만 사용한다.

## 4) 세척

◎ 미생물 제거 시는 흐르는 물을 사용하고, 농약 제거 시는 담금물을 사용하여 세척하는 것이 효과적이다.

◎ 싱크대는 식재료 종류별로 구분하여 교차오염을 방지하여야 하나 한 개의 싱크

그림 6-6 **한 개의 세척대 사용 시 식재료 세척 순서**
출처 : 식품의약품안전처

대를 사용하는 경우에는 채소류, 육류, 어류, 가금류의 순서로 세척한다.

◎ 식재료 세척 후에는 싱크대를 세척한다. 싱크대 세척에 사용하는 용수는 먹는 물을 사용하며 약알칼리성 세제를 이용하여 3회 이상 씻고 70% 알코올을 분무하여 소독하거나 이와 동등한 방법으로 살균한다.

◎ 가열 조리하지 않고 먹는 생채소나 과일은 차아염소산나트륨 용액 100 ppm 정도에서 5분간 침지하여 소독을 한 후 음용에 적합한 흐르는 물로 3~4회 충분히 씻어야 한다.

## 5) 조리

◎ 무침, 겉절이, 생채, 과일, 샐러드 같이 가열공정이 전혀 없는 음식은 전처리과정에서 소독과정을 거치므로 더 이상 오염이 발생하지 않도록 청결구역 내에서 조리한다.

◎ 가열처리를 하는 음식의 경우도 더 이상 오염이 발생하지 않도록 청결구역 내에서 조리한다.

◎ 칼, 도마, 용기 등은 육류용, 생선용, 채소용, 조리된 음식용, 생식용 등으로 구분하여 사용한다.

◎ 가열조리 공정의 경우, 안전을 위해 최소조리온도와 시간을 준수하고 내부 중심온도를 확인하여야 한다. 미국레스토랑협회National Restaurant Association, NRA(2001)에서 정한 최소 조리온도 및 시간은 다음과 같다.

- 음식의 재가열 : 74℃에서 15초간
- 가금류 조리 : 74℃에서 15초간
- 돼지고기, 쇠고기 분쇄육 조리 : 69℃에서 15초간
- 쇠고기, 생선, 달걀 조리 : 63℃에서 15초간

◎ 온도계는 온도 측정 전후에 반드시 소독하고, 조리 후 맛을 볼 때에는 별도의 용기와 숟가락을 사용한다.

## 6) 배식

◎ 조리완료 음식은 찬 음식은 5℃ 이하, 뜨거운 음식은 57℃ 이상에서 보관하고, 배

식할 때도 그 내부온도를 유지하도록 한다.

◎ 배식할 때는 손을 철저히 씻고 소독하며 위생장갑을 착용한다.

◎ 배식대 및 배식 전용도구는 세척, 소독하여 건조된 것을 사용하며, 음식별로 구분하여 사용한다.

◎ 교차오염 가능성이 있으므로 배식용기에 남은 음식을 새로운 배식용기에 옮겨 담아 배식하지 않는다.

◎ 우유나 유제품은 냉장온도의 미개봉 상태로 제공하고, 설탕, 소금, 후추 등은 개별 포장된 상태로 제공한다.

◎ 음식을 다른 장소로 운반할 때에도 보온·보냉 상태를 유지하여야 하며 위생덮개를 사용한다.

## 3. 기계·기구 위생관리

식품과 접촉하는 모든 표면(조리기구, 식기, 용기 등)은 위생적으로 관리되지 않으면 식품을 오염시키므로 세척 및 살균 소독 과정을 거쳐야 한다. 조리기구를 세척제로 깨끗이 세척하지 않고 살균 소독제를 사용하게 되면 식품 접촉 표면에 남아 있는 유기물질이나 지방 등의 이물질 때문에 살균 소독 효과가 감소하므로 반드시 세척하고 물로 완전히 헹군 후 살균 소독제를 이용하여 소독하여야 한다.

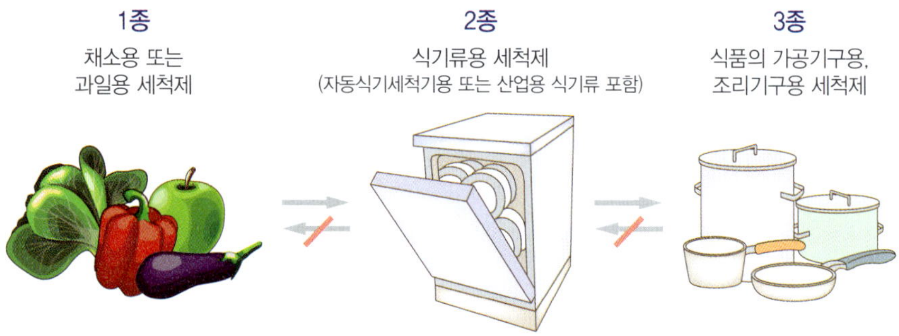


※ 1종은 2종 및 3종(또는 2종→3종)으로 사용 가능하나, 3종은 2종(또는 2종→1종)으로는 사용 불가

그림 6-7 **세척제의 종류**

출처 : 식품의약품안전처

## 1) 세척

식품용 기구 또는 용기의 표면에서 세척제를 사용하여 음식성분과 기타 유기성분을 제거하는 일련의 작업과정을 세척이라 한다. 세척제는 식품과 구분하여 안전한 장소에 보관하여야 한다. 세척제는 채소 또는 과일용 세척제인 1종 세척제, 식기류용 세척제(자동식기세척기 또는 산업용 식기류 포함)인 2종 세척제 및 식품 가공·조리기구용 세척제인 3종 세척제로 구분된다. 1종은 2종 및 3종 세척제로, 2종은 3종 세척제로 사용 가능하나, 3종으로는 2종 및 1종, 2종으로는 1종의 목적에 사용할 수 없으므로 세척하고자 하는 대상에 따라 바르게 선택하여야 한다. 또한, 세척제는 용도 외로 사용하거나 규정 사용량 이상을 사용하여서는 안 되며, 사용한 후에는 조리기구 등에 세척제가 남지 않도록 음용에 적합한 물로 반드시 씻어야 한다.

## 2) 살균 소독

살균 소독disinfection은 세척 후 식기나 조리기구 등에 남아 식중독을 일으키는 유해 미생물을 위생상 안전한 수준으로 감소시키는 일련의 작업과정이다. 기구 등의 살균 소독제는 미리 만들어 놓으면 살균 소독력이 감소할 수 있으므로 1회 사용량을 물로 희석하여 사용하여야 하며 사용전 test paper 등을 사용하여 농도를 확인하고 살균 소독 후 남은 액은 폐기하여야 한다. 기구 등의 살균 소독제는 반드시 식품과 구분하여 화기와 직사광선을 피하여 환기가 잘 되는 곳에 보관하여야 한다.

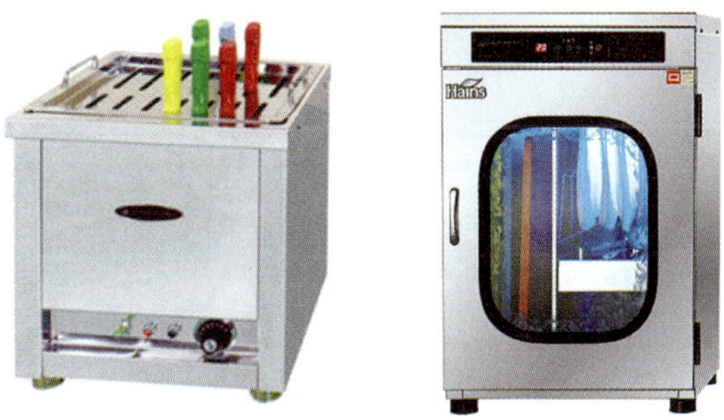

염소 소독　　자외선 소독

그림 6-8 조리도구의 염소 소독과 자외선 소독

### (1) 살균 소독의 종류

살균 소독의 종류를 표 6-2에 제시하였다.

표 6-2 **살균 소독의 종류**

| 종류 | 대상 | 소독방법 | 비고 |
|---|---|---|---|
| 열탕소독 | 식기, 행주 등 | 끓는 물에서 5분 이상 가열 | 포개어 소독하는 경우 끓이는 시간 연장 |
| 건열소독 | 식기 | ~180℃에서 30~45분 가열 | 식기소독고 활용 시 식기표면 71℃ |
| 화학소독 | 작업대, 기계, 기구류 | 용도에 맞는 기구 등의 살균 소독제를 구입하여 용법, 용량에 맞게 사용 | 사용 직전 조제농도 확인, 유통기한 확인 |
| 자외선소독 | 기계, 기구류 | 살균력이 가장 강한 260 nm에서 30~60분 조사, 기구 등을 포개지 말고 자외선이 바로 닿도록 배치 | 조사면만 살균 가능 |

### (2) 살균 소독제의 종류

식품에 사용할 수 있는 식품첨가물(살균제)과 조리기구 등에 사용하는 기구 등의 살균 소독제로 구분한다 표 6-3.

표 6-3 **살균 소독제의 종류**

| 종류 | 성분 및 함량 | 용도 | 희석방법 | 사용방법 |
|---|---|---|---|---|
| 식품용 | 차아염소산나트륨 (유효염소 4%) | 식품원료(생채소 중 가열 조리 공정이 없는 경우) 살균 소독제 | • 원액을 물과 400배(100 ppm) 희석하여 사용<br>• 원액 2.5 mL에 물을 채워 1 L로 함 | 식품원료를 5분간 침지한 후 3회 이상 흐르는 물에 세척 |
| 기계·기구용 | 차아염소산나트륨 (유효염소 4%) | 칼, 도마 등 식품기기, 작업대, 식품 취급도구 등의 살균 소독제 | • 원액을 물과 200배(200 ppm) 희석하여 사용<br>• 원액 5mL에 물을 채워 1 L로 함 | 5분 이상 처리 후 별도의 헹굼 처리가 필요 없으며, 최대한 기울여 여액을 완전히 흘려보낸 후 자연건조 또는 반드시 음용수로 헹굼 처리하여 제거 |
| | 요오드(1.75%) | | • 원액 1.5 mL에 물을 채워 1 L로 함 | 각 성분별 정해진 사용량을 초과하여 사용하지 말 것 |
| | 에탄올 | | • 주정원액 사용 시 700 mL에 물을 채워 1 L로 희석<br>• 알코올제제는 원액 그대로 사용 | 분무기에 넣고 사용 후 제거 |

### ① 식품첨가물(살균제)

◎ 식품용 : 식품첨가물로 표시되어 있는 제품으로 과일류, 채소류 등 식품의 살균 목적으로 사용하여야 하며, 최종 식품 완성 전에 제거되어야 한다. 염소계 살균제의 경우 100 ppm 이하의 농도로 사용한다.

### ② 기구 등의 살균 소독제

◎ 기구용 : 기구 등의 살균 소독제로 표시되어 있는 제품으로 조리기구 등의 살균 목적으로 사용하여야 하며, 각 제품마다 사용농도가 규정되어 있으므로 사용기준에 따라 사용하여야 한다.

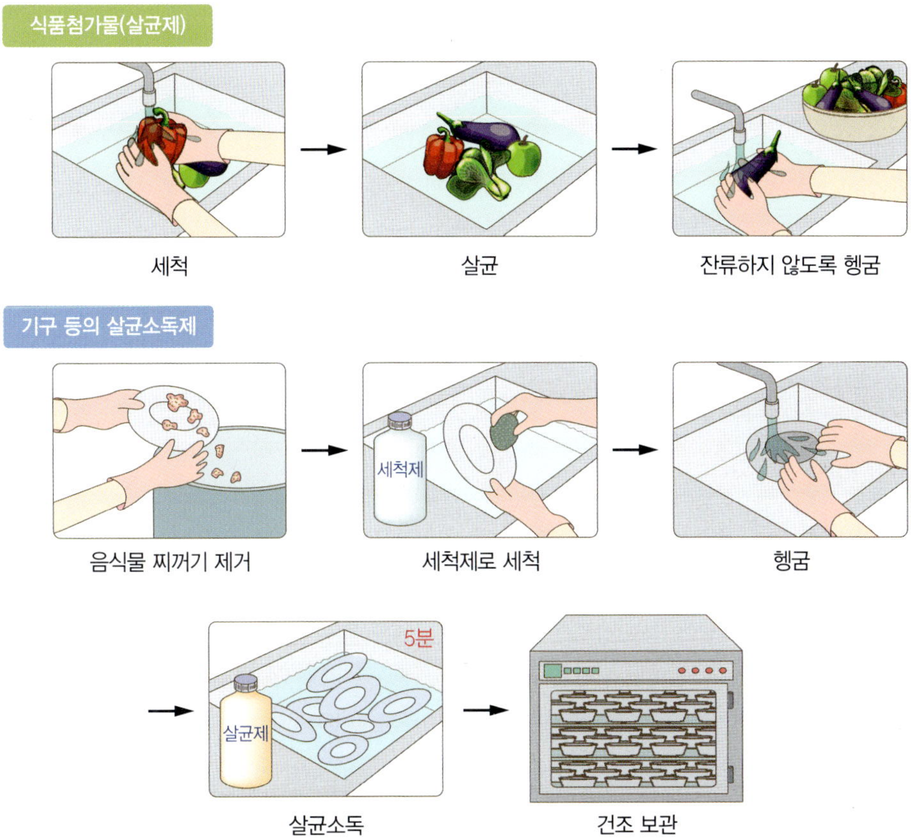


그림 6-9 **식품류, 기구류의 살균 소독**

출처 : 식품의약품안전처

## 4. 시설 위생관리

급식의 안전성 확보를 위해서는 대량의 식재료를 위생적이고 안전하게 조리·제공할 수 있는 급식 시설과 설비가 갖추어져야 한다.

### 1) 급식소의 위치 및 구조

#### (1) 위치

급식소는 도로나 쓰레기장 등 주변의 오염원과 차단될 수 있는 곳에 위치하며, 주변은 먼지가 나지 않도록 포장되어야 한다. 급식소로의 이동이 용이하고 통로 포장, 비가림 등 주변 환경이 위생적이며 쾌적하여야 한다. 급식소는 지상에 설치하는 것을 원칙으로 하되 부득이 지하 및 반지하에 위치할 경우 공조·환기시설, 배수, 조명 등이 원활한 구조로 설치되어 유지관리가 용이하여야 한다.

#### (2) 구조

급식소는 철근콘크리트 등의 충분한 내구성을 가진 구조이어야 하며, 모든 건축자재는 식품의 안전 및 위생에 나쁜 영향을 미치지 아니하는 내구성과 내수성이 있는 재료를 사용하여야 한다.

### 2) 급식소 시설·설비

#### (1) 조리장

위생적인 급식작업을 위해서는 조리장이 작업의 흐름에 따라 공간이 구획되고, 필요한 설비·기구들이 효율적으로 배치되어야 한다. 이를 위해 소요되는 충분한 면적이 확보되고, 온도 조절이 용이하도록 냉·난방 시설도 갖추는 것이 바람직하다. 또한 바닥과 배수로의 물 빠짐이 용이하도록 하는 등 세심한 주의가 필요하다.

**① 조리장의 구획 · 구분**

조리장의 구조는 식재료 전처리실, 조리실, 식기구세척실 등으로 구획하여 일반작업구역과 청결작업구역으로 분리함으로써 완성된 음식이 전처리되지 않은 식재료로부터 오염되지 않도록 하는 것이 핵심이다.

**표 6-4 작업구역별 작업내용 구분**

| 작업구역 | 작업내용 |
|---|---|
| 일반작업구역 | 검수구역<br>전처리(가열 전·소독 전 식품절단) 구역<br>식재료저장구역<br>세정구역 |
| 청결작업구역 | 조리(가열·비가열/가열·소독 후 식품 절단)구역<br>정량 및 배식 구역<br>식기보관구역 |

### ② 내벽

내벽은 틈이 없고 표면이 매끄러워 청소가 용이한 구조이어야 하고, 오염 여부를 쉽게 구별할 수 있도록 밝은 색조로 한다. 바닥에서 내벽 끝까지 전면을 타일로 시공하되 부득이한 경우 바닥에서 최소한 1.5 m 높이까지는 내구성, 내수성이 있는 타일 또는 스테인리스 스틸stainless steel판 등으로 마감한다. 조리장 내의 전기 콘센트는 방수용 콘센트를 사용하고 바닥으로부터 1.2m 높이 이상에 설치한다. 내벽과 바닥의 경계면인 모서리 부분은 청소가 용이하도록 둥글게 곡면으로 처리하는데 2.54 cm(1 inch) 이상의 반지름을 갖도록 한다.

### ③ 바닥

바닥은 청소가 용이하고 내구성이 있으며, 미끄러지지 않고 쉽게 균열이 가지 않는 재질로 하여야 한다. 바닥과 배수로는 물 흐름이 용이하도록 적당한 경사를 두어야 한다.

둥근 모서리
(라운드 처리)

물기가 많음
(미생물 증식 위험)

깨지고 금간 바닥

**그림 6-10 조리실 바닥 설비**
출처 : 식품의약품안전처

④ **천장**

천장의 재질은 내수성, 내화성을 가진 재질(알루미늄판 등)로 하고, 천장의 높이는 바닥에서 3 m 이상이 되도록 한다. 천장으로 통과하는 배기닥트, 전기설비 등은 위생적인 조리장 환경을 위해 천장의 내부에 설치하는 것이 바람직하다.

⑤ **출입구**

조리종사자와 식재료 반입을 위한 출입구는 별도로 구분하여 설치하고, 출입구 문은 방습성이 있는 재질로 열고 닫음이 용이하고 꼭 맞게 닫혀야 한다. 외부로 통하는 출입문은 위생해충의 진입을 방지하기 위한 방충·방서시설과 바깥쪽에는 에어커튼이 설치되어야 한다. 출입구에는 조리장 전용 신발로 갈아 신기 위한 신발장 및 발판 소독조와 손 세정대를 갖추어야 한다.

에어커튼 설치 | 작업별 전용 신발 구분 사용 | 수세 시설 갖춤

그림 6-11 **출입문 설비**
출처 : 식품의약품안전처

⑥ **창문**

공조(급·배기, 집진, 온도조절) 설비를 갖추지 못하는 경우에는 개폐식 창문을 설치하고 위생해충의 침입을 방지할 수 있도록 방충망을 설치하여야 한다. 조리장의 창문은 먼지가 쌓이는 것을 방지하기 위하여 창문틀과 내벽은 일직선이 유지되도록 하거나 창문턱을 60° 이하의 각도로 설치하는 것이 바람직하다 그림 6-12.

⑦ **채광과 조명**

조리장은 자연채광을 위하여 창문면적을 바닥면적의 1/4 이상이 되도록 한다. 조명시설은 효과적으로 실내를 점검하고 청소할 수 있으며 작업에 적합한 충분한 밝기이어야 한다. 예를 들면, 검수대는 가장 밝은 540 lux 이상이 되어야 하고, 전처리실과 조리실의 작업대는 220 lux 이상이어야 한다. 천장의 전등은 함몰형으로 하되, 유리 파

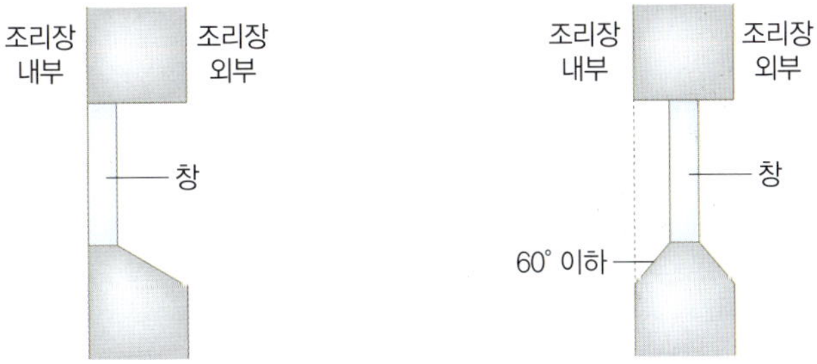


그림 6-12 **창문틀과 내벽(왼쪽), 창문틀 각도(오른쪽)**

덮게 설치
(파손, 이물 낙하 방지)

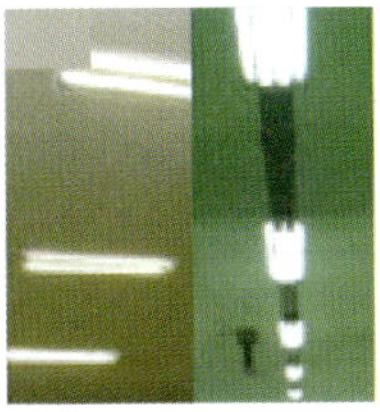

방수 아크릴 커버
(예 : 매립형, 돌출형)

어두운 작업장
(눈피로 야기)

그림 6-13 **천장 조명**

출처 : 식품의약품안전처

손 시 식품 오염을 방지할 수 있는 보호장치를 갖추어야 한다.

**⑧ 냉·난방 시설**

조리장 내 적정 실내온도는 18℃ 이하를 유지하는 것이 이상적이나, 실제적으로 이 조건을 충족하기 어려우므로 에어컨 등을 설치하여 온도를 유지하여야 한다. 식당 및 조리장에 설치된 냉·난방기의 바람이 식품에 직접 쏘이지 않도록 하고, 실내온도 조절용으로만 사용하되, 필터 세척 및 소독을 주기적으로 실시하여야 한다.

**⑨ 식재료·소모품 보관실**

식재료 보관실과 소모품 보관실을 별도로 구분하여야 하며, 부득이하게 함께 보관할 경우 서로 혼입되지 않도록 분리하여 보관한다. 보관실은 조리실을 통하지 않고 반입이 가능하여야 하며, 출입문은 항상 내부에서만 개·폐할 수 있도록 한다. 환기시설과 충분한 보관 선반 등이 설치되어야 하며, 보관 선반은 청소 및 통풍이 용이하도록 바닥으로부터 15 cm 이상을 띄워야 한다. 식재료 보관실의 바닥은 물청소가 용이하도록 하고, 바닥은 미끄럽지 않은 재질로 하며 배수가 잘 되어야 한다.

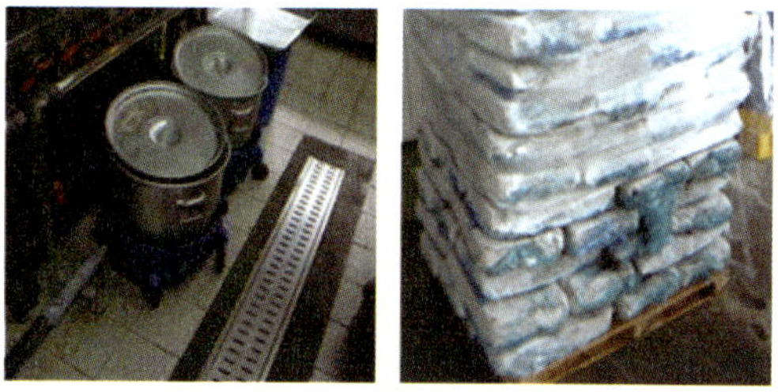

바닥과의 이격보관

그림 6-14 **식재료, 식기 보관**
출처 : 식품의약품안전처

## (2) 급식 설비 및 기구

### ① 설비기구의 선정

조리 및 급식에 필요한 설비와 기구는 그 처리능력, 유지관리의 용이성 및 내구성, 경제성, 안전성 등을 고려하여 선택하고, 사전에 장비의 신뢰성과 활용도에 대한 충분한 검증과 효율적 활용계획 수립하에 구입하여야 하며, 작업의 흐름에 따라 위생, 동선, 효율성 등을 고려하여 배치한다. 조리활동을 위한 설비로는 작업대, 가열조리기구, 냉장실, 냉동실, 일반조리기구, 선반, 세정대 등을 들 수 있다. 설비기구의 선정 시 유의사항은 내구성, 관리 용이성, 안전성 등이 가장 우선시되어야 하고, 그 외 사용가치와 사용빈도 등을 고려하여 선택한다. 조리장 설비 및 기구의 재질은 녹이 슬지 않고, 환경호르몬 등이 검출되지 않는 스테인리스 스틸이 적합하고, 위생적으로 세척, 소독이 용이한 재질과 구조를 가진 것이어야 한다.

### ② 설비·기구 설치 시 유의사항

◎ 작업 흐름에 따라 동선을 단축시키며 능률적이고 위생적인 작업이 가능하도록 배치한다.

◎ 급수 및 가스 배관은 바닥에 노출되어 기물의 이동을 방해하거나 작업 중 안전사고의 요인이 되지 않도록 한다.

◎ 고정식 설비는 하부 청소가 용이하도록 바닥에서 15cm 이상 띄워 설치한다.

◎ 열 사용 및 가스 배출기구와 배기후드의 위치가 일치하도록 한다.

◎ 냉장·냉동고는 가스레인지, 오븐 등 열원 및 직사광선과 멀리 떨어진 위치에 설치한다.

## 3) 급수

◎ 급식소에서 사용하는 물은 '먹는 물 수질기준'에 적합해야 한다. 수돗물을 사용하도록 하며, 수돗물이 공급되지 않아 부득이 지하수를 사용할 경우는 소독 등 기타 위생상 필요한 조치를 하고 정기적으로 수질검사를 실시하는 등 수질관리와 저수조 등의 위생관리에 철저를 기하여야 한다.

◎ 지하수를 사용하는 경우 오염되지 않고 충분히 공급할 수 있는 보온·단열되는 저수조 시설을 갖춘다.

◎ 수돗물을 사용하지 않고 지하수, 생수, 정수기 통과수 등을 먹는 물 및 조리용수로 사용할 때에는 수질검사 기준의 적합 여부를 확인하고 사용하도록 한다.

◎ 지하수를 사용하는 경우에는 지하수 살균장치를 반드시 설치하여야 한다.

◎ 저수조의 윗부분은 건축물 등으로부터 1 m 이상 떨어져야 하며, 그 밖의 부분은 60 cm 이상 간격을 띄운다.

◎ 시설 외부의 땅 밑에 저수조를 설치하는 경우에는 분뇨·쓰레기 등의 유해물질로부터 5 m 이상 띄워서 설치한다.

## 4) 배수

조리장 내 배수는 주로 트렌치(배수로)에 의해 이루어지는데 트렌치의 폭과 깊이는 신속한 배수가 되도록 적합하게 하고 위생적 관리가 될 수 있도록 전체를 틈새가 없

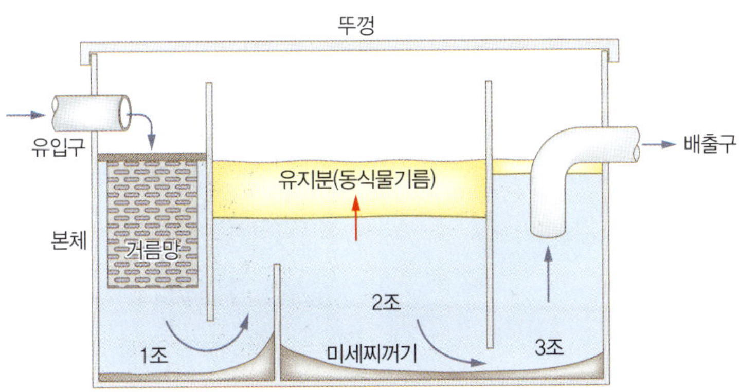


그림 6-15 그리스트랩의 구조
출처 : http://arctrus.egloos.com/

CHAPTER 6 위생안전관리

고 세척이 용이한 스테인리스 스틸 판 등으로 마감 처리한다. 건물 외부로 연결되는 트렌치의 끝부분은 고형 물질을 회수할 수 있는 거름망을 설치하여야 한다. 특히, 조리장에서 배출되는 기름 성분은 그리스트랩을 설치하여 하수에 섞인 기름을 분리하여야 한다. 그리스트랩은 기름이 하수관 내벽에 부착되어 관을 막아 역류하게 되는 현상을 예방한다. 보통 3구역으로 나뉜 구조로, 1조에 걸음망을 설치하여 음식찌꺼기를 걸러내고, 2조에서 물과 기름의 비중차를 이용해 상부에 기름층이 모이게 하고, 3조에 트랩을 설치하여 배수관으로 부터의 악취와 가스를 차단하는 역할을 한다.

## 5) 환기시설

열을 사용하는 조리기구의 상부에 설치하여 작업 시 조리장 내에서 발생되는 가스(이산화탄소)와 증기, 냄새, 연기 또는 먼지 등이 조리장 내부에 퍼지지 않고 외부로 잘 배출되도록 하여야 한다. 조리장 내의 온도를 조절할 수 있는 충분한 환기시설 또는 공조시설을 갖추도록 한다. 공기의 흐름은 청결작업구역에서 일반작업구역 방향으로 흘러가도록 한다. 특히 조리실과 상온창고, 전처리실, 식기세척실에 적절한 흡인력 있는 환기시설을 설치하고, 증기, 열, 연기 등이 많이 발생하는 조리기구 위에 급·배기 기능이 있는 후드를 설치하도록 한다. 외부에 개방된 흡·배기구 등에는 위생해충 및 쥐의 침입을 방지하기 위해 방충·방서시설을 하여야 한다.

### (1) 후드

◎ 후드hood의 형태는 열기기보다 사방 15 cm 이상 크게 하며, 스테인리스 스틸 재질로 제작하되 적정 각도(30° 정도)를 유지하도록 한다.

그림 6-16 **환기시설**
출처 : 식품의약품안전처

◎ 후드는 표면에 형성된 응축수, 기름 등의 이물질이 조리기구 내부로 떨어지지 않는 구조로 제작, 설치되어야 한다.

◎ 후드의 몸체 및 테두리에 홈통을 만들어 흘러내린 물이 바닥 또는 조리기구 위에 바로 떨어지지 않도록 한다.

#### (2) 덕트

◎ 덕트duct는 조리장 내의 증기 등 유해물질을 충분히 바깥으로 배송시킬 수 있는 크기와 흡인력을 갖추어야 한다.

◎ 후드와 연결되는 덕트는 천장공사 시공 전에 설치하여 가급적 천장 아래로 노출되는 일이 없도록 한다.

### 6) 손 세정대

조리종사자들이 작업 변경 시마다 개인위생관리원칙에 충실하게 손을 깨끗이 관리할 수 있도록 조리장 내에 종사자 전용의 손 세정대를 갖추어야 한다.

◎ 40℃ 정도의 온수로 손을 씻을 수 있도록 냉·온수관이 연결되어야 한다.

◎ 손 세정대에는 비누, 손톱솔, 손 소독시설 등을 비치하며, 씻은 손을 닦을 수 있는 종이타월과 페달식 휴지통을 비치한다.

◎ 수도꼭지는 페달식 또는 전자감응식 등 직접 손을 사용하지 않고 조작할 수 있는 것이 바람직하다.

◎ 수도꼭지의 높이는 팔꿈치까지 씻을 수 있도록 충분한 간격을 둔다.

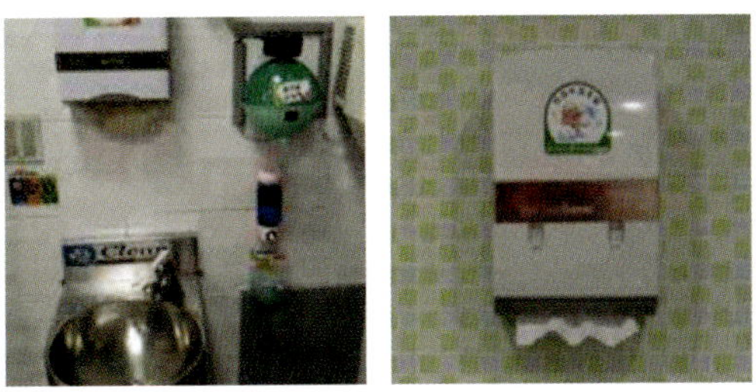

그림 6-17 **손세척 시설**
출처 : 식품의약품안전처

CHAPTER 6 위생안전관리

CHAPTER

# 7

# 식품위생검사

1. 식품위생검사의 목적 | 2. 식품위생검사의 종류 | 3. 전통적 미생물 검출법
4. 신속한 미생물 검출법 | 5. 미생물 안전관리 기준

## 1. 식품위생검사의 목적

안전한 식품을 공급하여 식중독을 예방하고 국민의 건강을 지키기 위하여 식품의 생산에서 소비단계까지 식품, 조리도구, 용기, 포장, 식품첨가물 등에 대한 모니터링 및 식품위생검사가 이루어지고 있다.

식품위생검사의 목적은 첫째, 식품속의 총 미생물 수, 특정 또는 지표 미생물의 유무를 분석하여 식품에 기인한 식중독이나 감염병 발생에 대한 원인물질을 찾아내거나 오염 수준을 결정하고, 둘째, 식품의 안전성을 확보하며, 셋째, 결과적인 위생사고에 대한 상황을 파악하고 대책을 수립하여 지도·개선하는 데 있다. 이를 위하여 반드시 적절한 시료의 채취가 선행되어야 한다.

## 2. 식품위생검사의 종류

식품위생검사는 목적에 따라 미생물학적 검사법, 이화학적 검사법, 물리적·관능검사법 등이 있다 표 7-1. 식품위생검사의 주요 방법인 미생물학적 검사는 '전통적 미생물 검출법'과 신속하게 미생물을 검사하는 '신속한 미생물 검출법'으로 나누었다.

### 1) 미생물학적 검사

#### (1) 위생지표균 검사

**① 일반세균의 세균수 검사**

세균은 식품의 원료·전처리·유통·보관 및 소비의 모든 경로에 항상 존재하기 때문에 식품 전반에 걸쳐 세균수 검사를 실시하고 식품 중에 존재하는 세균수를 오염지표로 삼는다. 일반세균수의 검사법에는 총 균수검사법과 표준한천평판배양법을 사용한 생균수검사법이 있다.

◎ 총 균수검사법 : 시료를 1 $cm^2$ 단위로 구획이 나뉜 슬라이드상에 도말·건조·염색한 후 현미경으로 세균수를 측정한다. 주로 우유나 생선 등의 선도를 판명할 목적으로 사용한다.

◎ 표준한천평판배양법 : 검체 중에 존재하는 세균 중 표준한천배지 내에서 발육할

표 7-1 **식품위생검사의 종류**

| 종류 | 내용 |
|---|---|
| 미생물학적 검사 | • 위생지표균*(일반세균, 대장균군, 대장균 등) 검사<br>• 세균성 및 감염성 병원균 등의 미생물 수 검사<br>• 곰팡이, 기생충 등 검사 |
| 이화학적 검사 | • 자연독, 유해금속, 잔류농약, 식품첨가물, 항생물질, 곰팡이독소 등 화학적 유독물질 검사 |
| 물리적/관능 검사 | • 식품의 외관, 색, 냄새, 경도, 이물질 등 검사 |

*식품의 생산, 제조, 보관 및 유통환경 전반에 대한 위생 수준을 나타내는 지표로서 병원성균을 나타내는 것은 아니나 식품의 특성에 따라 세균수, 대장균 및 대장균군으로 관리

수 있는 중온균의 수를 측정하는 방법으로, 수질검사의 일반세균수 측정에도 사용한다. 검체와 용액상태의 표준한천 배지를 페트리디시 상에서 혼합·응고시켜 배양 후 번식한 세균의 군집수로부터 검체의 생균수를 산출하는 방법이다.

**② 장구균 검사**

*Streptococcus*속의 세균을 장구균enterococcus이라 총칭한다. 사람의 장관 내에 항상 존재하며, 대장균 군에 비해 외부에서 증식이 어렵고 자연계에 분포하지 않기 때문에 식품의 종류에 따라 대장균군보다 분변 오염의 정확한 지표가 되기도 한다. 또한 대장균군보다 저항성이 강하고 냉장식품에서 오랜 기간 생존하기 때문에 냉동·냉장 식품의 오염지표로 활용된다.

**③ 대장균군 검사**

그람음성, 무아포성 간균으로 유당을 분해하여 가스를 발생시키는 모든 호기성 또는 통성혐기성 세균인 대장균군coliform group은 식품 분변오염지표로 사용되며, 대장균군 검사법에는 대장균군의 수를 산출하는 정량시험과 대장균군의 유무를 검사하는 정성시험이 있다.

◎ 정량시험 : 최확수MPN법과 BGLB배지법이 많이 사용되며, 최확수법은 여러 단계의 연속 동일 희석된 검체를 여러 개씩 유당부용 발효관에 접종하여 대장균군의 존재 여부를 시험하고, 그 결과로부터 확률적인 대장균군의 수치를 산출하여 이것을 최확수로 표시하는 방법이다. 여기서 최확수라고 하는 것은 이론상 가장 가능한 수치를 말하며, 100 mL 또는 100 g 중의 대장균군 수를 산출하게 된다.

◎ 정성시험 : 유당부용bouillon법과 BGLB 배지법이 많이 사용되고 있는데, 유당부용

법의 경우 추정시험presumptive test, 확정시험confirmatory test, 완전시험complete test의 3단계로 구분하여 그 결과를 판정하지만, BGLB 배지법의 경우 3단계의 시험법을 실시하지 않고 완전시험까지 계속 실시한다.

### (2) 세균성 식중독균 검사

세균성 식중독이 발생하면 식품(보존식 포함)이나 분변 등의 검체를 확보하고 원인이 되는 균을 분리 후 잠복기, 증상 등을 고려하여 일반적인 방법과 역학적인 방법으로 세균검사를 실시한다. 식중독균은 식품에 오염되어 인체에 미치는 위해성의 영향에 따라 고위해성 식중독균과 저위해성 식중독균으로 구분할 수 있다 표 7-2. 세균성 식중독균 검사의 자세한 방법은 '식품공전'을 참고한다.

표 7-2 **식중독균의 위해성에 따른 분류**

| 고위해성 식중독균 | 저위해성 식중독균 |
|---|---|
| • 살모넬라<br>• 장출혈성 대장균<br>• 리스테리아 모노사이토제네스<br>• 캠필로박터 제주니<br>• 캠필로박터 폴리<br>• 여시니아 엔테로콜리티카<br>• 클로스트리디움 보툴리눔<br>• 크로노박터(엔테로박터) 사카자키 | • 황색포도상구균<br>• 장염비브리오<br>• 클로스트리디움 퍼프린젠스<br>• 바실러스 세레우스 |

#### ① 감염성 병원균 검사

감염성 병원균은 보균자 또는 환자의 배설물이 직·간접적으로 식품을 오염하여 사람에게 감염된다. 육류·우유·유제품·굴·조개·두부·냉동식품·채소·과일 등이 주원인식품이며, 단체급식에서는 세척기구·조리도구 등을 통해 주로 전염되고, 분리·배양한 균은 각각의 균 검사법에 따라 시험한다.

장티푸스균과 파라티푸스균은 분변에 의한 오염으로 사람에게 감염되고, 각종 식품이나 식기를 매개로 감염되며, 배양·증식한 콜로니colony에 대한 검사를 실시한다. 이질균은 단체급식의 식품을 매개로 전염되는 것이 많고, 환경위생의 지표로 사용된다. 생선이나 채소 및 우유와 유제품이 주원인이고, 성홍열과 인두염이 있다. 디프테리아균도 우유를 매개로 전염된다는 보고가 있으며, 브루셀라병은 소·돼지·면양·산양 등의 고기, 우유 및 유제품을 통해서 사람에게 열성질환을 일으키고 결핵균은 우유·유제품·육류 등에 의해 사람에게 전염된다.

② 곰팡이 검사

곰팡이는 무해한 것과 유해한 것이 있는데, 무해한 곰팡이는 예로부터 우리의 식생활과 밀접한 관련이 있다. 유해곰팡이는 유독성 대사산물로 동물에게 장해를 줄 수 있으며, 곰팡이 및 곰팡이 독성검사는 유해한 곰팡이에 적합한 진균검사법으로 검사한다.

표 7-3 **식품위생검사의 지표균 및 주요 식중독균 분석방법**

| 검사항목 | 정성/정량 | 방법 | | 분석 절차상의 특징 |
|---|---|---|---|---|
| 대장균군 | 정성 | 유당배지법 | | 추정·확정·완전시험으로 진행한다.<br>• 추정시험 : 시험용액을 접종한 유당배지를 35~37℃에서 24±2시간 배양 후 발효관에서 가스 발생 시 양성<br>• 확정시험 : 가스가 발생한 양성의 유당배지 발효관으로부터 BGLB배지에 접종해 배양 후 가스 발생 시 한천배지에서 분리배양하여 집락 발생하면 양성<br>• 완전시험 : 위의 평판상의 집락이 그람음성, 무아포성의 간균임을 확인하고, 유당을 분해하여 가스의 발생 여부를 재확인하면 양성 판정 |
| | | BGLB배지법 | | 시험용액을 넣은 BGLB 배지를 35~37℃에서 48±3시간 배양한 후 가스발생을 인정하였을 때에는 Endo 한천배지에 분리 배양하고, 이하 방법은 유당배지법의 확정 또는 완전시험과 같이 진행하여 유무확인 |
| | | 데옥시콜레이트 유당한천배지법 | | 시험용액을 멸균 페트리접시에 무균적으로 취하고 43~45℃의 데옥시콜레이트 유당한천배지를 분주하고 회전하여 응고시킨후 동일한 배지를 가하여 35~37℃에서 24±2시간 배양 후 전형적인 암적색의 집락을 유당배지법의 확정 또는 완전 시험 때와 같이 행하여 유무 시험 |
| | 정량 | 최확수법 | 유당 배지법 | 시험용액 10, 1, 0.1 mL처럼 연속해서 3단계 이상을 5개 또는 3개씩의 유당배지에 접종하여 가스발생 발효관 각각에 대하여 추정, 확정, 완전시험을 행하고, 대장균군의 유무를 확인한 다음 최확수표를 활용하여 대장균군수 산출함 |
| | | | BGLB 배지법 | 시험용액 10, 1, 0.1 mL를 5개 또는 3개씩 BGLB배지에 각각 접종하고 이하의 조작은 각 발효관에 대하여 BGLB배지에서 의한 정성시험법에 따라 하고, 대장균군의 유무를 확인한 다음 최확수표를 활용하여 대장균군수 산출함. 최확수법외에 데옥시콜레이트유당한천배지법과 건조필름법을 활용할 수 있음. |
| 대장균 | 정성 | 한도시험 | | 시험용액 1 mL를 3개의 EC배지에 접종하고 44.5±0.2℃에서 24±2시간 배양 후 가스 발생을 확인한다. 추정시험 양성인 EC 발효관으로부터 EMB배지에 접종하여 35~37℃에서 24±2시간 배양한 후 전형적인 집락을 유당배지 및 보통한천배지로 각각 이식 후 배양한다. 유당배지에서 가스 발생을 인정하였을 때에는 이에 해당하는 보통 한천배지에서 배양된 집락을 취하여 그람염색을 실시한다. |

(계속)

| 검사항목 | 정성/정량 | 방법 | 분석 절차상의 특징 |
|---|---|---|---|
| 대장균 | 정량 | 최확수법 | 시험용약 10, 1, 0.1 mL를 각각 5개 또는 3개의 EC배지 발효관에 접종한 다음 44.5±0.2℃ 항온수조에서 24±2시간 배양한다. 가스 발생을 인정한 발효관을 대장균(*E. coli*) 양성이라고 판정하고 최확수표에 따라 검체 100 g(또는 100 mL) 중의 대장균 수를 산출한다. |
| 살모넬라 | 정성 | 맥콘키 한천배지법 | 검체 25 g을 취하여 225 mL의 펩톤수에 가한 후 35~37℃에서 24±2시간 증균 배양한다. 배양액 0.1 mL를 취하여 10 mL의 Rappaport-Vassiliadis배지에 접종하여 42±1℃에서 24±2시간 배양한다. 균 배양액을 맥콘키 한천배지에 접종하여 35~37℃에서 24±2시간 배양한 후 전형적인 집락은 이후 확인시험을 실시한다. |
| 포도상구균 | 정성 | 난황 첨가 만니톨식염한천배지법 | 검체 25 g을 취하여 225 mL의 10% 염화나트륨(NaCl)을 첨가한 TSB 배지에 가한 후 35~37℃에서 18~24시간 증균 배양한다. 증균 배양액을 난황 첨가 만니톨식염한천배지에 접종하여 35~37℃에서 18~24시간 배양한다. 배양 결과 난황 첨가 만니톨 식염한천배지에서 황색 불투명 집락을 나타내고 주변에 혼탁한 백색환이 있는 집락은 확인시험을 실시한다. |
| | 정량 | Baird-Parker 한천배지법 | 검체 25 g 또는 25 mL를 취한 후, 225 mL의 희석액을 가하고 2분간 고속으로 균질화해 시험용액으로 하여 10배 단계 희석액을 만든 다음 단계별 희석액을 Baird-Parker 한천배지 3장에 0.3, 0.4, 0.3 mL씩 총 접종액이 1 mL이 되게 도말한다. 사용된 배지는 완전히 건조시켜 사용하고, 접종액이 배지에 완전히 흡수되도록 도말한 후 10분간 실내에서 방치시킨 후 35~37℃에서 48±3시간 배양한 다음 투명한 띠로 둘러싸인 광택의 검은색 집락을 계수한다. |

출처 : 식품공전(최종고시일 : 2017년 6월 30일) 재구성

## 2) 이화학적 검사

### ① 잔류농약 검사

유기염소제, 유기인제, 카바메이트제 등의 농약은 체내에 축적되어 암을 유발하고 인체의 대사를 교란시키는 위험성이 있다. 일반적으로 3배수 반복실험을 실시하고, 비소시험법, 납시험법(dithizone법), 유기염소제시험법($\gamma$-BHC, DDT, aldrin, eldrin, deldrin), 유기인제시험법(parathione) 등의 검사방법이 있고, 주로 gas chromatography로 측정한다.

### ② 식품첨가물 검사

식품첨가물로 허가 또는 비허가된 착색료, 보존료, 산화방지제, 감미료, 발색제, 표백제 등의 유무와 그 양을 정량하고자 검사한다. 검체를 전처리하여 첨가물을 추출하여 분리한 후 스펙트럼이나 크로마토그래피 등을 이용하여 분석한다.

표 7-4 식품첨가물 검사방법

| 식품첨가물 | 검사법 |
|---|---|
| 착색료 | • 주로 타르계 색소와 같은 합성색소의 검사<br>• 방법 : 종이 크로마토그래피(paper chromatography), 박막 크로마토그래피(Thin layer chromatography), 자외선스펙트럼(UV spectrophotometry), 환원시험법, 적외선스펙트럼 등 |
| 보존료 | • 공존하는 여러 종류의 방부제 또는 보존료를 계통적으로 분석<br>• 방법 : 박막 크로마토그래피, 가스크로마토그래피 등 |
| 산화방지제 | • 비타민 E나 비타민 C와 같이 천연 항산화제가 아닌 화학적 합성산화방지제(erythorbic acid, 과이액검(gum guaiac), 갈산프로필(propyl gallate), 디부틸히드록시톨루엔(BHT), t-butylhydroquinone(TBHQ), butylhydroxyanisol(BHA) 등)의 검사<br>• 방법 : 비색법, 적외선스펙트럼, 자외선스펙트럼, 가스크로마토그래피, 종이 크로마토그래피, 전압전류법(Polarography) 등 |
| 감미료 | • sodium saccharin, dulcin, cyclamates 등의 인공감미료의 검사<br>• 방법 : 유기용매로 추출 및 분리하여 이온교환수지법 등 사용 |
| 발색제 | • 햄이나 소시지의 발색제의 검사<br>• 방법 : Diazo화 반응에 의한 정색을 이용하는 diazo화법과 uranyl아연법 등과 같은 발색시험법 |
| 표백제 | • 산화제 또는 환원제로 사용된 표백제의 검사<br>• 방법<br>– 정량시험 : 비색법, 직접법, 간접법 등<br>– 정성시험 : 아연분말환원법, 요오드전분지법 등 |

### ③ 식품 포장재 및 용기 검사

과거와 달리 최근 포장재 및 일회용 식품의 발달과 더불어 식품 포장재 및 용기로부터 식품으로 유래되는 유해성분의 용출이 큰 문제로 대두되고 있다. 식기 및 용기류의 경우 세정 여부를 조사하기 위해서 전분성 잔류물 및 지방성 잔류물을 시험하고 있으며, 합성수지제품의 경우 페놀phenol 및 폼알데하이드formaldehyde 규격시험법과 착색시험법을 실시하고, 안정제 사용 여부를 확인하기 위하여 중금속류 화합물을 검사한다. 통조림의 경우, 타검, 외관검사, 내압시험, 개관후 내용물의 화학적·미생물학적인 시험을 하고, 종이제품의 경우 형광염료, 착색제, 폼알데하이드 분석시험을 실시한다.

### ④ 금속류 검사법

인체에 유해한 금속은 주로 구리Cu, 수은Hg, 납Pb, 카드뮴Cd, 비소As, 주석Sn, 아연Zn, 안티몬Sb, 크롬Kr, 바륨Ba 등으로 식품을 통하여 섭취 시 체내에 축적되어 중독의 원인이 된다.

금속의 정량분석에는 금속의 종류에 따라 원자흡광광도법, polarography법, thiocyanate법, dithizone법, 환원기화법, 가스크로마토그래피gas chromatography(electron capture detector 부착)법, diphenylcarbazide법, gutzeit법, molibdene blue법, diethyl dithio-carbamate법, SATPsalicylideamino-2-thiophenol법 등이 사용된다. 금속의 정성분석에는 전기로 중에서 회화를 행하는 건식법과 질산과 황산법을 이용하는 습식법, 염소산칼륨과 염산에 의해 발생하는 활성의 염소법, 금속류의 일반적인 계통분석법이 사용된다.

#### ⑤ 기타 유해물질 검사

앞서 언급된 식중독 원인물질 외에 유해물질인 메탄올, 시안배당체, 광물유, 방사능, 항생물질 등의 검사법은 표 7-5와 같다.

표 7-5 **기타 유해성물질 검사법**

| 유해물질 | 검사법 |
|---|---|
| 메탄올 | • 주류 중의 메탄올 함량 검사<br>• 방법 : $KMnO_4$ 용액과 fuchsin 아황산액을 이용한 비색정량법, 가스크로마토그래피법 |
| 시안배당체 | • 청매 함유 물질인 시안배당체는 가수분해되면 식중독 발생 원인물질인 시안을 생성<br>• 방법<br>- 정성분석 : pyrazorone법, phenylphthalein법<br>- 정량분석 : pyridine-pyrazorone, ion전극법, isonicotinic acid법 등 |
| 광물유 | • 식용유지 중의 광물유, 어유 및 고도의 불포화지방산<br>• 방법 : 검화가, 요오드가 측정 |
| 방사능 | • 핵실험과 원자로 사고에 의한 직·간접적 식품 방사능 오염<br>• 방법 : $\alpha$-선 측정, $\beta$-선 측정, $\gamma$-선 측정용 계수기 사용 |
| 항생물질 | • 잔류 또는 식품의 방부에 사용된 항생제 검사<br>• 방법 : 비색법, 형광법, 자외선흡수법, polarography 등 화학적 정량법 |

### 3) 물리적·관능검사 방법

#### ① 이물질 검사

식품을 구성하고 있는 성분이 아닌 혼입된 물질을 이물질이라고 하며, 이를 검사하기 위하여 가루를 포함한 고체형의 입자식품에는 체분별법, 액체식품에는 여과법, 여과가 힘든 경우에는 와일드만 플라스크법, 무거운 이물질인 경우에는 침강법을 사용한다.

표 7-6 **이물질 분류방법**

| 방법 | 내용 |
|---|---|
| 체분별법 | • 미세한 분말의 검체에 섞인 좀 더 큰 이물질을 분리할 경우<br>• 체로 포집하여 육안 또는 현미경으로 검사 |
| 여과법 | • 용액의 형태인 액체 검체일 경우<br>• 여과지로 여과하여 여과지 위의 이물질 검사 |
| 와일드만 플라스크법 | • 물에 잘 젖지 않는 가벼운 이물질인 동물의 털이나 곤충의 경우<br>• 유기용매와 섞어줌으로써 유기용매층에 떠오르게 하여 검사 |
| 침강법 | • 무거운 이물질인 쥐 분변과 토사 등의 경우<br>• 비중차를 이용하여 포집하는 것<br>• 검체를 클로로폼에 섞어 이물질을 용기의 하단에 가라앉힌 후 상층액은 버리고 하단의 클로로폼과 이물질을 흡인·여과하여 검사 |

## 3. 전통적 미생물 검출법

전통적으로 미생물을 검사할 때는 검체를 채취·운반·보관하면서 균질화·증식·희석 등의 전처리를 하고 적절한 배지에서 정성적qualitative이나 정량적quantitative으로 분석하여 배지 위에 배양된 미생물의 군집colony을 세어 양성이나 음성의 결과를 해석한다.

### 1) 검체 및 분석검사 준비

검사할 식품을 대표할 수 있는 시료, 즉 검체를 채취하고 최적의 상태를 유지하여 실험실로 운반하여 분석할 수 있도록 준비한다. 미생물 검사용 검체는 부패나 변질 우려가 높으므로 채취가 끝나면 바로 얼음이나 냉매를 담은 아이스박스에 넣어 저온(5±3℃ 이하)을 유지하고 24시간 이내에 운반·검사하며, 시료 채취 시 다음과 같은 사항들을 주의한다.

◎ 시료를 채취할 때는 내부나 외부에 의한 오염이 일어나지 않도록 주의한다. 따라서 사전에 도구 및 장비를 멸균하여 준비하고, 시료 채취 중 사용한 도구가 사용하지 않은 도구 위로 지나지 않도록 하며, 시료를 담을 용기의 내부를 만지거나 입으로 불어 오염시키지 않도록 한다.

◎ 시료 채취자는 손을 꼭 씻고 멸균장갑을 착용하고, 손을 눈·코·입 및 얼굴 주위로 가져가서는 안 되며, 오염된 도구 및 용기 등은 폐기 또는 멸균하여야 한다.

◎ 검사하고자 하는 시료는 유해한 세균이나 독성물질이 들어 있을 수도 있으므로 항상 주의 깊게 취급하도록 한다.

### (1) 도구

시료와 직접 접촉하는 기구와 용기는 뚜껑을 닫거나 알루미늄 포일로 감싼 후 고압 멸균기autoclave를 이용해 1.0~1.1 kg/cm$^2$의 증기압으로 120~121℃에서 15~20분간 가열해 멸균하여 사용한다.

용기로는 멸균 처리된 폴리에틸렌백, 일회용 바이알vial, 유리병, 시험관test tube 등이 필요하다. 도구로는 멸균 또는 살균 처리된 스포이트, 피펫, 핀셋, 가위, 젓가락, 위생장갑, 온도계 및 70% 에탄올, 100 mg/L 농도의 하이포아염소산hypochlorite용액, 아이스박스, 얼음, 압력 민감 테이프, 라벨label, 유성펜, 저울 등이 필요하다.

용기의 뚜껑은 충분히 열어 담고, 분석 시 잘 혼합되도록 3/4 이상 채우지 않도록 하며, 시료가 담긴 폴리에틸렌백은 공기를 제거하기 위해 함부로 누르지 않도록 한다. 필요시 시료 채취 시 뚜껑을 열었다 닫은 빈 용기를 대조군control으로 사용할 수 있다.

### (2) 희석액

0.1% 펩톤수peptone water, 0.86% 식염수, 인산염 완충용액phosphate buffer 등을 멸균 후 냉장 보관하여 검체를 균질화하거나 희석하기 위한 용액으로 사용한다.

### (3) 배지

미리 미생물의 종류와 목적에 따라 배지를 제조하여 멸균하고, 멸균한 고체배지를 냉장 보관할 경우에는 재가열하여 녹인 후 사용한다.

다종의 미생물군에서 다른 미생물과 구분되게 배양하고자 할 때는 여러 미생물이 함께 생육하지만 배지에 넣은 특이시약으로 인해 원하는 한 종의 미생물을 다른 종과 구별할 수 있도록 하는 감별배지differential media를 사용하고, 특정 미생물을 선택적으로 배양하고 싶을 때는 특정 미생물의 생육을 위해 다른 미생물의 생육을 억제함으로써 선택적으로 배양하는 선택배지selective media를 사용한다. 식품공전이나 AOACAssociation of Official Analytical Chemists, BAMBacteriological Analytical Manual에서 제시된 실험방법에 따라 배지를 선택한다.

### (4) 시료 채취방법

미생물 검사를 위한 시료의 종류에 따라 검체의 채취방법이 다르다. 물은 멸균병이나 시판하는 멸균 채수통에 1 L 이상을 채취한다. 식품은 일반적으로 100 g 이상의 식품을 멸균 에틸렌백에 채취하며, 미생물 검사항목의 수에 따라 충분한 양의 검체를 채취한다. 만약 식품이 작은 통조림 형태라면 뚜껑을 열지 말고 그 자체를 채취한다.

◎ 표면도말법swab method : 식품 접촉 표면이나 식품 비접촉 표면은 희석액에 적신 멸균 면봉이나 거즈로 닦아 미생물을 채취하는 법

◎ 린스법rinse method : 10×10 $cm^2$의 면적을 닦아낸 면봉이나 거즈를 10 mL 희석액이 담긴 시험관에 넣고 잘 흔들어 균을 용출시킨 후 검사에 사용한다. 미생물 채취 표면이 10×10 $cm^2$보다 작은 경우, 일정 면적을 swab한 결과를 10×10 $cm^2$로 환산하여 계산한다.

◎ 글러브주스법glove juice method : 멸균백에 500 mL 희석액을 담고 손이나 고무장갑을 낀 손 전체를 넣어 주물러 표면의 미생물을 희석액으로 용출시켜 채취한다. 직물인 경우 직물의 크기에 따라 500 mL나 1 L의 희석액이 담긴 멸균백에 넣은 후 잘 흔들어 균을 용출되게 하여 희석액을 검사에 사용한다.

◎ 에어샘플러air·sampler : 공기 중에 부유하는 미생물을 정량적으로 채취하기 위해서 사용한다. 또는 공중낙하미생물은 검사장소에 평판배지의 뚜껑을 열어 일정 시간 동안 두어 배지에 떨어지는 미생물을 채취한다.

### (5) 검체의 전처리

#### ① 균질화

검사에 사용할 원액을 만들기 위하여 검체를 균질화하며, 주로 스토마커stomacher나 블렌더blender를 사용한다. 블렌더는 분쇄할 때 발생하는 열에 의해 미생물의 수가 감소할 수 있으므로 주의한다. 스토마커는 미생물이 주로 식품 표면에 존재할 때 유용하며, 열 발생이 적어 미생물의 세포 파괴를 최소화할 수 있다.

#### ② 희석

시료 원액을 그대로 배지에 접종했을 경우 균체 수의 결과가 유효치인 30~300 CFU/배지를 초과할 수 있다. 이러한 결과를 방지하기 위하여 원액을 단계별로 희석한다. 적

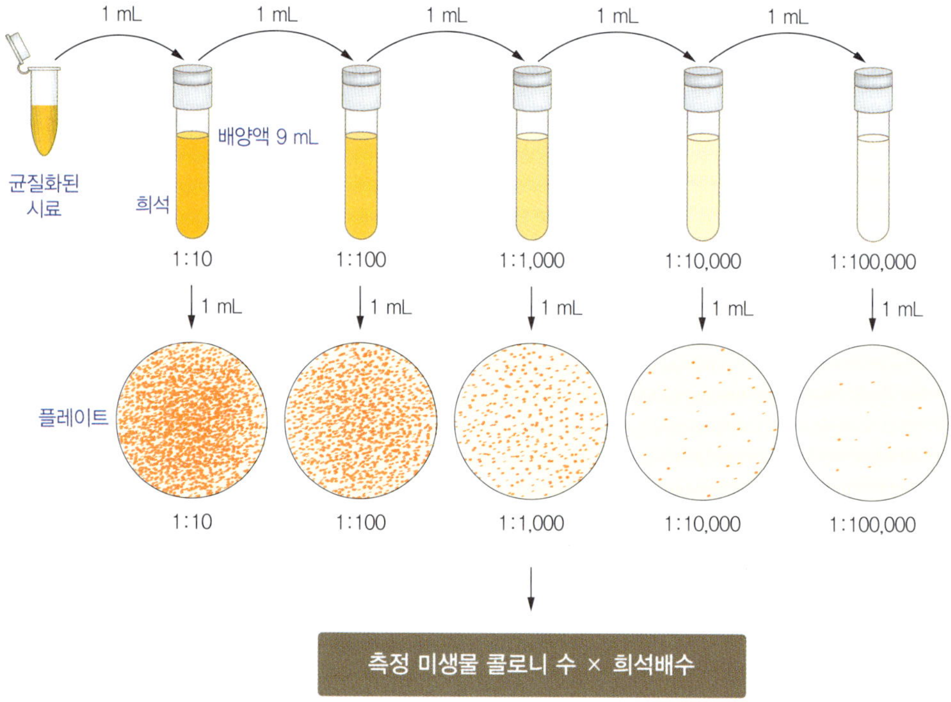


그림 7-1 **시료의 연속적인 희석과 도말**

정 희석배율의 기준이 모호할 때는 저배율부터 고배율까지 일정한 비율로 넓게 해야 하고, 기존의 분석자료에 의한 기준이 있을 때는 기대치를 중심으로 아래위 10배 희석배수로 희석한다. 최근에는 자동희석장치도 사용된다. 정성분석인 경우에는 희석하기 전에 12~24시간 동안 적합한 액체배지에 넣고 적정 온도에서 배양하여 균을 증식시킨 다음 균의 존재 유무와 정확도를 높인다.

## 2) 미생물 수 측정방법

### (1) 표준평판법

미생물의 성장에 필요한 각종 영양소를 함유하고 있는 고체배지에 일정 배수로 희석한 미생물을 도말하여 적정온도에서 일정 시간 배양하여 형성된 미생물 군집의 수를 세어 식품 등의 시료에 오염되어 있는 미생물의 수를 측정하는 방법이다. 가장 널리 사용되는 방법으로 표준한천배지를 사용하여 일반세균수를 측정하는 방법은

APCAerobic Plate Count라고도 한다. 보통 tryptone, dextrose, yeast extract agar 배지가 사용되며, 일반적으로 30℃에서 24~48시간 배양하여 식품의 품질을 결정해 주는 중요한 지표로 사용한다.

또한 식품의 미생물학적 품질 확인, 식품제조 공정상의 위생조건 확인, 제품의 저장 및 유통기간 결정, 식품의 미생물학적 기준규격 순응 여부 확인, 식품가공환경의 오염수준 결정 등을 위하여 표준평판법을 사용한다.

표준평판법Standard Plate Count, SPC은 균질화한 식품의 희석액을 마이크로피펫micro-pipette을 이용하여 고체배지의 평면에 분주한 뒤 멸균한 유리막대로 밀면서 고르게 펴 주는 도말평판배양법spread plate method과 45℃ 정도의 굳지 않은 배지와 시료를 잘 혼합하여 굳힌 후 적정온도의 배양기incubater에서 배양하는 주입평판배양법pour plate method이 있다. 주입평판배양법은 저온생육균의 일부가 열에 의해 손상되는 단점이 있다. 일반적으로 배양온도는 고온균thermophile은 50~55℃, 중온균mesophile은 37℃, 그리고 저온균psychrophile은 18~25℃이다.

일정 시간 후 평판배지에 배양된 미생물 군집Colony의 수를 세고, 시료의 희석배수를 곱해 주면 원래 시료에 오염된 미생물의 수를 알 수 있다. 이때 군집의 수는 실제 미생물의 수를 센 것이 아니기 때문에 몇 마리라는 단위 대신 군집을 형성한 단위 수인 CFUcolony forming unit라는 단위를 사용한다. 상온에서 평판도말용 원형 plate에서 유효

표 7-7 **표준평판법의 접종방식**

| 접종 방식 | 확산평판법 (spread plating method) | 주입평판법 (pour plating method) | 나선분주평판법 (spiral plating method) |
|---|---|---|---|
| 순서 | 고체배지 표면에 피펫으로 0.1mL 희석액 접종(10배 희석) | 페트리디시에 희석액 1mL씩 접종 | 검체 원액을 나선형으로 도말하면서 분주하는 자동나선희석분주기 사용 |
| | ⇩ | ⇩ | ⇩ |
| | 멸균한 유리막대로 희석액을 고르게 펴면서 도말 | 45℃로 식힌 배지용액을 넣고 8자 모양으로 흔들어 혼합한 다음 굳힘 | 한 개의 평판에 검액을 나선형으로 희석하면서 동시에 분주(간편하나 고가) |
| | ⇩ | ⇩ | ⇩ |
| | 배지가 굳으면 평판을 뒤집어 최적온도와 시간에서 배양 | | |
| | ⇩ | ⇩ | ⇩ |
| | 미생물 군집계수(나선희석분주기는 30~10,000,000 CFU까지 미생물 계수 가능) | | |

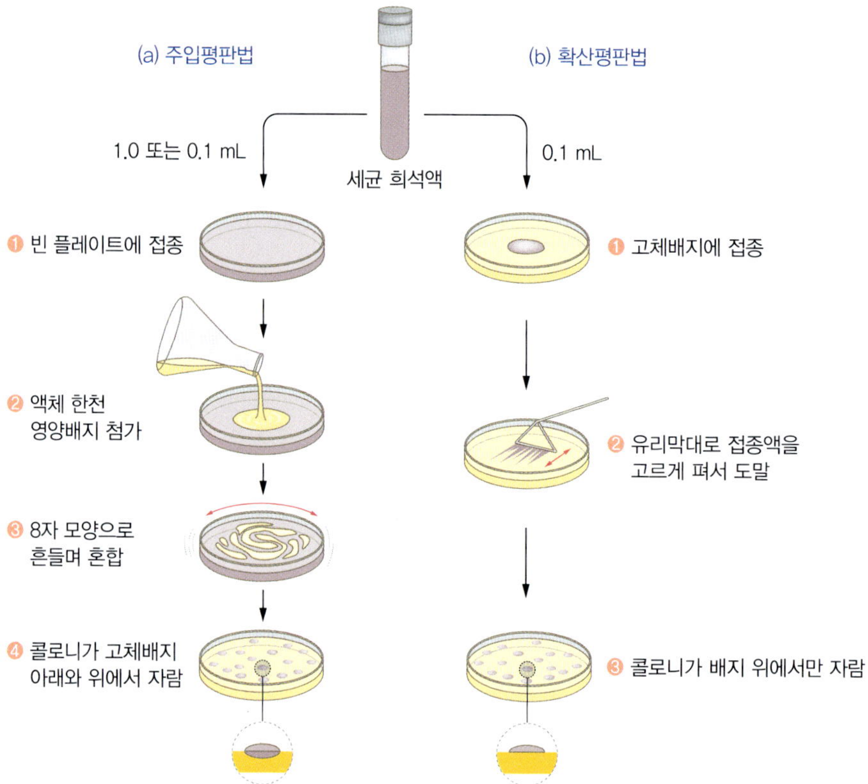


그림 7-2 **주입평판법과 확산평판법**

CFU는 30~300이다.

30개 이하의 CFU는 희석에 의한 통계적 오차 발생 우려가 있고, 300개 이상 CFU는 군집들 간에 서로 영양소에 대해 경쟁하게 되어 미생물학적 길항작용이 있을 수 있다. 군집의 수가 너무 많을 경우, 군집끼리 엉겨 붙어 숫자를 세는 것이 불가능하거나 군집이 제대로 자라지 못하여 크기가 너무 작을 수 있다. 단, 선택적 배지selective media를 사용하는 경우에는 30보다 작은 CFU plate도 사용될 수도 있으나, 여러 미생물이 섞여 있는 시료를 일반배지에서 배양하여 그 숫자를 셀 때는 30~300 CFU 규정을 따른다.

### (2) 건조필름법

표준평판법에 의한 미생물 분석을 간편하게 할 수 있도록 3M 페트리필름과 같은 간이 건조필름이 시판되고 있다. 얇은 필름에 영양소, 수용성 겔, 균체 지시약 등을 특

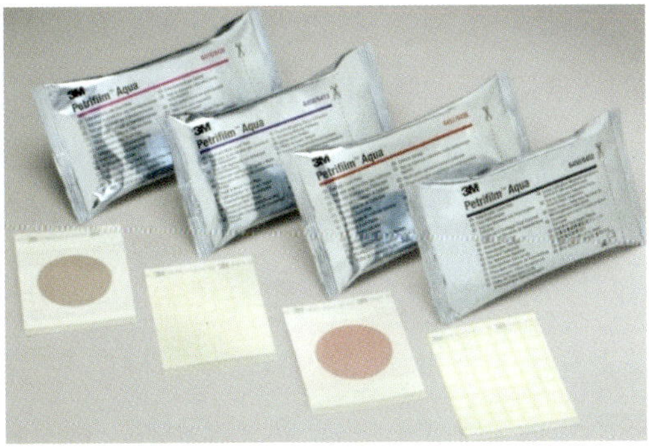

그림 7-3 **3M 페트리필름들**

출처 : https://www.beveragedaily.com/Article

수 코팅시켜 만든 배지로 시료 희석액을 접종하여 배양하면 미생물의 군집 형성에 대한 지시약 반응으로 군집을 계수하거나 결과를 판정할 수 있다. 주로 일반세균, 대장균군, 대장균, 효모, 곰팡이, 장내세균, 포도상구균 등을 분석할 수 있는 건조필름이 사용된다. 식품공전, AOAC와 BAM 등에서 공인된 방식으로 배지를 준비하거나 멸균할 필요가 없어 간편하고 편리하지만 비용이 증가할 수 있는 시험법이다.

### (3) 막투과법

막투과법membrane filtration method은 일정량의 액체시료를 0.45 μm 다공성 셀룰로스 아세테이트막을 통과시켜 거른 후 막 표면에 침착된 미생물을 액체 또는 고체배지 위에

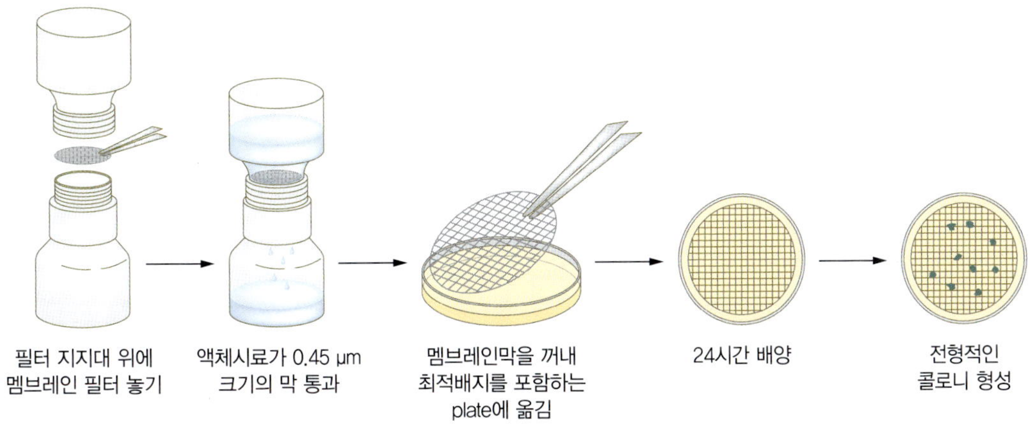


그림 7-4 **막투과법**

서 배양시켜 형성된 군집의 수를 세어 총 미생물의 수를 결정하는 방법이다. 이 방법은 바이러스를 제외한 대부분의 미생물들이 보통 0.5~1.0 ㎛의 크기를 갖고 있기 때문에 이보다 작은 0.45 ㎛ 다공성 막을 투과하지 못하는 원리를 이용한 것이다. 이 방법은 액체시료 중 잔유물이 많으면 배양 후 미생물 군집 계측에 방해를 주기 때문에 반드시 투명한 액체시료이어야 한다. 따라서 음용수의 대장균군 오염 정도 등을 측정하기에 적합하여 수돗물은 보통 100 mL 시료를 통과시킨 후 걸러진 막을 배지 위에 얹어 37℃, 48시간 배양 후 형성된 군집수를 세어 세균수를 측정한다.

### (4) 최확수법

최확수란 이론상 가장 가능한 수치로, 최확수법Most Probable Number, MPN은 검체에 소수로 존재하는 특정 미생물의 수를 확률적 통계에 의해 추정하기 위한 방법으로 수많은 종류의 미생물들이 다수 섞여 존재하는 식품 중에서 매우 낮은 수로 존재하는 원하는 미생물의 수를 측정할 때 사용하며, 주로 대장균군 수를 측정할 때 흔히 사용된다.

시험방법은 시료를 연속적으로 희석하되 희석배수마다 3개에서 5개의 튜브를 사용하여 해당 미생물의 선택적 배지에서 배양한다. 배양 후 미생물의 성장이나 생화학적

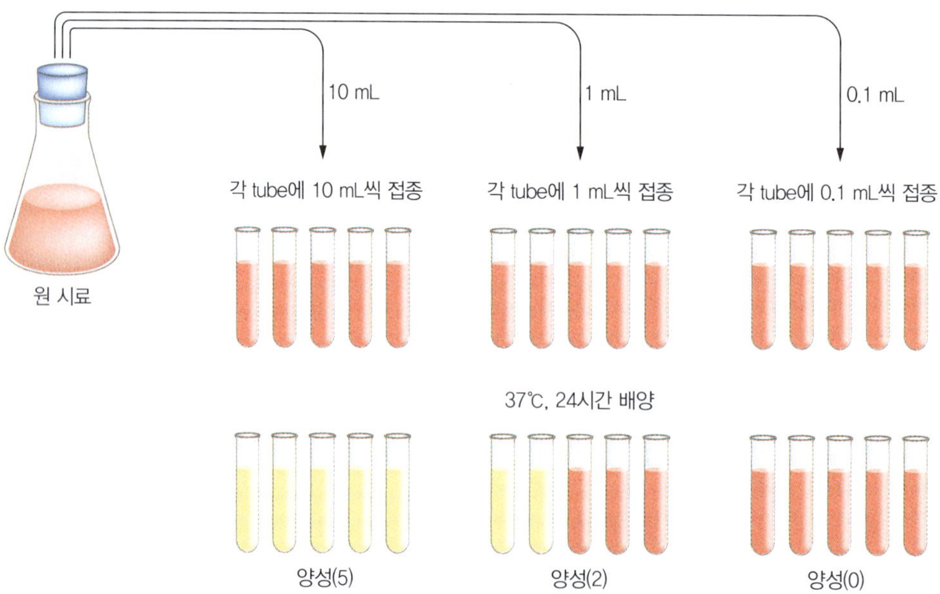


그림 7-5 **최확수법**

연속 3단계 시료 희석용액 10mL, 1mL 및 0.1mL를 각각 3개 또는 5개씩 발효관에 접종

↓

배양

↓

가스 포집 결과로 최확수표에 적용시켜 최확수 산출

↓

검체 100 mL 중 또는 100 g 중에 존재하는 대장균군 수 표시

그림 7-6 **대장균군 측정 최확수법**

반응의 양성·음성 여부를 판독하고, 희석배수에 따른 특정 미생물의 검출결과를 통계적으로 해석하여 만들어진 MPN표를 토대로 식품 중의 특정 미생물의 수를 결정한다. 실제적으로 대장균군에 대한 시험법은 발효관durham tube을 유당배지가 든 시험관에 넣고 희석액을 접종한 후 배양하여 유당발효에 의해 발효관 내부에 가스가 포집되는 현상으로 대장균의 유무를 확인 후 최확수법을 실행한다.

### (5) 현미경관찰법

앞서 언급된 미생물 검사법들은 대부분 배양을 위하여 하루나 이틀의 시간이 필요하다. 미생물은 육안 관찰이 어려울 정도로 작아서 배양을 통한 군집의 형성이 필요하기 때문이다. 현미경관찰법은 이러한 배양시간 없이 미량(0.01mL)의 시료를 현미경용 슬라이드 1 $cm^2$ 표면에 고르게 분산시키고, 건조 및 염색 후 오일 이멀젼 렌즈로 25구획의 미생물 수를 세어 환산함으로써 1mL에 존재하는 미생물의 수를 계산하는 방법이다. 액체나 반고체 시료는 그대로 사용 가능하고, 고체시료는 희석액과 함께 균질화시켜 사용한다. 이 방법은 배양시간이 생략되어 빠르기는 하지만 몇 가지 단점이 있다. 첫째, 관찰자에 따라 오차가 크고 시료수가 많을 때는 오히려 번거로우며, 생균과 사균의 구별이 불가능하면서 민감도가 낮아 검체 원액의 미생물 수가 $10^5$/mL CFU가 넘어야 검출 가능하다.

## 4. 신속한 미생물 검사법

오랜 기간 동안 사용된 전통적인 미생물 검사법은 신뢰할 수 있는 방법이긴 하지만, 시료의 전처리와 배양에 걸리는 시간 때문에 이틀 또는 상당기간이 지난 후에야 결과를 얻을 수 있다. 따라서 신속한 유통식품과 순간 모니터링이 필요한 시료인 경우에는 한계가 있다. 그러나 과학기술과 도구의 발달로 전통적인 미생물 검사법의 단점을 보완할 수 있는 ATP 광측정법, 형광항체fluorescent antibody 이용법 외에도 항원항체면역기전을 적용한 효소면역측정법, 유전자 관련기전을 적용한 중합효소연쇄반응, DNA 마이크로어웨이, 유전자지문분석법 등 다양한 방법들이 개발되어 활용되고 있다. PCR이나 DNA 마이크로어레이는 유해미생물의 유전자를 직접 검출하는 방법으로 ELISA보다 신뢰성은 높지만 장비가 고가이고 숙련된 전문기술이 필요하며, 시료 내에 존재하는 저해인자inhibitor와의 반응을 제어해야 한다.

### 1) ATP 광측정법

ATP 광측정법photometery은 살아있는 미생물의 세포가 일정량의 ATP를 가지고 있다는 사실과 생물발광성bioluminescence 원리를 이용한 미생물 신속 측정법이다. 검사대상 표면에서 swab한 미생물의 ATP가 기질substrate인 루시페린luciferin과 효소인 루시퍼레이스luciferase와 반응하여 옥시루시페린oxyluciferin으로 전환되면서 빛을 발생한다. ATP 측정기는 ATP의 양에 따라 빛의 강도가 달라지는 것으로 오염된 미생물의 양을 간접적으로 측정하는 장비이며, 숙련된 전문가가 아니더라도 미생물을 포함한 유기물의 잔존 여부를 실시간으로 모니터링하는데 이 측정기를 사용할 수 있다. 이러한 원리는 식품 가공공장이나 급식장의 실시간 위생 모니터링과 신선한 육류나 우유의 위생상태 측정에 활용된다.

$$\text{ATP} + \text{luciferin} + \text{luciferase} + O_2 \xrightarrow{Mg^{2+}} \text{oxyluciferin} + \text{ATP} + P_{pi} + CO_2 + \text{Light}$$

그림 7-7 **루시페린과 루시페린 분해효소 반응에 의한 빛의 생성과정**

## 2) 직접표면형광필터법

직접표면형광필터법direct epifluorescent filter technique은 막투과성과 형광현미경 관찰을 결합한 실험법으로, 일정량의 액체시료를 폴리카보네이트막polycarbonate membrane에 통과시킨 후 아크리딘 오렌지acridine orange와 같은 형광염색약으로 막을 통과하지 못한 막 위의 세균들을 염색시켜 형광현미경으로 미생물의 수를 세는 방법이다. 이 방법의 장점은 세균을 배양하지 않아도 되기 때문에 세균수 검사에 많은 시간이 소모되지 않으며, 시료의 수가 많은 경우는 TV 카메라를 현미경에 연결하여 TV 스크린에서 미생물의 수를 셀 수 있다는 것이다.

## 3) 효소면역측정법

효소면역측정법Enzyme-Linked Immuno sorbent Assay, ELISA은 항원과 항체의 반응을 이용한 항원항체시험법으로 식품 중에 존재하는 균을 검출하는 데 가장 많이 사용된다. 반응용 well plate의 각 well에 항체를 부착한 후, 항원을 지닌 세균과 같은 미생물을 주입하면 항원-항체반응에 의해 미생물이 항체에 가서 결합하며, 이때 세척을 통해 결합하지 못한 항원을 제거한다. 이어서 효소가 결합된 항체를 첨가하여 항원과 결합시킨다.

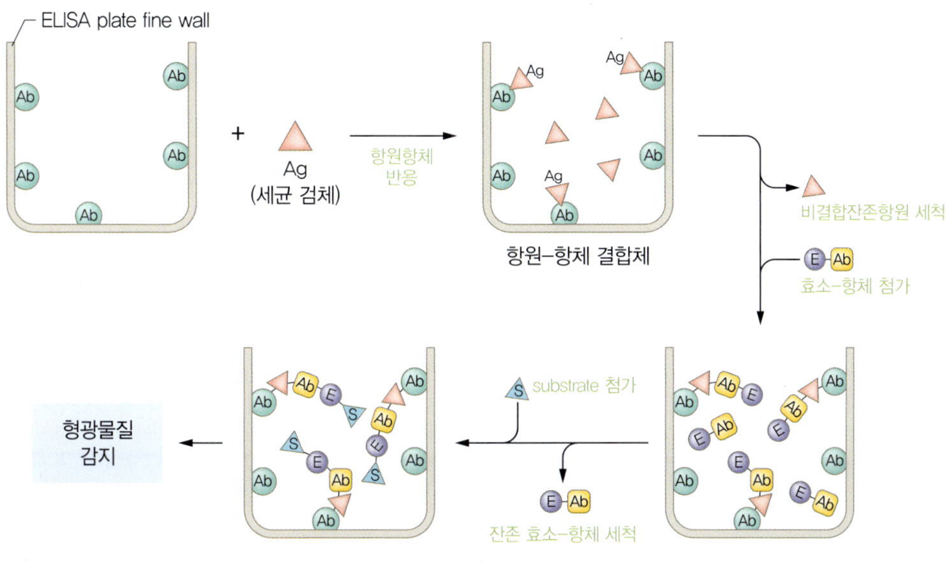


그림 7-8 **효소면역측정법(ELISA)의 원리**

역시 세척을 통해 효소가 결합된 항체 중 항원과 결합하지 못한 조각을 제거한다. 여기에 기질을 가하면 기질이 선택적으로 결합하여 남아 있던 효소와 반응하며 효소의 양에 비례하여 형광물질로 전환된다. 이 형광물질의 양을 측정하면 세균의 양을 파악할 수 있다. 이 과정을 실험자가 수동으로 실시하지만, 현재는 자동화한 장비를 사용할 수 있다.

### 4) 염료환원법

우유에 오염되어 있는 미생물이 우유 중의 탄수화물을 흡수하여 분해하게 되면 환원물질이 형성되고 이것이 메틸렌블루methylene blue나 레사주린resazurin과 같은 산화환원 염료를 환원시켜 색깔을 변화시킨다. 이러한 원리를 이용하여 미생물의 존재 여부를 간접적으로 확인한다. 일정량의 염료를 넣고 배양하게 되면 미생물의 수에 따라 염료의 환원속도가 달라지게 되며 그 결과치는 우유의 품질 정도를 나타낸다.

우유 운송 및 저장은 저온유통시스템cold chain system을 사용하기 때문에 냉온균이 주로 문제가 된다. 냉온균은 염료 환원력이 낮아 메틸렌블루에서는 민감도가 낮아 사용이 제한적이지만, 탱크에 들어 있는 우유의 선별염료환원법은 레사주린 테스트를 활용하고 있다.

### 5) DNA 탐침법

각각의 생물들은 특징적인 DNA 또는 RNA 서열을 가지고 있다. DNA 탐침법은 미생물의 이러한 특징을 DNA 탐침probe을 활용하여 검출하는 것이다. 식품에 오염된 미생물의 유전자를 추출하여 제한효소로 처리한 후 DNA 탐침과 반응시켜 서로 상보적인 DNA 서열과 교잡hybridization이 일어남을 활용하여 미생물의 존재 유무를 확인할 수 있다. 교잡은 방사성물질을 부착하거나 화학적 반응을 이용하여 확인할 수 있다.

일반적으로 식품에 오염된 특정 미생물의 수는 최소 $10^6$마리 이상이어야 판독이 가능하며, 오염된 숫자가 적을 경우는 일정 시간 배양을 통해 미생물을 증식시켜야 하는 시간과 노력이 필요하다.

## 6) 유전자지문분석법

유전자지문분석법Pulsed-field gel electrophoresis, PFGE는 DNA를 특정한 제한효소로 처리한 후 전기영동을 걸어 전기 파장을 여러 전달하여 DNA 분절의 양상을 형태학적으로 비교 관찰하는 방법이다. 감별에 대한 민감도가 높고 정확한 재현성이 역학자료들과 높은 유전적 상관관계를 제공해 줄 수 있기 때문에 매우 우수한 유전학적 분자구조 비교방법으로 알려져 있다. 특히 이 분석법은 전기영동을 걸었을 때 분리된 각 밴드 유형banding pattern을 분석하여, 만약 밴드 유형이 같다면 미생물이 서로 다른 식품에서 왔더라도 동일한 식중독균이라는 유전적 상관관계를 입증해 준다.

## 7) DNA 마이크로어레이

DNA 마이크로어레이microarray는 DNA-탐침을 이용한 미생물 검출법으로, 전통전인 미생물 배양법이나 ELISA와 같은 면역기법의 결과가 정확하지 않을 경우 대체 또는 병행방법으로 사용될 수 있다. 오염된 식품 속에 함유된 미생물 특유의 유전인자인 핵산을 배양 또는 증폭시켜 증가된 핵산의 수를 탐침을 이용하여 측정하는 방법이다.

## 8) 중합효소연쇄반응

중합효소연쇄반응Polymerase chain reaction, PCR은 1971년 클레페Kleppe, 1983년 멀리스Kary B. Mullis 등이 개발한 방법으로 검출을 원하는 특정 표적유전자를 많은 양으로 증폭시키는 방법이다. 식중독균의 검출에 유용한 방법으로 원인 미생물을 직접 분리하는 대신 열에 매우 안정한 DNA중합효소polymerase, 특정 부위에 결합하는 프라이머primer, 증폭대상인 주형 template DNA, 새로운 DNA를 만들기 위한 재료인 dNTPdeoxynucleotide triphosphate 등을 공급하여 PCR 증폭기를 사용하면 열변성denaturation, 프라이머의 결합annealing, DNA 합성polymerization을 거치면서 폭발적인 연쇄반응을 통해 DNA 양이 증폭된다. 이를 아가로스 겔agarose gel을 이용한 전기영동법이나 서던하이브리다이제이션southern hybridization법으로 검출을 확인하거나 정량한다. 최근에는 늘어난 PCR 산물의 양을 증폭단계마다 측정할 수 있어 전기영동이 필요 없는 실시간 유전자증폭기인 Real-Time PCR이 활용되고 있다.

식품의 여러 가지 성분에 의해 미생물의 분리가 어려울 수도 있다는 단점이 있지만, 적은 수의 미생물에 오염되더라도 증폭 정도에 따라 탐색이 가능하다는 장점이 있으며 시료의 전처리가 매우 중요하다.

## 5. 미생물 안전관리 기준

미생물 위생검사 결과의 적합 여부를 판단하기 위해서는 '식품공전'에 제시된 미생물 기준을 확인하여야 한다. 다음 표 7-8은 최근 단체급식소를 포함하여 식품접객업소에서 준수해야 하는 조리식품 등에 대한 미생물 기준이다.

**표 7-8 식품접객업소(단체급식소 포함)의 조리식품 등에 대한 미생물 규격**

| 검체 종류 | 대장균 | 세균 수 | 식중독균 |
|---|---|---|---|
| 조리식품 등 | 1 g당 10 이하 | 3,000/g 이하<br>(슬러시에 한함) | • 살모넬라(*Salmonella* spp.), 황색포도상구균(*Staphylococcus aureus*), 리스테리아 모노사이토제네스(*Listeria monocytogenes*), 장출혈성 대장균(Enterohemorrhagic *Escherichia coli*), 캠필로박터 제주니/콜리(*Camplyobacter jejuni/coli*), 여시니아엔테로콜리티카(*Yersinia enterocolitica*) 등 식중독균은 음성<br>• 장염비브리오균(*Vibrio parahaemolyticus*), 클로스트리디움퍼프린젠스(*Clostridium perfringens*)은 g당 100 이하<br>• 바실러스 세레우스(*Bacillus cereus*)는 g당 10,000 이하<br>• 조리과정 중 가열 처리를 하지 않거나 가열 후 조리한 식품의 경우 황색포도상구균(*Staphylococcus aureus*)은 g당 100 이하 |
| 접객용 음용수 | 음성<br>250 mL | | • 살모넬라 : 음성/250 mL<br>• 여시니아 엔테로콜리티카 : 음성/250 mL |
| 수족관 물 | 1,000/100 mL 이하 | 100,000/mL 이하 | |
| 행주(사용 중인 것 제외) | 음성 | | |
| 칼·도마 및 숟가락, 찬기 등 음식을 먹을 때 사용하거나 담는 것<br>(사용 중인 것 제외) | 음성 | | • 살모넬라 : 음성 |

출처 : 식품공전(최종고시일 2017.06.30.)

CHAPTER

# 8

# 식품 및 축산물 안전관리인증기준

# 1. 식품 및 축산물 안전관리인증기준(HACCP)

## 1) HACCP의 정의 및 개요

### (1) HACCP의 정의

HACCP은 위해요소 분석Hazard Analysis과 중요관리점Critical Control Point의 영문 약자로서 '해썹' 또는 '식품안전관리인증기준'이라 한다.

**HA**
위해요소분석

원료와 공정에서 발생 가능한 병원성미생물 등 생물학적, 화학적, 물리적 위해요소 분석

+

**CCP**
중요관리점

위해요소를 예방, 제거 또는 허용 수준으로 감소시킬 수 있는 공정이나 단계를 중점관리

HACCP은 식품의 원료, 만드는 과정에서 생물학적, 화학적, 물리적 위해요소들이 발생할 수 있는 상황을 과학적으로 분석하고 사전에 위해요소의 발생원인들을 차단하여 소비자에게 안전하고 깨끗한 식품을 공급하기 위한 시스템적인 규정이며, 위해 방지를 위한 사전 예방적 식품안전관리체계이다. HACCP은 기본적인 위생관리가 효과적으로 수행된다는 전제조건에서 중점적으로 관리하여야 할 공정·단계를 파악하여 집중 관리하는 시스템이다.

## 2) HACCP 시스템의 구성

HACCP이 효과적으로 작용하기 위해서는 반드시 우수제조기준Good manufacturing Practice, GMP과 일반위생관리기준Sanitation Standard Operating Procedures, SSOP의 선행요건에 기초에서 적용되어야 한다. 선행요건은 HACCP 관리 계획을 수립하기 전에 잘 준수되어야 하는 일반위생관리를 의미한다 그림 8-1.

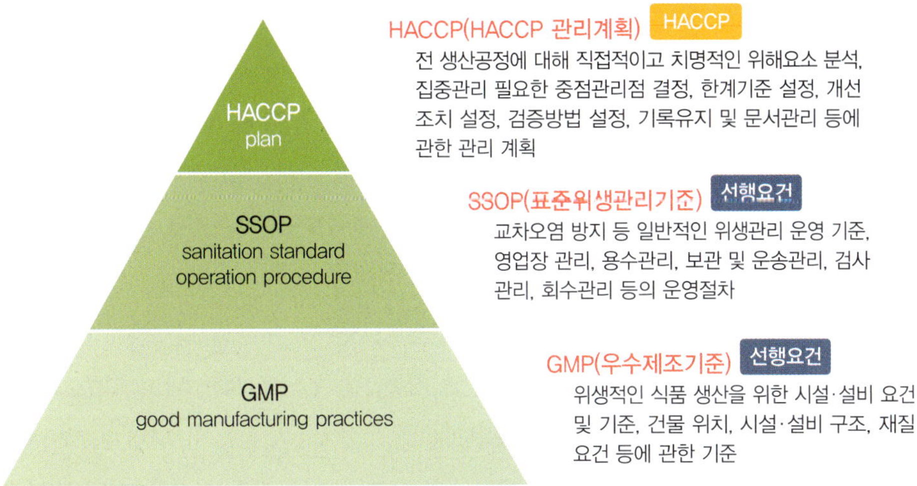


그림 8-1 HACCP 시스템의 구성

## 2. HACCP 적용하기

### 1) 선행요건 관리 기준

#### (1) 선행요건 관리 기준의 정의

식품제조가공 및 단체급식소 현장에서 안전한 식품을 생산·조리하기 위해 지켜야 하는 기본적인 위생조건 및 방법을 규정하는 기준으로 HACCP을 도입하고자하는 현장에서는 우선적으로 지켜야 하는 사항이며, HACCP 시스템의 효과를 높이기 위해서 필수적인 전제조건이다. 식품 및 축산물안전관리인증기준(식품의약품안전처 고시 제 2015-97호)에는 영업장관리, 위생관리, 제조·가공 시설·설비관리, 냉장·냉동 시설·설비 관리, 용수관리, 보관·운송관리, 검사관리 및 회수관리(식품제조가공업), 보존식관리(단체급식)의 기준을 수립하고 준수해야 함을 명시하고 있다.

#### (2) 선행요건 관리 기준의 구성

① 영업장관리 : 식품을 취급하는 환경(건축물, 외부환경 등)과 관련된 관리 기준으로 건축물 관리, 작업장 관리, 부대시설 관리, 외부환경 관리, 폐기물 처리시설 관리 등에 관한 기준 등

② 제조·가공 시설·설비 관리 : 식품 취급에 사용되는 시설·설비의 관리 기준

③ 냉장·냉동 시설·설비 관리 : 냉장·냉동 시설·설비의 구축, 유지·보수 관리 기준

④ 위생관리 : 작업장, 작업자, 시설·설비, 방충·방서 등에 관한 위생관리 기준으로 작업장 위생관리, 작업자 위생관리, 세척·소독 관리, 방충·방서 관리, 폐기물 관리 기준 등

⑤ 용수관리 : 제조가공, 세척·소독에 사용되는 용수관리 기준으로 용수관리, 용수 저장시설 관리 등

⑥ 입고·보관·운송 관리 : 사용되는 원·부재료, 자재에 대한 입고·보관·운송에 대한 관리 기준으로 원부재료, 자재 입고 기준, 원·부재료 보관 관리 기준, 화학약품 보관관리 기준, 운송관리 기준 등

⑦ 검사관리 : 자체 실시(또는 외부 의뢰)하는 원부재료, 공정품, 완제품, 환경 등의 실험검사관리 기준 및 계측기의 정도관리 기준으로 실험검사 기준, 검교정관리 기준 등

⑧ 회수관리 : 출고된 제품의 회수상황 발생 시 조치 기준(식품제조가공업)

⑨ 보존식관리 : 보존식의 보관방법 및 주의사항에 대한 기준(단체급식소)

### (3) 선행요건 관리 기준 해설

#### ① 작업장관리

◎ 작업장은 독립된 건물이거나 식품(축산물을 포함한다. 이하 같다) 취급 외의 용도로 사용되는 시설과 분리(벽·층 등에 의하여 별도의 방 또는 공간으로 구별되는 경우를 말한다. 이하 같다)되어야 한다.

◎ 작업장(출입문, 창문, 벽, 천장 등)은 누수, 외부의 오염물질이나 해충·설치류 등의 유입을 차단할 수 있도록 밀폐 가능한 구조이어야 한다.

◎ 작업장은 청결구역(식품의 특성에 따라 청결구역은 청결구역과 준청결구역으로 구별할 수 있다)과 일반구역으로 분리하고, 제품의 특성과 공정에 따라 분리, 구획 또는 구분할 수 있다.

◎ 원료처리실, 제조·가공실 및 내포장실의 바닥, 벽, 천장, 출입문, 창문 등은 제조·가공하는 식품의 특성에 따라 내수성 또는 내열성 등의 재질을 사용하거나 이러한 처리를 하여야 한다. 바닥은 파여 있거나 갈라진 틈이 없어야 하며, 작업 특성상 필요한 경우를 제외하고는 마른 상태를 유지하여야 한다. 이 경우 바닥, 벽, 천

장 등에 타일 등과 같이 홈이 있는 재질을 사용한 때에는 홈에 먼지, 곰팡이, 이물 등이 끼지 아니하도록 청결하게 관리하여야 한다.

◎ 작업장은 배수가 잘 되어야 하고 배수로에 퇴적물이 쌓이지 아니하여야 하며, 배수구, 배수관 등은 역류가 되지 아니하도록 관리하여야 한다.

◎ 작업장의 출입구에는 구역별 복장 착용방법을 게시하여야 하고, 개인위생관리를 위한 세척, 건조, 소독 설비 등을 구비하여야 하며, 작업자는 세척 또는 소독 등을 통해 오염가능성 물질 등을 제거한 후 작업에 임하여야 한다.

◎ 작업장 내부에는 종업원의 이동경로를 표시하여야 하고 이동경로에는 물건을 적재하거나 다른 용도로 사용하지 아니하여야 한다.

◎ 창의 유리는 파손 시 유리조각이 작업장 내로 흩어지거나 원·부자재 등으로 혼입되지 아니하도록 하여야 한다.

◎ 작업실 안은 작업이 용이하도록 자연채광 또는 인공조명 장치를 이용하여 밝기는 220 lux 이상을 유지하여야 하고, 특히 선별 및 검사구역 작업장 등은 육안확인이 필요한 조도(540 lux 이상)를 유지하여야 한다.

◎ 채광 및 조명시설은 내부식성 재질을 사용하여야 하며, 식품이 노출되거나 내포장 작업을 하는 작업장에는 파손이나 이물 낙하 등에 의한 오염을 방지하기 위한 보호장치를 하여야 한다.

◎ 화장실, 탈의실 등은 내부 공기를 외부로 배출할 수 있는 별도의 환기시설을 갖추어야 하며, 화장실 등의 벽과 바닥, 천장, 문은 내수성, 내부식성의 재질을 사용하여야 한다. 또한 화장실의 출입구에는 세척, 건조, 소독설비 등을 구비하여야 한다.

◎ 탈의실은 외출복장(신발 포함)과 위생복장(신발 포함) 간의 교차오염이 발생하지 아니하도록 분리 또는 구분·보관하여야 한다.

작업장 입시절차 및 구역별 복장규격 예시는 그림 8-2, 그림 8-3과 같다.

② 위생관리

◎ 원·부자재의 입고에서부터 출고까지 물류 및 종업원의 이동 동선을 설정하고 이를 준수하여야 한다.

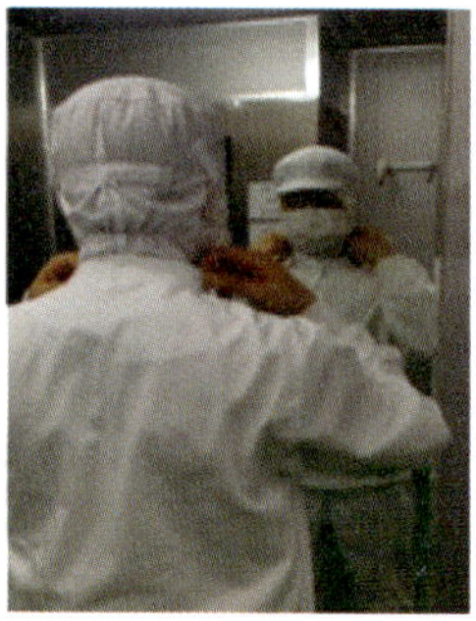
① 위생복 착용

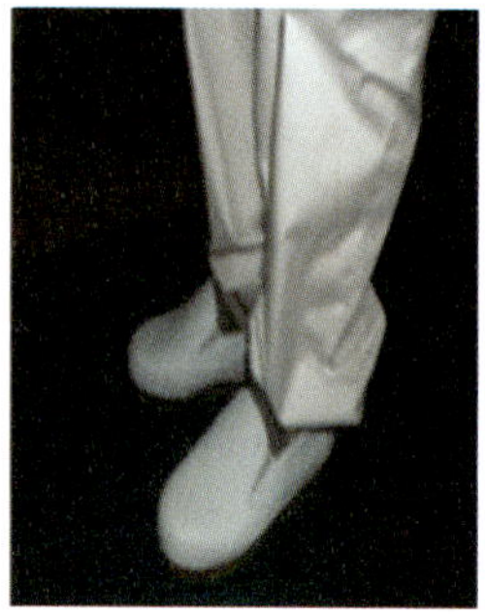
② 위생화 착용

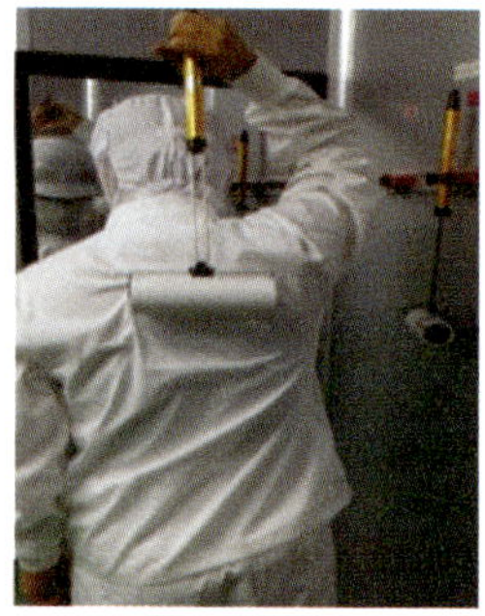
③ 이물 제거

④ 손 세척

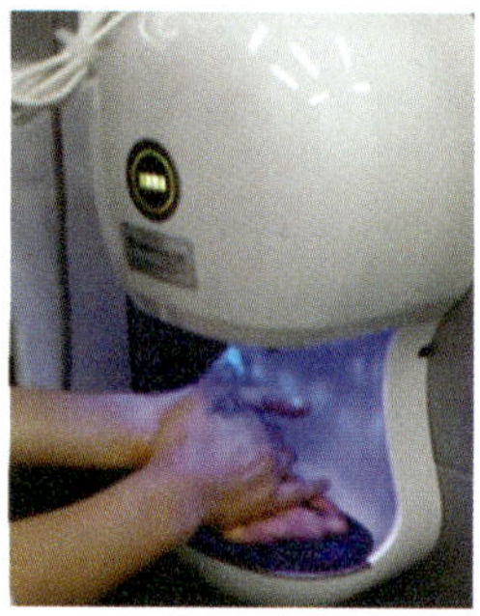
⑤ 손 건조

⑥ 작업장 입실 후 손 소독

그림 8-2 **작업장 입실절차 예시**

◎ 원료의 입고에서부터 제조·가공, 보관, 운송에 이르기까지 모든 단계에서 혼입될 수 있는 이물에 대한 관리계획을 수립하고 이를 준수하여야 하며, 필요한 경우 이를 관리할 수 있는 시설·장비를 설치하여야 한다.

◎ 청결구역과 일반구역별로 각각 출입, 복장, 세척·소독 기준 등을 포함하는 위생 수칙을 설정하여 관리하여야 한다.

◎ 제조·가공·포장·보관 등 공정별로 온도관리 계획을 수립하고 이를 측정할 수 있는 온도계를 설치하여 관리하여야 한다. 필요한 경우, 제품의 안전성 및 적합성을 확보하기 위한 습도관리 계획을 수립·운영하여야 한다.

◎ 작업장 내에서 발생하는 악취나 이취, 유해가스, 매연, 증기 등을 배출할 수 있는 환기시설을 설치하여야 한다.

◎ 외부로 개방된 흡·배기구 등에는 여과망이나 방충망 등을 부착하여야 한다.

◎ 작업장은 방충·방서관리를 위하여 해충이나 설치류 등의 유입이나 번식을 방지

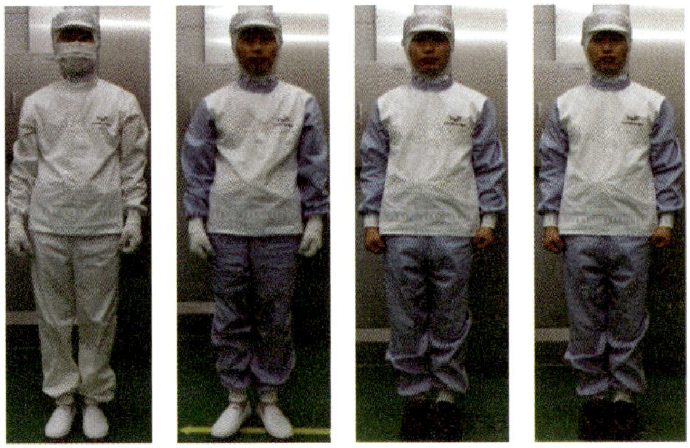

| | 청결구역 | 일반구역 | 일반구역(창고) | 방문객 외 |
|---|---|---|---|---|
| 위생복 | ○ | ○ | ○ | × |
| 위생모 | ○ | ○ | ○ | ○ |
| 위생화, 장화 | ○ | 실내화, 장화 ○ | 실외화 ○ | 위생화, 덧신 ○ |
| 위생장갑 | 필요 시 착용 | 필요 시 착용 | 필요 시 착용 | × |
| 면장갑 | ○ | ○ | 필요 시 착용 | × |
| 앞치마 | 필요 시 착용 | 필요 시 착용 | 필요 시 착용 | × |
| 팔토시 | 필요 시 착용 | 필요 시 착용 | 필요 시 착용 | × |
| 마스크 | ○ | 필요 시 착용 | 필요 시 착용 | × |

그림 8-3 구역별 복장규격 예시(식품제조가공업)

그림 8-4 부적합한 배기구(왼쪽)와 배기구 설치 모습(오른쪽)

할 수 있도록 관리하여야 하고, 유입 여부를 정기적으로 확인하여야 한다.

◎ 작업장 내에서 해충이나 설치류 등의 구제를 실시할 경우에는 정해진 위생수칙에 따라 공정이나 식품의 안전성에 영향을 주지 아니하는 범위 내에서 적절한 보호조치를 취한 후 실시하며, 작업 종료 후 식품취급시설 또는 식품에 직·간접적으로 접촉한 부분은 세척 등을 통해 오염물질을 제거하여야 한다.

◎ 작업장 내에서 작업 중인 종업원 등은 위생복·위생모·위생화 등을 항시 착용하여야 하며, 개인용 장신구 등을 착용하여서는 아니 된다.

◎ 폐기물·폐수 처리시설은 작업장과 격리된 일정 장소에 설치·운영하며, 폐기물 등의 처리용기는 밀폐 가능한 구조로 침출수 및 냄새가 누출되지 아니하여야 하고, 관리계획에 따라 폐기물 등을 처리·반출하고, 그 관리기록을 유지하여야 한다.

◎ 영업장에는 기계·설비, 기구·용기 등을 충분히 세척하거나 소독할 수 있는 시설이나 장비를 갖추어야 한다.

◎ 세척·소독 시설에는 종업원에게 잘 보이는 곳에 올바른 손 세척방법 등에 대한 지침이나 기준을 게시하여야 한다.

◎ 영업자는 종업원·위생복, 위생모, 위생화 등·작업장 주변·작업실별 내부·식품제조시설(이송배관 포함)·냉장·냉동설비·용수저장시설·보관·운반시설·운송차량, 운반도구 및 용기·모니터링 및 검사 장비·환기시설(필터, 방충망등 포함)·폐기물 처리용기·세척, 소독도구·기타 필요사항 등에 대한 세척 또는 소독 기준을 정하여야 한다.

◎ 세척 또는 소독 기준은 세척·소독 대상별 세척·소독 부위·세척·소독 방법 및 주기·세척·소독 책임자·세척·소독 기구의 올바른 사용 방법·세제 및 소독제(일반 명칭 및 통용 명칭)의 구체적인 사용방법 등에 대한 사항을 포함하여야 한다.

◎ 소독용 기구나 용기는 정해진 장소에 보관·관리되어야 한다.

◎ 세척 및 소독의 효과를 확인하고, 정해진 관리계획에 따라 세척 또는 소독을 실시하여야 한다.

**③ 제조·가공 시설·설비 관리**

◎ 식품 취급시설·설비는 공정 간 또는 취급시설·설비 간 오염이 발생되지 아니하도록 공정의 흐름에 따라 적절히 배치되어야 하며, 위해요인에 의한 오염이 발생하

지 아니하여야 한다.

◎ 식품과 접촉하는 취급시설·설비는 인체에 무해한 내수성·내부식성 재질로 열탕·증기·살균제 등으로 소독·살균이 가능하여야 하며, 기구 및 용기류는 용도별로 구분하여 사용·보관하여야 한다.

그림 8-5 단체급식소 배치 예시

◎ 온도를 높이거나 낮추는 처리시설에는 온도 변화를 측정·기록하는 장치를 설치·구비하거나 일정한 주기를 정하여 온도를 측정하고 그 기록을 유지하여야 하며, 관리계획에 따른 온도가 유지되어야 한다.

◎ 식품 취급시설·설비는 정기적으로 점검·정비를 하여야 하고 그 결과를 보관하여야 한다.

**④ 냉장·냉동시설·설비 관리**

◎ 냉장시설은 내부의 온도를 10℃ 이하[다만 신선편의식품(샐러드 제품에 한함), 훈제연어, 알가공품(액란제품에 한함), 식육(분쇄육, 가금육에 한함), 포장육(분쇄육 또는 가금육의 포장육에 한함), 분쇄가공육제품은 5℃ 이하 보관 등 보관온도 기준이 별도로 정해진 식품의 경우에는 그 기준을 따른다.]로 한다.

◎ 냉동시설은 -18℃ 이하로 유지하고, 외부에서 온도 변화를 관찰할 수 있어야 하며, 온도감응장치의 센서는 온도가 가장 높게 측정되는 곳에 위치하도록 한다.

**⑤ 용수관리**

◎ 식품 제조·가공에 사용되거나, 식품에 접촉할 수 있는 시설·설비, 기구·용기, 종업원 등의 세척에 사용되는 용수는 수돗물이나 「먹는물 관리법」 제5조의 규정에 의한 '먹는 물 수질기준'에 적합한 지하수이어야 하며, 지하수를 사용하는 경우, 취수원은 화장실, 폐기물·폐수 처리시설, 동물사육장 등 기타 지하수가 오염될 우려가 없도록 관리하여야 하며, 필요한 경우 살균 또는 소독 장치를 갖추어야 한다.

◎ 식품 제조·가공에 사용되거나, 식품에 접촉할 수 있는 시설·설비, 기구·용기, 종업원 등의 세척에 지하수를 사용하는 경우에는 '먹는 물 수질기준' 전 항목에

그림 8-6 저수탱크 세척·소독 전(왼쪽)과 후(오른쪽)

대하여 연 1회 이상(음료류 등 직접 마시는 용도의 경우는 반기 1회 이상) 검사를 실시하여야 한다. '먹는 물 수질기준'에 정해진 미생물학적 항목에 대한 검사를 월 1회 이상(지하수를 사용하거나 상수도의 경우는 비가열식품의 원료 세척수 또는 제품 배합수로 사용하는 경우에 한한다) 실시하여야 하며, 미생물학적 항목에 대한 검사는 간이 검사키트를 이용하여 자체적으로 실시할 수 있다.

◎ 저수조, 배관 등은 인체에 유해하지 아니한 재질을 사용하여야 하며, 외부로부터의 오염물질 유입을 방지하는 잠금장치를 설치하여야 하고, 누수 및 오염 여부를 정기적으로 점검하여야 한다.

◎ 저수조는 반기별 1회 이상 「수도법」에 따라 청소와 소독을 자체적으로 실시하거나, 「수도법」에 따른 저수조청소업자에게 대행하여 실시하여야 하며 그 결과를 기록·유지하여야 한다.

◎ 비음용수 배관은 음용수 배관과 구별되도록 표시하고 교차되거나 합류되지 아니하여야 한다.

⑥ 보관·운송 관리

◎ 검사성적서로 확인하거나 자체적으로 정한 입고기준 및 규격에 적합한 원·부자재만을 구입하여야 한다.

◎ 영업자는 원·부자재 공급업소 등 협력업소의 위생관리 상태 등을 점검하고 그 결과를 기록하여야 한다. 다만, 공급업소가 「식품위생법」이나 「축산물위생관리법」에 따른 HACCP 적용업소일 경우에는 이를 생략할 수 있다.

◎ 운반 중인 식품·축산물은 비식품·축산물 등과 구분하여 교차오염을 방지하여야 하며, 운송차량(지게차 등 포함)으로 인하여 운송제품이 오염되어서는 아니된다.

◎ 운송차량은 냉장의 경우 10℃ 이하(단, 가금육 -2~5℃ 운반과 같이 별도로 정해진 경우에는 그 기준을 따른다), 냉동의 경우 -18℃ 이하를 유지할 수 있어야 하며, 외부에서 온도 변화를 확인할 수 있도록 온도기록장치를 부착하여야 한다.

◎ 원료 및 완제품은 선입선출원칙에 따라 입고·출고 상황을 관리·기록하여야 한다.

◎ 원·부자재, 반제품 및 완제품은 구분 관리하고, 바닥이나 벽에 밀착되지 아니하도록 적재·관리하여야 한다.

◎ 부적합한 원·부자재, 반제품 및 완제품은 별도의 지정된 장소에 보관하고 명확하게 식별되는 표식을 하여 반송, 폐기 등의 조치를 취한 후 그 결과를 기록·유지하여야 한다.

◎ 유독성 물질, 인화성 물질 및 비식용 화학물질은 식품 취급구역으로부터 격리되고, 환기가 잘 되는 지정 장소에서 구분하여 보관·취급하여야 한다.

**⑦ 검사관리**

◎ 제품검사는 자체 실험실에서 검사계획에 따라 실시하거나 검사기관과의 협약에 의하여 실시하여야 한다.

◎ 검사결과에는 검체명·제조 연월일 또는 유통기한(품질유지기한)·검사연월일·검사항목, 검사기준 및 검사결과·판정결과 및 판정 연월일·검사자 및 판정자의 서명날인·기타 필요한 사항 등이 포함된 내용이 구체적으로 기록되어야 한다.

◎ 냉장·냉동 및 가열처리 시설 등의 온도측정장치는 연 1회 이상, 검사용 장비 및 기구는 정기적으로 교정하여야 한다. 이 경우 자체적으로 교정검사를 하는 때에는 그 결과를 기록·유지하여야 하고, 외부 공인 국가교정기관에 의뢰하여 교정하는 경우에는 그 결과를 보관하여야 한다.

◎ 작업장의 청정도 유지를 위하여 공중낙하세균 등을 관리계획에 따라 측정·관리하여야 한다. 다만, 제조공정의 자동화, 시설·제품의 특수성, 식품이 노출되지 아니하거나, 식품을 포장된 상태로 취급하는 등 작업장의 청정도가 제품에 영향을 줄 가능성이 없는 작업장은 그러하지 아니할 수 있다.

### ⑧ 회수 프로그램관리(식품제조가공업)

◎ 부적합품이나 반품된 제품의 회수를 위한 구체적인 회수절차나 방법을 기술한 회수프로그램을 수립·운영하여야 한다.

◎ 부적합품의 원인 규명이나 확인을 위한 제품별 생산장소, 일시, 제조라인 등 해당 시설 내의 필요한 정보를 기록·보관하고 제품 추적을 위한 코드 표시 또는 로트 관리 등의 적절한 확인방법을 강구하여야 한다.

### ⑨ 보존식관리 기준(단체급식소)

◎ 담당자는 매끼 전 메뉴마다 검식이 끝난 직후로 배식 전에 제공될 음식의 1인 분량(배식량이 적은 메뉴는 100 g 이상)을 채취하여 보존식 용기에 담는다.

◎ 식힌 후 뚜껑을 닫고 날짜와 끼니를 기록한 후 보존식 냉동고에 보관한다.

◎ 보존식 보존기간은 144시간 이상으로 하며, 폐기일이 휴일일 경우 그 다음날 폐기한다.

❶ 위생장갑 착용 후 깨끗하게 소독된 용기와 기구를 사용하여 검취한다.

❷ 검취한 양이 100 g 이상인지 확인하여 각각의 용기에 담는다.

❸ 용기 뚜껑을 닫은 후 메뉴와 일시 등을 기록한 후 용기에 부착한다.

❹ −18℃ 이하의 보존식 전용 냉동고에 144시간 보관한다.

그림 8-7 **보존식 관리방법**

출처 : 한국식품안전관리인증원, 집단급식소 관리기준서, 2017

## 2) HACCP 관리 기준

### (1) HACCP 관리 기준의 구성

**① 팀 구성 : 식품 취급과 관련된 담당자(모니터링 담당자 및 위생관리 담당자)의 지정 및 업무 분장**

팀 조직도, 팀원별 업무 분장, 인수인계 내용 등

**② 제품설명서 : 영업장에서 취급되는 제품의 상세 내용**

제품설명서(원·부재료, 제품규격, 포장단위, 제품 용도, 섭취 방법 등 포함)

**③ 제조공정도 : 식품의 취급하는 전체 과정(주요 취급 기준 및 방법 포함)**

제조공정도, 공정별 가공방법

**④ 작업장 평면도 : 작업장 내·외부의 전체적인 평면도**

작업장 평면도, 작업장 동선도, 시설·설비 배치도, 위생설비 배치도, 검사 측정 부위 등

**⑤ 위해요소 분석 : 원·부재료, 작업자, 작업환경 등으로부터 기인할 수 있는 식품위해(생물학적, 화학적, 물리적)를 규명하는 과정**

심각성 평가기준, 발생가능성 평가기준, 위해분석 목록표 등

**⑥ 중요관리점 결정 : 중요관리점 결정도 및 전문가 의견에 따른 식품위해요소를 제어, 예방하는 데 주요하게 관리되어야 할 공정 또는 방법(요소) 등**

중요관리점 결정도, 중요관리점 결정표

**⑦ 한계기준 설정 : 식품 위해를 규격 내로 관리하기 위한 공정기준(또는 관리 기준)**

한계기준 설정 근거

**⑧ 모니터링방법 설정**

한계기준의 준수사항을 확인할 수 있는 방법 기준

**⑨ 개선조치방법 설정**

중요관리점의 한계기준 이탈 시 올바른 상태로 돌릴 수 있는 방법 기준

⑩ **검증 : 수립된 선행요건, HACCP 관리 기준의 유효성, 적합성을 확인하는 기준**

검증 계획서, 검증 실시 보고서

⑪ **문서화 및 기록 유지**

선행요건 관리 기준, HACCP 관리 기준 양식, 점검표 양식 등의 내용 및 보관에 관한 기준

⑫ **교육·훈련**

전체 작업자, HACCP 팀원, 모니터링 담당자 등의 교육·훈련 계획 및 실시 내용에 관한 기준

### (2) HACCP 관리 기준 해설

① **예비 1단계 : HACCP팀 구성**

전체 인력으로 팀을 구성하여야 하며, 모니터링 담당자 참여는 필수이다. 모니터링 담당자는 해당 공정의 현장종사자로 구성하며, HACCP 팀장은 대표자 또는 공장장으로 구성한다. 또한 팀별 및 팀원별 교대근무 시 인수·인계방법 수립이 필요하며, 일반적으로 HACCP 팀장은 업소의 최고책임자가 되는 것을 권장하고 시설팀, 생산팀, 품질관리팀 등으로 구성하며 업소 내 핵심요원들을 팀장 및 팀원으로 포함시켜야 하며, 조직도는 자체 인력에 따라 조정한다.

② **예비 2단계 : 제품설명서 작성**

식품제조가공업 제품설명서에는 제품명, 제품유형, 품목제조보고 연월일, 작성자 및 작성 연월일, 성분배합비율, 제조포장단위, 완제품규격(법적규격·자사기준), 보관·유통상의 주의사항, 제품용도 및 유통기한, 포장방법 및 재질, 표시사항과 같은 항목이 포함되어야 하며, 품목제조보고서를 참고하여 작성하여야 한다.

단체급식소 메뉴설명서에는 메뉴명(소분류), 조리형태(대분류) 및 유형(중분류), 작성자 및 작성 연월일, 원재료명 및 함량, 알레르기 유발 물질, 완제품의 규격, 보관·배식 시 주의사항, 제품용도, 배식시간 및 잔식관리, 배식형태 및 제공방법, 기타 필요한 사항이 포함되어야 한다.

③ **예비 3단계 : 용도 확인**

해당 식품의 의도된 사용방법 및 대상 소비자를 파악하는 과정으로 그대로 섭취할

**표 8-1 메뉴설명서 예시**

<table>
<tr><th colspan="4">메뉴설명서</th></tr>
<tr><td>1. 메뉴명</td><td colspan="3">모듬채소샐러드</td></tr>
<tr><td>2. 조리 형태 및 유형</td><td colspan="3">비가열조리 공정, 샐러드류</td></tr>
<tr><td>3. 작성자 및<br>작성 연월일</td><td colspan="3">2014. 07. 30, 이순신</td></tr>
<tr><td>4. 원재료명 및 함량<br>(1인분 기준)</td><td colspan="3">양배추 100 g, 적채 3 g, 오이 5 g, 당근 2 g, 드레싱 50 g</td></tr>
<tr><td>5. 알레르기 유발물질</td><td colspan="3">우유(드레싱), 달걀(드레싱)</td></tr>
<tr><td rowspan="7">6. 완제품의 규격<br>(식품공전상 규격)</td><td rowspan="2">구분</td><td colspan="2">규격</td></tr>
<tr><td>법적 규격</td><td>사내 규격</td></tr>
<tr><td>성상</td><td colspan="2">고유의 색택과 향미를 가지며, 이미·이취가 없어야 한다.</td></tr>
<tr><td>물리적 항목</td><td colspan="2">이물이 없어야 한다.</td></tr>
<tr><td>화학적 항목</td><td colspan="2">잔류농약·중금속·산가·과산화물가 : 기준치 이하(원료별 관리)</td></tr>
<tr><td>생물학적 항목</td><td>대장균 : 음성<br>황색포도상구균 : $10^2$ CFU·g<br>살모넬라 : 음성<br>리스테리아 : 음성<br>장출혈성 대장균 : 음성<br>여시니아 엔테로콜리티카 : 음성<br>장염비브리오균 : $10^2$ CFU·g<br>클로스트리디움 퍼프린젠스 : $10^2$ CFU·g<br>캠필로박터 제주니·콜리 : 음성<br>바실러스 세레우스 : $10^4$ CFU·g</td><td>대장균 : 음성<br>황색포도상구균 : $10^2$ CFU·g<br>살모넬라 : 음성<br>리스테리아 : 음성<br>장출혈성 대장균 : 음성<br>여시니아 엔테로콜리티카 : 음성<br>장염비브리오균 : $10^2$ CFU·g<br>클로스트리디움 퍼프린젠스 : $10^2$ CFU·g<br>캠필로박터 제주니·콜리 : 음성<br>바실러스 세레우스 : $10^4$ CFU·g</td></tr>
<tr><td>7. 보관·배식 시<br>주의사항</td><td colspan="3">• 냉장식품 : 배식 직전까지 5℃ 냉장고에 보관<br>• 온장식품 : 배식 직전까지 60℃ 이상에서 보관<br>• 상온식품 : 조리 후 2시간 이내에 배식<br>• 조리 완제품은 덮개를 사용하여 이물 혼입을 방지한다</td></tr>
<tr><td>8. 제품 용도</td><td colspan="3">• 제품 용도 : 일반 건강인의 식사용</td></tr>
<tr><td>9. 배식시간 및<br>잔식 관리</td><td colspan="3">• 냉장식품 : 조리완료 후 4시간 이내 배식 완료<br>• 온장식품 : 조리완료 후 4시간 이내 배식 완료<br>• 상온식품 : 조리완료 후 2시간 이내에 배식 완료<br>• 배식 후 잔식 전량 폐기</td></tr>
<tr><td>10. 배식형태 및 제공<br>방법</td><td colspan="3">• 대면배식<br>• 메뉴별 전용 용기에 담아 제공, 용기 재질 : 멜라민 소재</td></tr>
<tr><td>11. 기타 필요사항</td><td colspan="3">※ 기타 위해분석에 활용될 수 있는 메뉴의 정보를 기록</td></tr>
</table>

출처 : 한국식품안전관리인증원, 집단급식소 관리기준서, 2017

것인가, 가열조리 후 섭취할 것인가, 조리 가공방법은 무엇인가 등을 확인하고 제품에 포함될 잠재성을 가진 위해물질에 민감한 대상소비자를 파악하는 과정이다.

**④ 예비 4단계 : 제조공정도 작성**

원료의 입고에서부터 완제품의 출하까지 모든 공정단계를 파악하여 제조공정도 그림 8-8을 작성하고, 각 공정별 주요 가공조건의 개요를 기재한다. 작업특성별 구획, 기계·기구 등의 배치, 제품의 흐름과정, 작업자 이동경로, 세척·소독조 위치, 출입문 및 창문, 공조시설 계통도, 용수 및 배수처리 계통도 등을 표시한 작업장 평면도를 작성한다 그림 8-9. 제조공정도에는 일련번호, 공정명, CCP번호, 주요 조건 등을 기재하고 공정별 가공방법에는 공정명, 가공방법 및 조건 등을 상세하게 기재한다.

이러한 공정흐름도와 평면도는 원료의 입고에서부터 완제품의 출하에 이르는 해당 식품의 공급에 필요한 모든 공정별로 위해요소의 교차오염 또는 2차오염, 증식 등의 가능성 파악에 도움이 된다.

그림 8-8은 식품제조가공업의 제조공정도 예시이다.

**⑤ 예비 5단계 : 공정흐름도 현장 확인**

공정흐름도 및 평면도가 실제 작업공정과 동일한지 여부를 확인하기 위하여 HACCP팀은 작업 현장에서 공정별 각 단계를 직접 확인하면서 검증하며, 현장 검증 결과 변경이 필요한 경우에는 해당 공정 흐름도나 평면도를 수정하고 변경 시마다 재작성 후 현장 확인을 실시한다.

공정흐름도와 평면도의 작성 목적은 각 공정 및 작업장 내에서 위해요소가 발생할 수 있는 모든 조건 및 지점을 찾아내기 위한 것이므로 정확성을 유지하는 것이 매우 중요하다.

**⑥ 원칙 1 : 위해요소(HA) 분석**

식품안전에 영향을 줄 수 있는 위해요소와 이를 유발할 수 있는 조건이 존재하는지 여부를 판별하기 위하여 필요한 정보를 수집하고 평가하는 일련의 과정이다. 위해요소 분석은 HACCP팀이 수행하며, 이는 제품설명서에서 파악된 원·부재료별로, 그리고 공정흐름도에서 파악된 공정·단계별로 구분하여 실시한다.

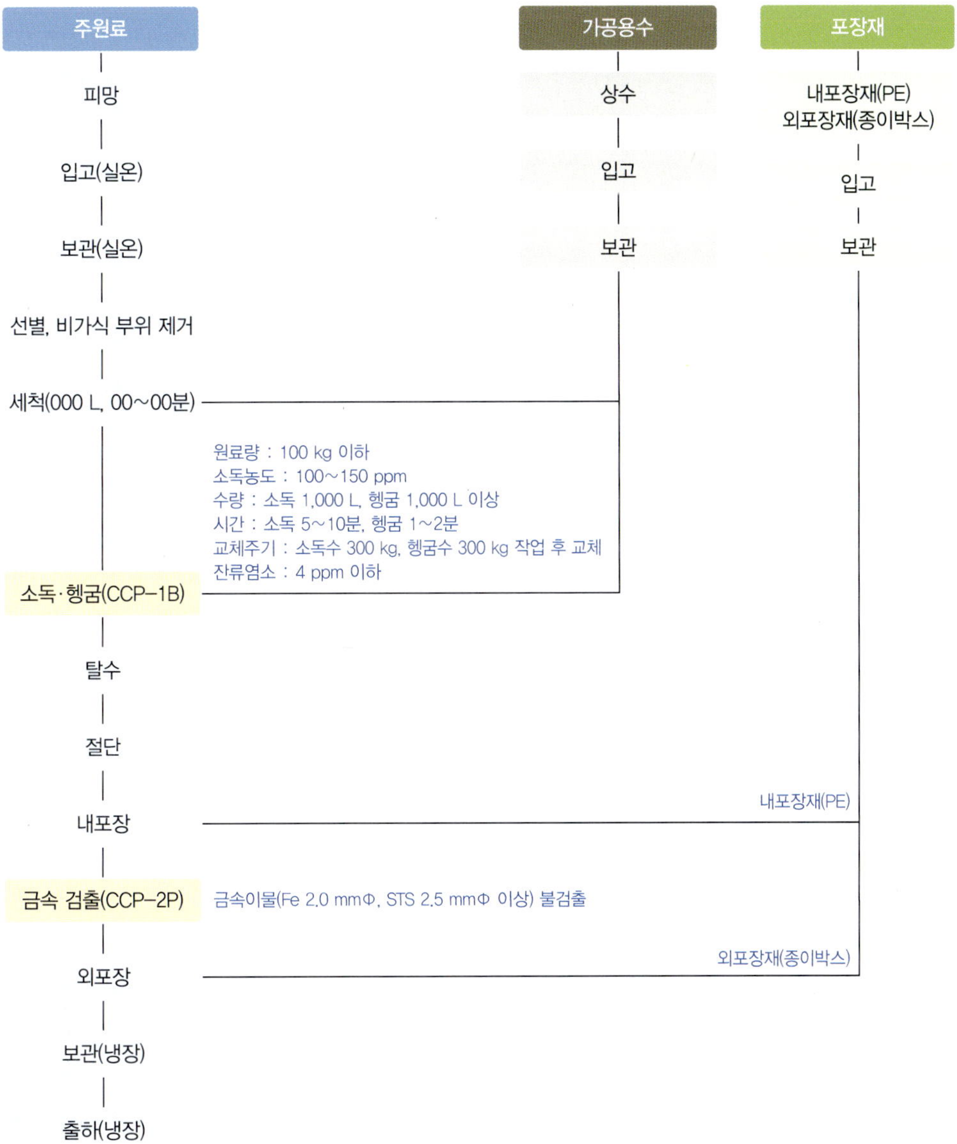


그림 8-8 **제조공정도 예시(식품제조가공업)**

**⑦ 원칙 2 : 중요관리점(CCP) 결정**

중요관리점이란 파악된 위해요소를 예방, 제거 또는 허용 가능한 수준까지 감소시킬 수 있는 최종 단계 또는 공정이며, 중요관리점을 결정하는 방법은 중요관리점 결정도를 이용하는 것으로 결정도는 위해평가 결과 중요 위해(확인대상)로 선정된 위해요소

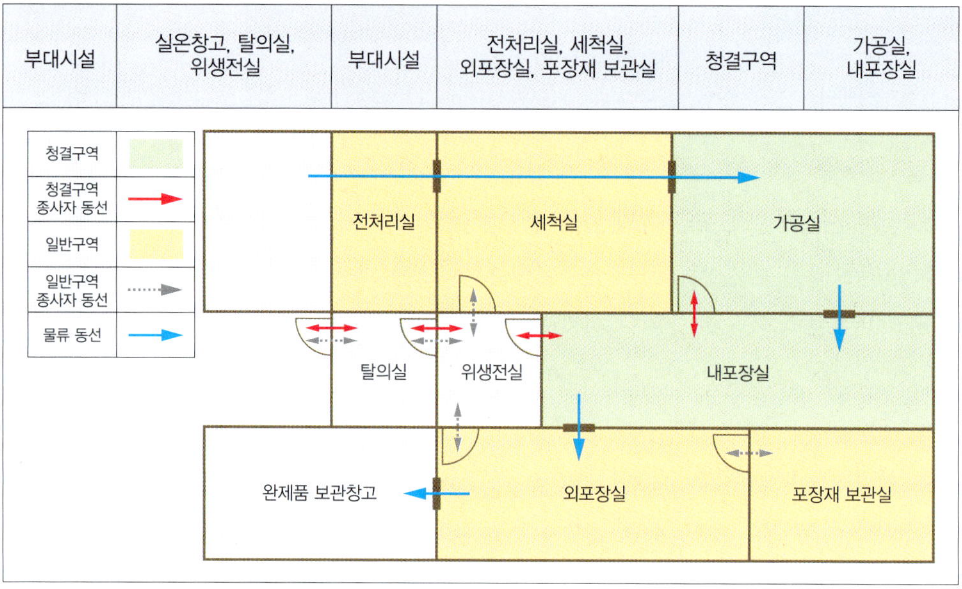


그림 8-9 **식품제조가공업 작업장 평면도 예시**

에 대해 적용한다.

식품의 제조·가공·조리 공정에서 중요관리점이 될 수 있는 사례는 병원성미생물을 사멸시키기 위하여 특정 시간 및 온도에서 가열처리, 금속검출기에 의한 금속이물 검출공정 등이 있다.

**⑧ 원칙 3 : 한계기준 설정(CL) 설정**

한계기준은 중요관리점에서의 위해요소관리가 허용범위 이내로 충분히 이루어지고 있는지 여부를 판단할 수 있는 기준이나 기준치를 말한다. 한계기준은 현장에서 쉽게 확인 가능하도록 가능한 육안관찰이나 온도 및 시간, 수분활성도$_{Aw}$ 같은 제품 특성, pH, 염소·염분농도 같은 화학적 특성, 금속검출기 감도 등 간단한 측정으로 확인할 수 있는 수치 또는 특정지표로 설정한다.

**⑨ 원칙 4 : CCP 모니터링 체계 확립**

모니터링이란 중요관리점에 설정된 한계기준을 적절하게 관리하고 있는지 여부를 확인하기 위하여 수행하는 일련의 계획된 관찰이나 측정하는 행위이다. HACCP팀은 연속적인 모니터링을 실시해야 하며, 연속적인 모니터링이 불가능한 경우 비연속적인 모

## 위해요소 분석 절차

- 위해요소 목록 작성 : 원·부재료별 또는 공정·단계별로 발생 가능한 모든 위해요소를 파악하여 목록 작성
- 위해평가 : 유입경로와 제어수단을 고려하여 위해요소의 발생 가능성과 발생 시 그 결과의 심각성을 감안하여 위해(risk)평가
- 예방수단 기술 : 각 위해요소의 유입경로와 이들을 제어할 수 있는 수단(예방수단)을 파악하여 기술

**표 8-2 심각성 평가 예시**

| 위해요소 | 심각성 | 위해의 종류 |
|---|---|---|
| 높음 | 생물학적(B) | *Listeria monocytogenes*, *Escherichia coli* O157:H7, *Clostridium botulinum*, *Salmonella typhi*, *Vibrio cholerae*, *Vibrio vulnificus* |
| | | 장출혈성대장균(1) |
| | 화학적(C) | paralytic shellfish poisoning, amnestic shellfish poisoning |
| | 물리적(P) | 유리조각, 금속성 이물 |
| 보통 | 생물학적(B) | *Salmonella* spp., *Brucella* spp., *Campylobacter* spp., *Shigella* spp., *Streptococcus* type A, *Yersinia enterocolitica*, hepatitis A virus |
| | | 대장균(2), 대장균군(총대장균군)(4,5), 진균(5) |
| | 화학적(C) | 곰팡이독(mycotoxin), 시가테라독, 잔류농약, 중금속(납, 카드뮴, 비소, 수은, 철) |
| | | 곰팡이독소(아플라톡신, 오크라톡신A, 데옥시니발레놀, 제랄레논)(1), 타르색소(2), 잔류용제(톨루엔, 프탈레이트 등)(2), 제조 공정 중 생성되는 화학 반응 물질(벤조피렌, 아크릴아마이드 등)(3), 오남용 식품첨가물(리놀렌산, 에루스산 등)(3), 유해물질(페놀 등)(4), 소독제(잔류염소)(4) |
| | 물리적(P) | 경질이물(플라스틱, 돌, 모래 등) |
| 낮음 | 생물학적(B) | *Bacillus* spp., *Clostridium perfringens*, *Staphylococcus aureus*, norovirus, 대부분의 기생충 |
| | | *Bacillus cereus*(2) |
| | 화학적(C) | 히스타민과 같은 물질, 식품첨가물 |
| | | transitory allergies 등의 증상을 수반하는 화학오염 물질 등(2) |
| | 물리적(P) | 연질이물(머리카락, 비닐, 지푸라기 등) |

※ FAO(1998) 규격

(1) 식품의 기준 및 규격 : 식품의약품안전처 고시 제2016-106호, 2016.9.30., 일부 개정
(2) Codex 규격 : CAC(Codex Alimentarius Commission, 국제식품규격위원회) 규격
(3) NACMCF 규격 : NACMCF(미국 식품 미생물 기준 자문위원회) 규격
(4) 먹는 물 수질기준 및 검사 등에 관한 규칙 : 환경부령 제677호, 2016.10.31., 일부 개정
(5) 알기 쉬운 HACCP 관리, 식품의약품안전처

(계속)

**표 8-3 발생 가능성 평가 예시**

| 구분 | 발생 가능성 |
|---|---|
| 높음 | 해당 위해요소가 지속적으로 자주 발생하였거나 가능성 높음(3건/월 이상 발생) |
| 보통 | 해당 위해요소가 빈번하게 발생하였거나 가능성 있음(1~2건/월 발생) |
| 낮음 | 해당 위해요소의 발생 가능성 거의 없음(0건/월) |

**표 8-4 위해평가도 예시**

| | | | | |
|---|---|---|---|---|
| 발생 가능성 | 높음(3) | 3 | 6 | 9 |
| | 보통(2) | 2 | 4 | 6 |
| | 낮음(1) | 1 | 2 | 3 |
| | | 낮음(1) | 보통(2) | 높음(3) |
| | 심각성 | | | |

* 3점 이상에 해당하는 위해요소에 대해서는 중요관리점 결정도(decision tree)에 적용하여 CCP와 CP로 구분

출처 : 국제식품규격위원회

니터링의 절차와 주기(빈도수)는 CCP가 한계기준 범위 내에서 관리될 수 있도록 정확히 설정되어야 한다. CCP를 모니터링하는 종업원은 해당 CCP에서의 모니터링을 효과적으로 올바르게 수행할 수 있도록 충분히 교육·훈련되어 있어야 하며, 모니터링 결과에 대한 기록은 예·아니오 또는 적합·부적합 등이 아닌 실제로 모니터링한 결과를 정확한 수치로 기록해야 한다.

**⑩ 원칙 5 : 개선조치방법 수립**

모니터링 결과 중요관리점의 한계기준을 이탈할 경우에 취하는 일련의 조치방법을 정하는 것이다. HACCP 계획은 식품으로 인한 위해요소가 발생하기 이전에 문제점을 미리 파악하고 시정하는 예방체계이므로 모니터링 결과 한계기준을 벗어날 경우 취해야 할 개선조치방법을 사전에 설정하여 신속한 대응조치가 이루어지도록 해야 한다.

일반적으로 취해야 할 개선조치사항에는 공정상태의 원상복귀, 한계기준 이탈에 의해 영향을 받은 관련식품에 대한 조치사항, 이탈에 대한 원인 규명 및 재발 방지 조치, HACCP 계획의 변경 등이 포함된다.

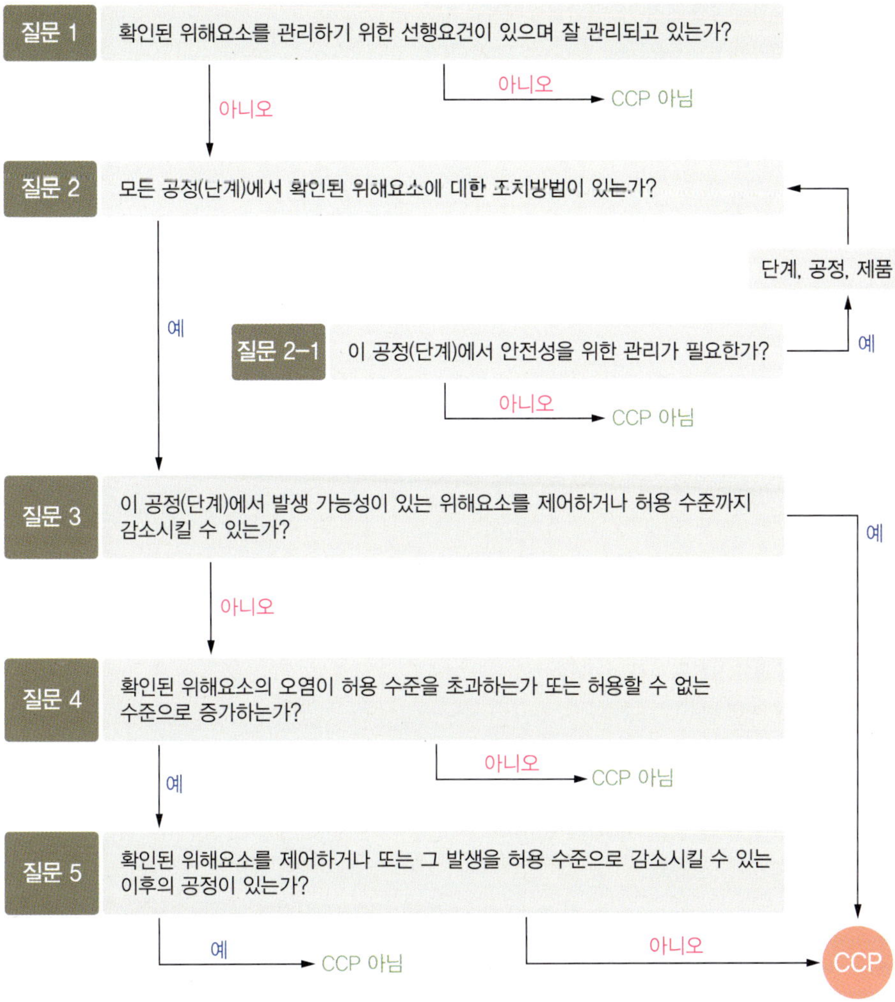


그림 8-8 중요관리점 결정도

### ⑪ 원칙 6 : 검증절차 및 방법 수립

HACCP팀은 HACCP 시스템이 설정한 안전성 목표를 달성하는 데 효과적인지, HACCP 관리계획에 따라 제대로 실행되는지, HACCP 관리계획의 변경 필요성이 있는지를 확인하기 위한 검증절차를 설정하여야 한다. 검증은 유효성 평가(수립된 HACCP 계획이 해당 식품이나 제조·조리 라인에 적합한지, 즉 HACCP 계획이 올바르게 수립되어 있어 충분한 효과를 내는지를 확인하는 것), 실행성 검증(HACCP 계획이 수립된 대로 효과적으로 이행되고 있는지 여부를 확인하는 것)으로 구성된다.

표 8-5 과채가공품 품질 실험을 통한 한계기준 설정근거 예시

| 기준 | | 외관 | 조직감 | 맛 | 향 |
|---|---|---|---|---|---|
| 소독농도 | 소독시간 | | | | |
| 100 ppm | 5분 | ○ | ○ | ○ | ○ |
| | 10분 | ○ | ○ | ○ | ○ |
| | 15분 | ○ | × | ○ | × |
| 150 ppm | 5분 | ○ | ○ | ○ | ○ |
| | 10분 | ○ | ○ | ○ | ○ |
| | 15분 | ○ | × | × | × |
| 200 ppm | 5분 | ○ | × | ○ | × |
| | 10분 | ○ | × | × | × |
| | 15분 | × | × | × | × |

*상기 결과로 소독·세척 공정의 한계기준은 소독농도 100~150 ppm, 소독시간 5~10분으로 설정

표 8-6 과채가공품 유효성 평가 실험을 통한 한계기준 설정근거 예시

| 분석항목 | | 결과(조건 : 100 ppm, 5분, 100 kg) | | | | | |
|---|---|---|---|---|---|---|---|
| 항목 | 구분 | 1차 | | 2차 | | 3차 | |
| | | 소독 전 | 소독 후 | 소독 전 | 소독 후 | 소독 전 | 소독 후 |
| 일반세균 | 정량 | 12,500 | 10 | 12,300 | 0 | 19,000 | 0 |
| 대장균 | 정량 | 1,100 | 0 | 1,300 | 0 | 1,500 | 0 |
| 리스테리아 모노사이토제네스 | 정성 | 0 | 0 | 0 | 0 | 0 | 0 |
| 장출혈성대장균 | 정성 | 0 | 0 | 0 | 0 | 0 | 0 |
| 살모넬라균 | 정성 | 0 | 0 | 0 | 0 | 0 | 0 |
| 바실러스 세레우스 | 정성 | 0 | 0 | 0 | 0 | 0 | 0 |
| 황색포도상구균 | 정성 | 0 | 0 | 0 | 0 | 0 | 0 |
| 클로스트리디움 퍼프린젠스 | 정성 | 0 | 0 | 0 | 0 | 0 | 0 |

*자사 품질 실험 및 유효성 평가실험 결과 확인을 통해 소독·세척 공정의 한계기준은 소독농도 100~150 ppm, 소독시간 5~10분으로 설정

표 8-7 단체급식소 한계기준 예시

| CCP No. | 제조 공정 | 위해요소 구분 | 위해요소 | 한계기준 |
|---|---|---|---|---|
| CCP-1 | 세척 | P | 나사, 못, 칼날 | ㅇ 세척수량 : 70~75 L<br>ㅇ 원료 투입량 : 10~11 kg<br>ㅇ 세척횟수 : 3회(3단 세척조)<br>ㅇ 세척시간 : 2~3분<br>ㅇ 세척수 교체 주기 : 2회 사용 후 교환 |
| CCP-2 | 소독 | B | *Listeria monocytogenes*, 장출혈성대장균 | ㅇ 소독농도 : 차아염소산나트륨 100~120 ppm<br>ㅇ 소독수량 : 100~110 L<br>ㅇ 원료 투입량 : 10~12 kg<br>ㅇ 소독시간 : 5분~5분 30초<br>ㅇ 소독수 교체주기 : 2시간 사용 후 전체 소독수 교체 |
| CCP-3 | 가열 | B | *Listeria monocytogenes*, 장출혈성대장균 | ㅇ 가열온도 및 시간 : 품온 74℃ 이상 도달 후 1분~1분 10초 |
| CCP-4 | 배식 | B | *Staphylococcus aureus* | ㅇ 배식시간 : 조리 종료 후 2시간 이내 |

표 8-8 CCP별 모니터링방법 예시

| 공정명 | CCP | 한계기준 | 모니터링 방법 | | | |
|---|---|---|---|---|---|---|
| | | | 대상 | 방법 | 주기 | 담당 |
| 가열 | CCP-1B | 65℃ 이상, 1분 이상 | 가열시간·온도 | 1. 가열기의 정상 작동 유무를 확인한다.<br>2. 가열기에서 가열 온도와 시간을 모니터링 일지에 기록한다.<br>3. 모니터링 일지를 HACCP 팀장에게 승인받는다. | 매작업 시 | 공정 담당 |
| 세척 | CCP-1B | 6단 세척, 가수량 3배, 세척시간 5분 이상 | 세척방법 | 1. 세척기의 정상 작동 유무를 확인한다.<br>2. 세척방법에 따라 세척시간, 횟수, 가수량을 모니터링 일지에 기록한다.<br>3. 모니터링 일지를 HACCP 팀장에게 승인받는다. | 매작업 시 | 공정 담당 |
| 소독 | CCP-1B | 소독농도 50~100 ppm, 소독시간 1분~1분 30초 | 소독농도·시간 | 1. 소독기의 정상 작동 유무를 확인한다.<br>2. 소독농도, 시간을 모니터링 일지에 기록한다.<br>3. 모니터링 일지를 HACCP 팀장에게 승인받는다. | 매작업 시 | 공정 담당 |
| 금속검출 | CCP-4P | 금속 2 mm 이상 불검출, 쇳가루 불검출 | 금속검출기 감도 | 1. 금속검출기의 정상 작동 유무를 확인한다.<br>2. 테스트 피스를 이용하여 금속검출기의 감도를 기기, 제품에 측정한 후 모니터링일지에 기록한다.<br>3. 모니터링 일지를 HACCP 팀장에게 승인받는다. | 매작업 시 | 공정 담당 |

검증 주체에 따라서 내부 검증(사내에서 자체적으로 검증원을 구성하여 실시하는 검증), 외부 검증(정부 또는 적격한 제3자가 검증을 실시하는 경우로 식품의약품안전처에서 HACCP 적용업소에 대하여 연 1회 실시하는 사후 조사·평가가 이에 포함됨)으로 분류된다.

검증주기에 따라서 최초 검증(HACCP 계획을 수립하여 최초로 현장에 적용할 때 실시하는 HACCP 계획의 유효성 평가), 일상 검증(일상적으로 발생되는 HACCP 기록문서 등에 대하여 검토·확인하는 것), 특별 검증(새로운 위해정보 발생, 해당식품의 특성 변경, 원료·제조공정 등의 변동 등 정기검증 외에 추가적으로 시행되는 비정기검증), 정기 검증(정기적으로 HACCP 시스템의 적절성을 재평가하는 검증)으로 분류된다.

**⑫ 원칙 7 : 문서화 및 기록 유지**

기록들은 해당 작업장에서 HACCP 관리계획을 준수하였음을 보증한다. 규격에 적합함을 증빙하는 원료공급업체의 시험증명서, 공급업체의 시험성적서를 검증한 업소의 지도·감독 기록, CCP와 관련된 모든 모니터링 기록, 식품 취급과정이 적절하게 지속적으로 운영하는지를 검증한 기록, 식품의 안전한 생산을 보장할 수 있는 자료 및 기록, 제품의 안전한 유통기한을 입증할 수 있는 자료 및 기록, 보관 및 유통 온도 기록, 유통기간이 경과된 제품이 출고되지 않음을 보여주는 기록, CCP의 한계기준 이탈 시 취해진 공정이나 제품에 대한 모든 개선조치 기록, HACCP 계획의 설정, 변경 및 재평가 기록, 식품위생 및 HACCP 수행에 관한 교육·훈련 기록 등과 같은 문서들이 포함된다.

CHAPTER

# 9

# 식품첨가물

1. 식품첨가물의 개요 | 2. 식품첨가물의 정의 | 3. 식품첨가물의 분류 및 종류
4. 식품첨가물의 안전성 | 5. 식품첨가물의 관리

## 1. 식품첨가물의 개요

현재 식생활에서 가공식품이 차지하는 비율은 상당하며, 과학기술의 발전에 따라 가공식품 형태도 다양해지고 있다. 가공식품은 천연식품과 다르게 식품의 제조, 가공 또는 보존을 위해 식품첨가물을 첨가하고 있으며, 식품에서 없어서는 안 될 중요한 요소이다. 또한 가공식품은 가공·포장 기술의 발달, 1인 가구 및 싱글족의 증가, 즉석식품의 발달 등에 따라 일상생활에서 차지하는 비율이 높아졌으며, 그에 따라 식품첨가물에 대한 관심도 높아졌다.

그러나 식품첨가물에 대한 오해와 불안은 여전히 줄어들지 않고, 2015년 식품의약품안전처에서 실시한 설문조사에 따르면 소비자들뿐만 아니라 식품 전문가들 중 일부도 식품첨가물에 대한 잘못된 인식을 갖고 있는 것으로 조사되었다. 식품첨가물을 사용하는 이유에 대해 조사한 결과, 1위는 '질 낮은 식재료를 대체하거나 가리기 위해 사용한다.'가 가장 높은 비율을 차지하였으며, 2위는 '식품안전을 위협하는 요인이다.', 3위는 '안전성 및 유효성 평가를 거쳤다는 것을 모른다.'였다.

가공식품을 많이 섭취함에 따라 식품첨가물 섭취 또한 증가해 몸에 해롭다는 인식이 만연하지만, 어떤 식품이든 많이 섭취하면 문제가 생기기 마련이다. 그러나 현재 우리가 섭취하고 있는 식품첨가물의 양은 ADI 대비 안전한 수준이며, 식품첨가물보다는 당, 나트륨, 지방 등의 섭취 증가로 인한 영양불균형의 이유가 크다. 그에 따라 국가에서는 식품첨가물의 안전성과 소비자의 올바른 인식을 위해 노력하고 있다.

식품의약품안전처에서는 식품첨가물의 안전성과 올바른 인식을 위해 법률, 기준 및 규격 등을 엄격히 관리하고 있다. 식품첨가물로 허용받기 위해서는 해당 물질의 기능성과 안전성을 입증할 수 있는 과학적인 증빙자료(독성시험, ADI 산출 등)를 통해 안전성 평가가 이루어져야 하며, 엄격한 기준 및 규격을 설정하여 사전관리가 이루어져야 한다. 또한 식품 섭취 시 사람으로의 식품첨가물 노출량, 섭취량 등을 검사하여 철저한 사후관리가 이루어져야 한다. 즉 국가는 국민들에게 식품첨가물에 대한 제대로 된 정보를 제공하여 식품첨가물에 대한 올바른 이해를 할 수 있도록 노력해야 한다. 또한 가공식품에만 의존하는 식생활은 식품첨가물 문제보다는 영양불균형을 일으킬 수 있으므로 균형 잡힌 식생활을 해야 할 것이다.

## 2. 식품첨가물의 정의

### 1) 한국

「식품위생법」 제2조에 의하면 식품첨가물의 "식품을 제조·가공·조리 또는 보존하는 과정에서 감미, 착색, 표백 또는 산화 방지 등을 목적으로 식품에 사용되는 물질을 말한다. 이 경우 기구·용기·포장을 살균·소독하는 데에 사용되어 간접적으로 식품으로 옮아갈 수 있는 물질을 포함한다."라고 정의한다.

### 2) Codex

UN의 식량농업기구Food and Agriculture Organization, FAO와 세계보건기구World Health Organization, WHO가 공동으로 운영하는 국제식품규격위원회Codex Alimentarius Commission, Codex에서는 식품첨가물을 "일반적으로 그 자체를 식품으로서 섭취하지 않고, 영양적 가치에 상관없이 식품의 일반성분으로서 사용되지 않는 물질을 의미하며, 식품의 제조, 가공, 조리, 처리, 포장 및 보관 시에 기술적인 목적을 달성하기 위해 식품에 첨가하여 효과를 나타내거나, 직접 또는 간접적으로 식품에 효과를 나타낼 것으로 기대되거나, 그 부산물이 식품의 구성성분이 되거나, 식품의 특성에 영향을 끼칠 수 있는 물질을 말한다. 다만, 오염물질, 영양적 품질 개선을 목적으로 첨가하는 물질은 제외된다."라고 정의하고 있다.

### 3) 미국

FDAFood and Drug Administration에서는 식품첨가물을 "식품의 구성성분이 되거나 식품의 특성에 직접 혹은 간접적으로 영향을 끼치기 위해 의도적으로 사용되는 물질을 의미하며, 식품의 제조, 가공, 처리, 보존, 포장, 수송 등에 사용되는 물질을 말한다. 다만, 잔류농약, 살충제, 동물용 의약품, 영양강화제 및 식품첨가물 법령이 발효되기 이전인 1958년 이전에 승인된 물질 혹은 축산물가공법에 따라 승인된 물질은 제외한다."라고 정의하고 있다.

### 4) 일본

일본 「식품위생법」 제4조제2항에 의하면 식품첨가물은 "식품의 제조과정에 사용되거나 혹은 가공·보존 목적으로 식품에 첨가·호화·침윤·기타의 방법으로 사용되는 물질을 말한다."라고 정의하고 있다.

## 3. 식품첨가물의 분류 및 종류

### 1) 분류

현재 우리나라는 식품첨가물을 제조방법 중심으로 분류하여 화학적 합성품, 천연첨가물로 구분한다. 하지만 산업발달로 제조기술이 다양해짐에 따라 기존에 화학적 합성품이었던 식품첨가물이 천연첨가물로 제조가 가능해지는 등 합성·천연 구분이 모호해지는 한계가 제시되었다. 따라서 우리나라는 식품첨가물 사용목적을 명확히 하기 위해 고시 제2016-32호에 따라 2018년 1월 1일부터 식품첨가물 분류체계가 화학적 합성품, 천연첨가물의 '제조방법 중심'에서 보존료, 산화방지제 등의 '용도 중심'으로 개편된다. 즉 화학적 합성품, 천연첨가물 구분 없이 식품첨가물로 개편되었다.

| 2017.05 고시된 식품첨가물 분류(종류별 분류) | |
|---|---|
| 식품첨가물 | 611 품목 |
| 혼합제제류 | 7 품목 |

→

| 2018.01.01. 이후 식품첨가물 분류(용도별 분류) |
|---|
| 감미료, 고결방지제, 거품제거제 등 32종 |

그림 9-1 식품첨가물 분류

### 2) 종류

2021년 현재 '식품첨가물의 기준 및 규격'에 제시되어 있는 식품첨가물 종류는 용도별 분류에 따라 총 32가지로 나눈다 표 9-2.

표 9-1 **식품첨가물 용도별 분류**

| 종류 | 용도 |
|---|---|
| 감미료 | 식품에 단맛을 부여함. 사카린나트륨, 자일리톨, 감초추출물 등 |
| 고결방지제 | 식품의 입자 등이 서로 부착되어 고형화되는 것을 감소. 규산마그네슘, 이산화규소, 실리코알루민산나트륨 등 |
| 거품제거제 | 식품의 거품 생성을 방지하거나 감소. 규소수지, 올레인산, 라우린산, 팔미트산 등 |
| 껌기초제 | 적당한 점성과 탄력성을 갖는 비영양성의 씹는 물질로서 껌 제조의 기초 원료. 초산비닐수지, 에스테르검, 폴리부텐 등 |
| 밀가루개량제 | 밀가루나 반죽에 첨가되어 제빵 품질이나 색 증진. 아조디카르본아미드, 과황산암모늄, 염소 등 |
| 발색제 | 식품의 색을 안정화시키거나 유지 또는 강화. 아질산나트륨, 질산나트륨, 황산알루미늄암모늄 등 |
| 보존료 | 미생물에 의한 품질 저하를 방지하여 식품의 보존기간을 연장. 소브산 및 그 염류, 안식향산 및 그 염류, 프로피온산 및 그 염류 등 |
| 분사제 | 용기에서 식품을 방출시키는 가스. 산소, 이산화탄소, 질소 등 |
| 산도조절제 | 식품의 산도 또는 알칼리도 조절. 구연산류, 글루콘산류, 빙초산 등 |
| 산화방지제 | 산화에 의한 식품의 품질 저하 방지. 디부틸히드록시톨루엔, 아스코빌팔미테이트, 비타민C, 비타민E 등 |
| 살균제 | 식품 표면의 미생물을 단시간 내에 사멸시키는 작용. 오존수, 이산화염소, 차아염소산나트륨 등 |
| 습윤제 | 식품이 건조되는 것 방지. 글리세린, 프로필렌글리콜, 폴리덱스트로스 등 |
| 안정제 | 두 가지 또는 그 이상의 성분을 일정한 분산 형태로 유지. 시클로덱스트린, 시클로덱스트린시럽, 옥시스테아린 등 |
| 여과보조제 | 불순물 또는 미세한 입자를 흡착하여 제거. 규조토, 백도토, 산성백토 등 |
| 영양강화제 | 식품의 영양학적 품질을 유지하기 위해 제조 공정 중 손실된 영양소를 복원하거나, 영양소 강화. 비타민류, 아미노산류, 무기염류 등 |
| 유화제 | 물과 기름 등 섞이지 않는 두 가지 또는 그 이상의 상(phases)을 균질하게 섞어 주거나 유지. 글리세린지방산에스테르, 소르비탄지방산에스테르, 스테아릴젖산나트륨 등 |
| 이형제 | 식품의 형태를 유지하기 위해 원료가 용기에 붙는 것을 방지하여 분리하기 쉽도록 함. 유동파라핀, 피마자유 등 |
| 응고제 | 식품 성분을 결착 또는 응고시키거나 과일 및 채소류의 조직을 단단하거나 바삭하게 유지. 염화마그네슘, 조제해수염화마그네슘, 황산칼슘 등 |
| 제조용제 | 식품의 제조·가공 시 촉매, 침전, 분해, 청징 등의 역할을 하는 보조제. 메톡사이드나트륨, 스테아린산, 염산 등 |
| 젤형성제 | 젤을 형성하여 식품에 물성을 부여. 염화칼륨, 젤라틴 등 |
| 증점제 | 식품의 점도 증가. 가티검, 구아검, 아라비아검 등 |
| 착색료 | 식품에 색을 부여하거나 복원. 식용색소녹색제3호 및 식용색소녹색제3호알루미늄레이크, 클로로필, 카라멜색소 등 |
| 청관제 | 식품에 직접 접촉하는 스팀을 생산하는 보일러 내부의 결석, 물 때 형성, 부식 등을 방지. 구연산나트륨, 메타인산나트륨, 메타중아황산나트륨 등 |
| 추출용제 | 유용한 성분 등을 추출하거나 용해. 메틸알코올, 부탄, 아세톤 등 |
| 충전제 | 산화나 부패로부터 식품을 보호하기 위해 식품의 제조 시 포장 용기에 의도적으로 주입시키는 가스. 산소, 수소, 아산화질소 등 |

(계속)

| 종류 | 용도 |
|---|---|
| 팽창제 | 가스를 방출하여 반죽의 부피 증가. 탄산나트륨, 효모, 산성피로인산나트륨 등 |
| 표백제 | 식품의 색을 제거하기 위해 사용. 아황산나트륨, 차아황산나트륨, 무수아황산 등 |
| 표면처리제 | 식품의 표면을 매끄럽게 하거나 정돈하기 위해 사용. 탤크 등 |
| 피막제 | 식품의 표면에 광택을 내거나 보호막 형성. 담마검, 쉘락, 카나우바왁스 등 |
| 향미증진제 | 식품의 맛 또는 향미를 증진. L-글루탐산, 카페인, 효모추출물 등 |
| 향료 | 식품에 특유한 향을 부여하거나 제조공정 중 손실된 식품 본래의 향 보강. 합성향료, 천연향료, 스모크향 등 |
| 효소제 | 특정한 생화학 반응의 촉매 작용. 종국 등 |

## 4. 식품첨가물의 안전성

식품의약품안전처에서 식품첨가물의 신규 지정 및 사용기준 개정을 위해서 안전성 평가를 수행하게 된다. 안전성 평가는 독성자료, 1일 섭취량 등을 평가한 후 기술적 효과, 사용목적 등의 기술적 정당성 평가를 거쳐 전문가 의견 수렴을 통해 식품첨가물의 기준 및 규격을 설정한다. 이후 설정된 식품첨가물의 안전성 지속관리를 위해 식품 섭취량을 조사하여 섭취수준과 ADI 비교를 통해 기준규격의 적정성을 평가한다. 이와 같은 관리체계를 통해 식품첨가물이 안전하게 관리되고 있다.

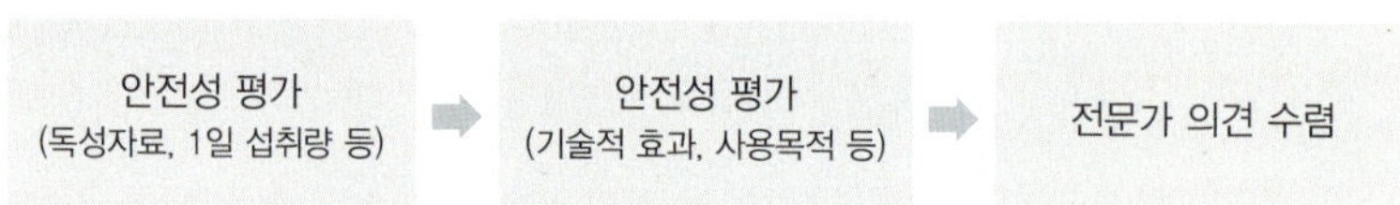


그림 9-2 **식품첨가물 안전성 평가 절차**
출처 : 식품의약품안전처, 식품첨가물 바로알기, 2017

### 1) 식품첨가물 안전성 평가

#### (1) 독성시험

독성시험을 통해 얼마만큼 섭취하면 어떤 독성이 나오는지 파악하여 안전한 섭취량을 산출할 수 있다. 일반적으로 랫트rat, 마우스mouse, 개dog 등이 이용되며, 식품첨가물을 사료에 섞어 오랫동안 섭취하도록 하여 나타나는 독성을 관찰하거나 독성이 나

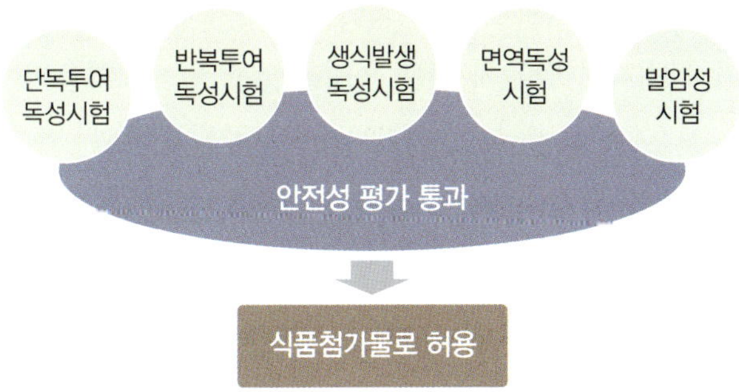


그림 9-3 **식품첨가물 독성시험 절차**

출처 : 식품의약품안전처, 식품첨가물 바로알기, 2016

타나지 않는 섭취량 수준을 산출한다. 이런 실험을 통해 안전한 범위의 식품첨가물 섭취량에 대한 정보(ADI, NOAEL 등)를 알 수 있다.

#### ① 단회 투여 독성시험

단회 투여 독성시험은 식품첨가물을 실험동물에 단회 투여(24시간 이내 분할 투여 포함)하였을 때 단기간 내에 나타내는 독성을 질적·양적으로 검사하는 시험을 말한다. 이 시험은 반수치사량Lethal Dose 50%, LD50을 통해 반복 투여 독성시험의 적정 용량 설정 기준을 제공하는 것이 목적이므로 반수치사량 결정에 관한 결과를 나타낸다.

#### ② 반복 투여 독성시험

반복 투여 독성시험은 식품첨가물을 실험동물에 반복 투여하여 중·장기간 나타나는 독성을 질적·양적으로 검사하는 시험을 말한다. 이 시험을 통해 위해평가 중 독성 기준값 설정의 주요 지표인 최대무독성용량NOAEL을 도출한다. 투여에 따라 아급성 독성시험(약 1개월 이내), 아만성 독성시험(약 3~12개월), 만성 독성시험(약 1년 이상) 등이 있다. 시험결과는 최대내성용량Maximum tolerated dose, MTD 및 무해용량no effect dose level 등을 포함하며, 체중, 장기 무게, 병리조직학적 등에 대한 정보를 포함한다.

#### ③ 생식 발생 독성시험

생식 독성은 부모세대 또는 자손세대의 번식 또는 생식능력을 감소시켜 결과적으로 형태학적, 생화학적, 유전적, 물리적인 영향을 발생시키는 시험을 말한다. 결과는 성욕 저하, 불임증, 임신방해 등에 대한 정보를 포함한다.

발달 독성은 생화학적·물리적인 변화 또는 돌연변이로 인한 구조적·기능적인 변화가 발생하여 배자나 태자의 발달에 대한 독성을 일으키는 시험을 말한다. 결과는 임신의 실패, 자연유산 또는 사산 등의 배치사작용, 성장지연 또는 특정 장기 시스템의 성장이 지연되는 배자독성, 살아있는 자손에게 영구적인 결함이 나타나는 비가역적인 상태를 의미하는 최기형성 등을 포함한다.

#### ④ 유전 독성시험

유전 독성은 세포유전물질(DNA 등)에 유해성을 나타내는 성질을 포함한다. 일반적으로 복귀돌연변이시험bacterial reverse mutation assay, 염색체이상시험chromosome aberration test의 생체 외*in vitro* 시험과 소핵시험micronucleus test의 생체 내*in vivo* 시험 등이 있다.

#### ⑤ 발암성시험

발암성시험은 동물의 종, 개체 수 및 노출기간 등을 제외하고는 반복 투여 독성시험과 비슷하지만, 시험결과에서 식품첨가물의 발암성 여부 및 종양 발생기전의 유전성 유무 판단 등의 내용이 포함되어야 한다.

#### ⑥ 면역 독성시험

면역 독성은 식품첨가물이 면역체계에 작용하여 나타나는 이상면역반응시험을 말한다. 결과로는 면역억제, 면역자극, 과민반응 및 자가면역반응 등이 있다.

### (2) 식품첨가물 1일 섭취허용량

1일 섭취허용량ADI은 하루에 이 범위의 양을 평생 섭취해도 건강상 문제를 일으키지 않을 것으로 추정되는 양을 의미하며, 독성시험자료와 인체 관찰자료 등을 기초로 안전계수를 적용하여 설정한다. 그리고 다양한 식품을 통해 식품첨가물을 섭취하기 때문에 실제로 가공식품에는 1일 섭취허용량보다 훨씬 더 적은 양이 사용됩니다.

$$\text{1일 섭취허용량(ADI)} = \frac{\text{최대무독성용량(NOAEL)}}{\text{안전계수(통상100)}}$$

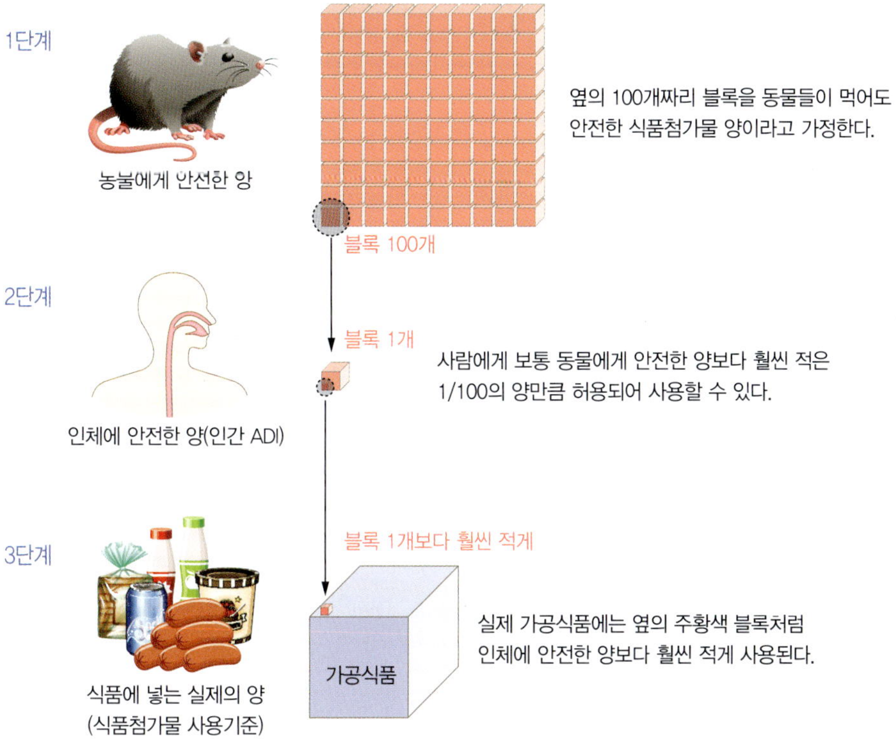


그림 9-4 **1일 섭취허용량 산출방법**
출처 : 식품의약품안전처, 식품첨가물 바로알기, 2016

## 2) 식품첨가물 섭취량 평가

식품첨가물의 1일 섭취량이 설정되고 첨가물의 사용이 허용되면 추후 지속적인 안전성 관리가 필요하기 때문에 섭취량 평가를 진행한다. 평가는 과학적 근거에 의한 첨가물의 노출량 평가를 통해 진행되며, 평가방법 종류로는 Budget 방법, Poundage 방법, 단순평가, 정밀평가 등이 있다.

### (1) Budget 방법

Codex는 식품첨가물 최대사용량에 계수를 적용하여 실제 소비되는 식품에 존재하는 식품첨가물의 수준을 산출하는 방법을 섭취량 평가의 첫 번째 단계로 제안하고 있다. 사용기준이 없는 신규 식품첨가물의 사용기준을 설정할 때 이용되며, 사용기준이 있는 식품첨가물의 사용기준을 이용하여 이론적으로 식품첨가물의 최대섭취량을 추정한다. 이 방법은 간단하고 경제적일 뿐 아니라 상이한 식습관 패턴의 지역을 포괄적으로 수용하는 장점이 있지만 결과가 지나치게 과장될 수 있는 단점이 있다.

#### (2) Poundage 방법

식품첨가물의 공급량에 의한 평가방법으로 식품첨가물이 같은 인구집단에 걸쳐 골고루 분포되어 있다는 가정하에 노출량을 추정하는 방법이다. 식품첨가물을 사용한 식품의 섭취량 조사 없이 식품첨가물의 생산량, 수출량, 수입량 등 통계자료에서 얻은 첨가물 생산량을 이용하여 1인당 평균섭취량을 추정하는 방법이다. 이 방법은 가장 간단하고 경제적인 방법의 장점이 있지만 식품첨가물 외의 용도로 사용되는 첨가물에 의해 정확한 섭취량을 파악하기 어려운 단점이 있다.

#### (3) 단순평가

이론적 최대섭취량Theoretical Maximum Daily Intake, TMDI이나 추정섭취량Estimated Daily Intake, EDI을 이용하는 방법으로 식품 중 첨가물의 농도와 식품소비량에 의해서 섭취량을 산출하는 방법이다. 이 방법은 섭취량 자료가 부족하거나 식품첨가물의 분석자료가 부족할 때 이용되며, 결과의 정확도가 떨어져 실제 섭취량이나 위해성으로 간주되어서는 안 되고 초기 검색으로만 해석하여야 한다.

#### (4) 정밀평가

식이섭취량 자료 및 식품첨가물 사용량을 이용하는 방법으로 식이섭취량은 개별 섭취량 자료를 이용하며 식품첨가물 사용량은 사용기준 또는 식품첨가물 농도를 직접 분석하여 이용하여 섭취량을 산출하는 방법이다. 이 방법은 단순평가방법보다 더 정밀한 자료를 이용하여 정확한 장점이 있지만 비용, 시간, 노력이 많이 드는 단점이 있다.

## 5. 식품첨가물의 관리

### 1) 식품첨가물 규제

식품첨가물은 유해하다는 인식을 가지고 있지만 인체에 유해한 것도 있고 그렇지 않은 것들도 있다. 유해성 여부는 첨가물의 종류, 사용방법, 제조, 유통방법 등에 따라 달라진다. 따라서 일률적으로 유해성 여부를 말할 수 없기에 식품첨가물은 규제의 대상이 될 수밖에 없다.

1955년 JECFA Joint FAO/WHO Expert Committee on Food Additives에 의해 식품첨가물이 규제 내상이 되었으며, 1차 회의에서 '첨가물 사용을 규제하는 일반원칙'이 정해지고, 1957년 2차 회의에서 '첨가물 사용에 대한 안전성 확인방법'이 정해지면서 첨가물의 안전성 확보 및 기본적 원칙이 마련되었다. 그 후 수차례 식품첨가물 규제(안)을 추가하면서 식품첨가물이 관리되고 있다.

우리나라는 1962년 1월 20일 「식품위생법」이 제정·공포되면서 식품첨가물을 규제하였다. 식품첨가물은 처음 217품목을 화학적 합성품으로 지정하였으며, 그 후 화학적 합성품의 수는 매년 증가하였고 천연품목, 혼합제제품목 등이 생겨났다. 또한 식품첨가물의 순도를 위생적으로 확보하기 위한 성분 규격과 필요 이상의 과량 사용을 방지하기 위한 사용기준이 마련되었으며, 품질이나 효력의 저하를 방지하기 위한 보존기준, 제조기준 등이 마련되었다.

## 2) 식품첨가물의 기준규격 관리

1973년 11월 『식품첨가물공전』을 발간하였는데, 이는 「식품위생법」에 근거하여 식품의약품안전청장이 식품첨가물의 기준규격 등을 수재하여 공시한 것이다. 공전의 내용은 총칙, 제조기준, 사용기준, 보존 및 유통기준, 성분규격, 일반시험법, 시약·시액·용량분석용 표준용액 및 부록, 별표로 구성되어 있다.

식품첨가물의 기준 및 규격 설정과 사용기준 개정은 JECFA, CAC Codex Alimentarius Commission 등 국제기구에서의 안전성 평가자료, 제·외국 사용기준, 우리나라의 식품섭

표 9-2 **식품첨가물의 기준규격 설정과 사용기준 개정 신청시 제출자료**

| 자료의 종류 | 설정 신청 | 사용기준 개정 신청 | 성분규격 개정 신청 |
|---|---|---|---|
| 1. 자료 개요 | ○ | ○ | ○ |
| 2. 기원 또는 발견의 경위 및 외국에서의 사용 현황 | | | |
| 가. 기원 또는 발견의 경위 | ○ | △ | △ |
| 나. 외국에서의 (사용)현황 | ○ | ○ | ○ |

(계속)

| 자료의 종류 | 설정 신청 | 사용기준 개정 신청 | 성분규격 개정 신청 |
|---|---|---|---|
| 3. 제조방법 | ○ | △ | △ |
| 4. 성분규격(안)에 관한 자료 | | | ○ |
| 가. 명칭 | ○ | △ | |
| 나. 구조식 또는 시성식 | ○ | △ | |
| 다. 분자식 또는 분자량 | ○ | △ | |
| 라. 정의 | ○ | △ | |
| 마. 함량 | ○ | △ | |
| 바. 성상 | ○ | △ | |
| 사. 확인시험 | ○ | △ | |
| 아. 순도시험 | ○ | △ | |
| 자. 건조감량, 강열감량 또는 수분 | ○ | △ | |
| 차. 강열잔류물 | ○ | △ | |
| 카. 정량법 | ○ | △ | |
| 타. 식품첨가물의 안정성 | ○ | △ | |
| 파. 식품중의 식품첨가물 분석법 | ○ | △ | |
| 하. 성분규격(안)의 설정근거 | ○ | △ | ○ |
| 5. 사용의 기술적 필요성 및 정당성 | ○ | ○ | △ |
| 6. 안전성에 관한 자료 | | | |
| 가. 독성에 관한 자료 | | | |
| 1) 반복 투여 독성시험 | ○ | △ | △ |
| 2) 생식·발생 독성시험 | ○ | △ | △ |
| 3) 유전 독성시험 | ○ | △ | △ |
| 4) 면역 독성시험 | ○ | △ | △ |
| 5) 발암성시험 | ○ | △ | △ |
| 6) 일반약리시험 | ○ | △ | △ |
| 나. 체내동태에 관한 자료 | ○ | △ | △ |
| 다. 1일 섭취량에 관한 자료 | ○ | ○ | △ |
| 7. 사용 기준(안)에 관한 자료 | ○ | ○ | △ |

※○ : 제출, △ : 필요시 제출

출처 : 식품의약품안전처 고시 제2021-19호

취 현황 등을 고려하여 과학적인 평가가 필요하다. 식품첨가물의 기준 및 규격 설정과 사용기준 개정 신청 시 제출 자료는 표 9-2와 같다.

식품첨가물의 안전성은 1960~1980년대 평가를 통해 지정된 품목들이 대부분이라 현재 EU 등의 외국과 우리나라에서 식품첨가물에 대한 안전성 평가를 진행하고 있다. 식품의약품안전처에서는 「식품위생법」 제7조제1항에 의해 식품첨가물의 기준 및 규격에 대한 지속적인 심의를 거쳐 관리 기본계획을 5년마다 수립·추진하고 있으며, 기준 및 규격은 주기적으로 재평가하고 있다. 재평가를 통해 품목이 지정취소되기도 하고 신규로 지정되기도 한다. 전부 개정 고시는 2011년 이후 일부 개정 고시는 지속적으로 이루어지고 있다. 최근 식품첨가물 기준규격 제·개정 내용은 표 9-3과 같다.

표 9-3 최근 식품 및 식품 첨가물의 기준 및 규격 개정고시

| 추진 현황 | 주요 내용 |
|---|---|
| 식품의약품안전처 고시 제2020-18호(2020.3.20.) | • 식용색소적색제3호 등 4품목 사용기준 개정 |
| 식품의약품안전처 고시 제2020-59호(2020.7.10.) | • 식품첨가물의 천연유래 인정범위 확대<br>• 밀납 등 3품목의 성분규격 개선<br>• 구아검 등 47품목의 성분규격 시험법 및 일반시험법 5종 개선<br>• 글루콘산망간 등 24품목의 사용기준 개선<br>• 인용된 타법령의 명칭 변경 |
| 식품의약품안전처 고시 제2020-109호(2020.11.13.) | • 분말 형태 향료 제조를 위한 향료의 희석제 범위 확대<br>• 기구등의 살균소독제 사용대상 범위 확대<br>• 베타글리코시다아제 등 10품목의 성분규격 시험법 및 일반시험법 2종 개선<br>• 비타민 $D_2$의 영문명 변경 |
| 식품의약품안전처 고시 제2020-117호(2020.12.1.) | • 식품첨가물의 천연유래 인정범위 확대<br>• 초산에틸 등 4품목의 사용기준 개정<br>• 식품용 살균제 관련 사용기준 정비<br>• 기구등의 살균·소독제 관련 규정 정비<br>• 5′-리보뉴클레오티드이나트륨 등 8품목 시험법 및 푹신아황산 시액의 제조방법 개선 |
| 식품의약품안전처 고시 제2021-57호(2021.7.1.) | • 향료 관리체계를 국제적 수준에 부합하도록 개선 및 국제적으로 사용되고 있는 향료물질 추가 등 향료물질 정비<br>• 국제기준과의 조화 및 기준 적용 명확화를 위해 식용색소의 사용기준 개선<br>• 식품첨가물에 대한 구성물질의 정보를 알기 쉽게 제공할 수 있도록 정비<br>• 정확한 분석을 위한 시험조건 명확화 등 시험법 개선 |
| 식품의약품안전처 고시 제2021-94호(2021.11.19.) | • 혼합제제류와 식품과의 구분 명확화 등을 위한 혼합제제류 규정 개선<br>• 일일섭취허용량이 설정되어 있는 식품첨가물 관리를 위한 성분규격 분리·신설<br>• 메타중아황산나트륨 등 16품목의 사용기준 개선<br>• 정확한 분석을 위한 시험조건 명확화 등 시험법 개선<br>• 식품첨가물 신규지정 신청시 제출자료 종류 명확화 |

최근 식품첨가물의 안전성 재평가를 통한 지정취소하는 사례들을 볼 수 있다. 우리나라도 소비자의 안전 확보를 위해 EU 등 외국에서 안전성 논란이 되거나 지정취소되는 첨가물들을 검토하여 그 결과를 기준 규격 개정 시 반영하고 있다. 지정취소된 사유는 식품첨가물은 합성향료 목록 신설에 따른 개별품목 삭제, 안전성 관련, 주요 외국에 미지정, 국내 사용실적 없음 등이 있다. 최근 지정취소된 품목 목록은 다음과 같다.

**표 9-4 최근 지정취소 품목 목록**

| 취소일자 | 식품첨가물명 | 지정취소 사유 |
|---|---|---|
| 1996.04.26 | 브롬산칼륨 | 안전성 관련 |
| 2004.07.16 | 꼭두서니색소 | 안전성 관련 |
| 2005.12.14 | 테르펜계탄화수소, 푸르푸랄 및 그 유도체, 페놀에테르류, 페놀류, 케톤류, 치오에테르류, 치오알콜류, 지방족탄화수소류, 지방족알콜류, 지방족알데히드류, 지방산류, 인돌, 아민, 옥사졸, 치아졸, 퀴놀린, 피라진, 피롤, 피리딘 및 그 유도체, 이소티오시아네이트류, 에테르류, 에스테르류, 방향족알콜류, 방향족알데히드류, 락톤류 | 합성향료 목록 신설에 따른 개별 품목 삭제 |
| 2006.12.27. | 염기성알루미늄탄산나트륨 | 주요외국에 미지정 및 국내 사용실적 없음 |
| 2008.06.24. | 파라옥시안식향산프로필 | 안전성 관련 |
| 2009.01.02. | 파라옥시안식향산부틸, 파라옥시안식향산이소부틸, 파라옥시안식향산이소프로필 | 안전성 관련 |
| 2009.07.10. | 누리장나무색소, 땅콩색소, 콘색소 | 주요외국에 미지정 및 국내 사용실적 없음 |
| 2009.11.19. | 이염화이소시아눌산나트륨 | 주요외국에 미지정 및 국내 사용실적 없음 |
| 2010.11.12. | 글리실리진산삼나트륨, 데히드로초산, 비타민$B_1$나프탈린-2,6-디설폰산염, 비타민$B_1$프탈린염, 탈지미강추출물, 표백분 | 주요외국에 미지정 및 국내 사용실적 없음 |
| 2012.03.27. | 가재색소, L-소르보오스, 뮤타스테인크릴색소 | 주요외국에 미지정 및 국내 사용실적 없음 |
| 2015.02.24. | 합성향료 목록의 A018 3-acetyl- 2,5-dimethylthiophene | 안전성 관련 |
| 2018.06.29. | 합성향료 목록의 C006 Capsaicin, 합성향료 목록의 D210 2,5-Dimethylthiophene, 합성향료 목록의 E002 4,5-Epoxy-(E)-2-decenal, 합성향료 목록의 E175 2-Ethylthiophene, 합성향료 목록의 F036 Pyrrole-2-carbaldehyde, 합성향료 목록의 M009 p-Mentha-1,8-dien-7-al, 합성향료 목록의 M014 Menthadienol, 합성향료 목록의 M020 Menthofuran, 합성향료 목록의 M375 Myrtenyl formate, 합성향료 목록의 M402 2-Methylthiophene, 합성향료 목록의 M411 3-Methylthiophene, 합성향료 목록의 M436 Methyl methanethiosulfonate, 합성향료 목록의 N037 3-Nonanon-1-yl acetate, 합성향료 목록의 P166 Pulegone, 합성향료 목록의 P185 Pentan-2,4-dione, 합성향료 목록의 P201 Propyl propane thiosulfonate, 합성향료 목록의 S014 Styrene, 합성향료 목록의 T069 2,6,6-Trimethyl -1-cyclohexen-1-carboxaldehyde, 합성향료 목록의 V018 Vetiverol, 합성향료 목록의 V019 Vetiveryl acetate | 안전성 관련 |

## 3) 외국의 식품첨가물 기준규격 관리

### (1) Codex

국제적인 식품 및 식품첨가물 관련 내용은 국제식품규격위원회CAC에서 규제하고 있다. 식품첨가물의 일반규격 GSFAGeneral Standard for Food Additives는 1995년 제정되었으며, 2014년 개정 기준으로 468개의 식품첨가물이 지정되어 있다. GSFA는 JECA에서 정해진 ADI와 CAC에 의해 국제번호체계INS가 정해진 식품첨가물 등을 대상으로 관리하고 있다.

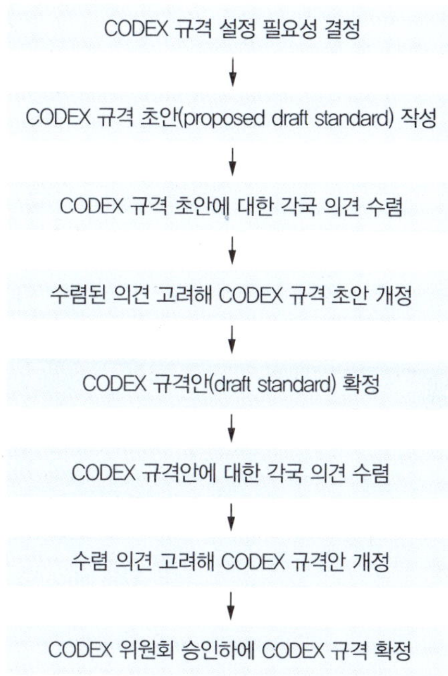


그림 9-5 Codex 식품첨가물 지정 절차

출처 : 2016 가공식품 세분시장 현황, 식품의약품안전처

### (2) 미국

미국은 식품의약국Food and Drug Administration, FDA에서 식품첨가물을 규제하고 있으며, 새로운 식품첨가물 등록 관련해서는 식품안전성응용영양센터Center for Food Safety and Applied Nutrition, CFSAN에서 담당하고 있다. 식품첨가물 관리에 대한 규정은 미국연방규정집Code of Federal Regulation, CFR의 21 Title 'Foods and Drugs'와 해당 Title의 Part 170~199에 명시되어 있다. 일반적으로 안전하다고 볼 수 있는 식품첨가물Generally Recognized as Safe Substance, GRAS도 해당 Title에 포함되어 있다.

식품첨가물의 사용기준은 CFR에 명시되어 있으나, 성분규격은 FCCFood Chemicals

표 9-5 Code of Federal Regulation(CFR)에 수록된 첨가물

| 구분 | 수록 |
|---|---|
| 식품첨가색소 | CFR 21 Title Part 73, 74 |
| 직접첨가물 | CFR 21 Title Part 172, 173 |
| 간접첨가물 | CFR 21 Title Part 174~178 |
| 잠정 승인 첨가물 | CFR 21 Title Part 180 |
| GRAS | CFR 21 Title Part 180~184 |

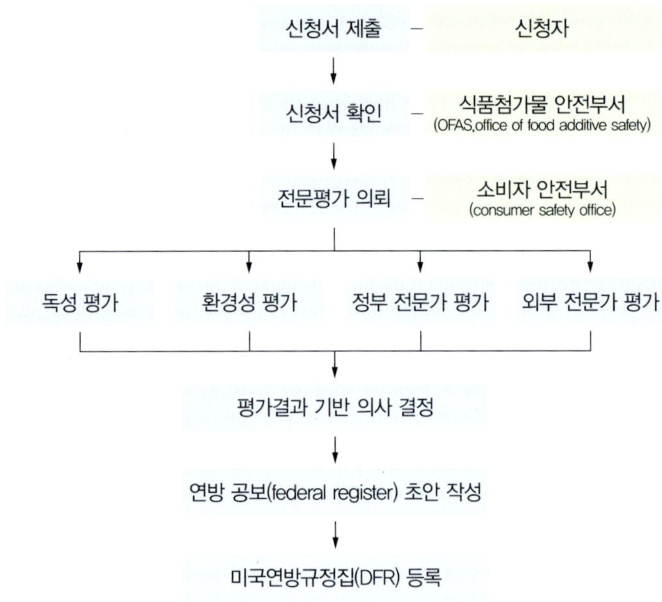


그림 9-6 **미국 식품첨가물 지정 절차**
출처 : 2016 가공식품 세분시장 현황, 식품의약품안전처

Codex에서 규정하고 있다. FCC는 식품첨가물뿐만 아니라 식품 원료, GRAS 물질 및 가공보조제로 사용되는 화학물질의 순도와 규격을 수록하고 있는 규정이다. FCC는 현재 10판이 2016년에 발간되어 있다.

FDA에서 식품첨가물 지정절차는 소비자 안전부서consumer safety office에 의해 판단이 진행되며, 식품첨가물의 안정성 확인을 위해 독성평가, 환경성 평가, 정부 전문가 평가, 외부 전문가 평가 등이 이루어진 후 결과에 의해 CFR에 등록된다.

### (3) EU

이전 유럽 내 모든 식품첨가물은 SCFEuropean Scientific Committee for Food에 의해서 관리되었으며, 2002년 EFSAEuropean Food Safety Authority가 설립되면서 식품첨가물을 관리하고 있다. 식품첨가물 관리는 처음 '규칙 178/2002'에 의해 이루어졌으며, 규칙에 따라 식품첨가물에 관련된 EFSA의 주요 역할은 다음과 같다.

◎ 새로운 식품첨가물의 안전성 혹은 기존에 허용되었던 식품첨가물의 새로운 사용법에 대한 평가

◎ 2009년 1월 20일 이전에 이미 허가되었던 식품첨가물 재평가

◎ 새롭게 발견한 과학적 정보 혹은 사용할 수 있는 환경에 대한 변화에 의해 특정 식품첨가물을 재검토하는 것

1960년대 이후 개별적으로 관리되는 식품첨가물은 2008년 이후 하나로 통합하여 관리되고 있으며 '식품첨가물에 관한 통합규칙'이 만들어졌다. 식품첨가물의 성분규격은 '규칙 231/2012'에 제시되어 있으며, "새로운 과학적 정보나 사용 상태에 있어 변경이 요구될 때에는 식품첨가물의 재평가를 받을 필요성이 있다."고 명시되어 있다. 재평가는 식품첨가물 관련 과학정보, 화학적·생물학적 특성, 첨가물의 잠재적 독성, 인ㅅ당 일정 섭취량 등을 참고하여 ANSFood Additives and Nutrient Sources Added to Food의 전문 패널들이 식품의 안전성을 평가하여야 하며, 이는 2009년에 시작하여 2020년까지 진행될 예정이다. 2016년 EFSA에서 발표한 식품첨가물 재평가 현황으로는 "2009년 1월 20일 이전 승인된 식품첨가물 316 재평가 예정, 73개의 새로운 과학적 근거에 따라 104개 식품첨가물 재평가 예정, 212개 식품첨가물은 2020년 12월 31일까지 재평가 받을 예정"이라고 한다.

### (4) 일본

일본은 후생노동성厚生勞動省에 의해 식품첨가물을 규제하고 있으며, 제도적인 측면에서 우리나라와 거의 유사하다. 후생노동성은 1947년 12월에 공포한 「식품위생법食品衛生法」을 기준으로 하여 식품첨가물의 제조, 가공, 보존, 유통 등에 관한 제반사항을 규정하고 있다. 또한 식품첨가물이 규격, 제조기준, 성분, 순도, 품질, 시험법 등은 「식품첨가물공정서食品添加物公定書」를 통해 규제하고 있다. 「식품첨가물공정서」는 1960년에 제1판이 작성되어 지속적인 개정을 통해 현재 8판第8板食品添加物公定書까지 개정되었다. 1995년 「식품위생법」이 개정되기 이전의 천연첨가물은 개별 기준 및 규격을 고시하지 않고 화학적 합성품 이외의 첨가물로서 제조업체의 임의에 따라 사용이 가능하였지만, 개정 이후 천연첨가물도 후생노동성이 관리하게 되었다. 식품첨가물은 4가지로 구분되며 특징은 다음과 같다.

새로운 식품첨가물 지정을 위해서는 「식품위생법」 제6조에 따라 후생노동성에 의해

표 9-6 일본의 식품첨가물 구분

| 식품첨가물 | 특징 |
|---|---|
| 지정첨가물 | 식품위생법 제10조에 근거해 후생노동성 장관이 사용해도 된다고 정한 식품첨가물로 식품위생법 시행규칙 별표1에 수록되어 있으며, 지정 대상에는 화학적 합성품뿐 아니라 천연물(天然物)도 포함됨. 향료에 대해서는 '에스테르류' 등의 일괄 명칭으로 지정한 18류의 분류에 해당한다고 판단하는 것을 통지로 제시하고 있 |
| 기존첨가물 | 지정첨가물 외, 일본에서 널리 사용되고 있고, 오랜 식경험이 있는 것은 예외적으로 사용, 판매 등을 인정하고 기존첨가물 명부에 수록하고 있음. 이 유형은 1995년 식품위생법 개정으로 지정 대상이 화학적 합성품에서 천연물을 포함한 모든 첨가물로 확대될 때 마련된 것임 |
| 천연향료 | 동식물로부터 얻어진 천연 물질로 식품에 향을 부여하는 목적으로 사용 되는 것으로(바닐라향료 등) 기본적으로 그 사용량은 극히 조금임 |
| 일반 음식물첨가물 | 일반적으로 음식으로 제공되고 있는 것으로 첨가물로 사용되는 것임 (예시) 딸기주스, 한천 등 |

출처 : 주요국 식품첨가물 관리 현황, 식품안전정보원, 2018

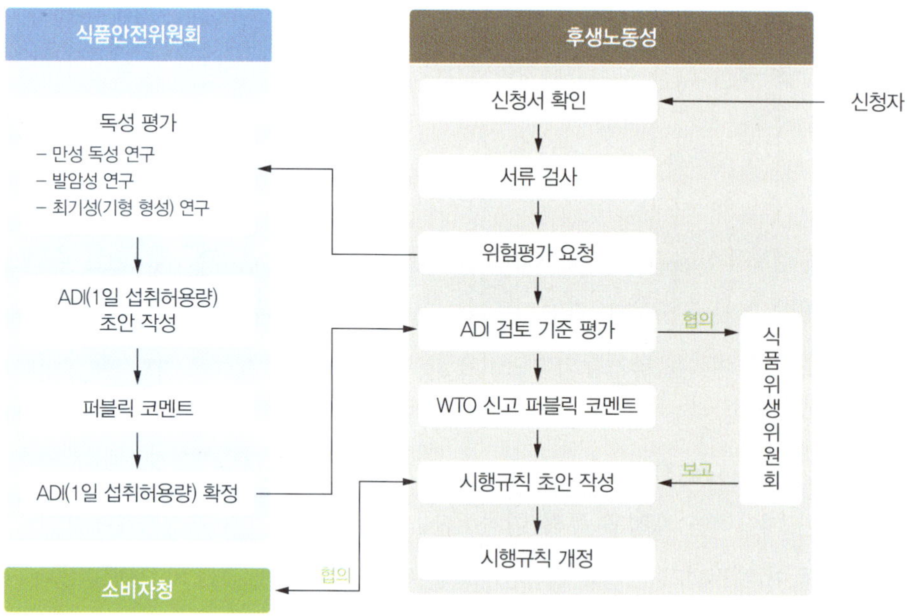


그림 9-7 일본 식품첨가물 지정 절차

출처 : 2016 가공식품 세분시장 현황, 식품의약품안전처

지정을 받아야 한다. 신규 지정 시 필요한 제출자료는 다음과 같다.

◎ 자료의 개요

◎ 기원 또는 발견의 경위 및 외국에서의 사용 상황

◎ 물리화학적 성질 및 성분 규격안

◎ 유효성

◎ 안전성

◎ 사용기준안

제출된 자료에 대해서는 약사·식품위생심의회에 의해 검토 및 심사가 이루어지며, 심사 종료 후 세계무역기구WTO에 통지하여 의견수렴을 한 후 후생노동성의 답신에 따라 지정하고 있다.

참고문헌


강지현 외 2인. 한국에서의 농산물 및 환경시료에서 노로바이러스와 위생지표세균의 모니터링. 한국식품과학회지 19(2): 123-131, 2017.

강호조 외 2인. 식중독균의 정량시험에 의한 시판 식육 및 계육의 오염도 평가. 한국식품위생안전성학회지 15(3): 204-208, 2000.

곽동경, 강영재, 류경, 문혜경, 장혜자, 이경은, 최정화. 식품위생 원리와 실제. 교문사, 2014.

구난숙, 김완수, 이경애, 김미정. 이해하기 쉬운 식품위생학. 파워북, 2015.

국립산림과학원. 숲속의 독버섯. 국립산림과학원 연구자료 제546호, 2014.

금종화 외. 알기쉬운 식품위생학. 효일, 2011.

김덕웅 외. 21C 식품위생학. 수학사, 2015.

김양숙 외. 급식소 식품접촉표면 위생 모니터링 도구로서의 ATP Luminometer 적합성 확인. 한국식품영양과학회지 39(11): 1719-1723, 2010.

김영조 외 6인. 축산물가공품에서 건조필름법과 TEMPO®TVC 검사법의 총세균수 비교분석. 한국식품위생안전성학회지 27(1): 103-107, 2012.

김윤정 외 3인. 해양미세조류 에탄올 추출물의 항균활성에 관한 연구. 한국식품과학회지 49(4): 390-395, 2017.

김현정. 식품안전관리를 위한 미생물 위해평가. 식품과학과 산업 46(1), 2013.

김현주 외. 신기술 이용 중독균 산속검출법 개발 동향 분석. 한국식품영양과학회지 25(4): 376-387, 2010.

노완섭 외. 식품미생물학. 지구문화사, 1995.

농림축산검역본부 동물질병관리부 동물약품평가과. 국내산 식육잔류물질 검사결과 보고, 2017.

농수축산신문. 한국식품연감(사조사, 1996~1998).

문범수. 식품첨가물. 수학사, 1998.

백형희. 재미있는 식품첨가물. 수학사, 2016.

성승미, 이종경 외. Systematic analysis 방법을 이용한 국내 엽경채류 농산물의 미생물학적 오염도 분석. 식품위생안전성학회, 2017.

송재철 외. 식품첨가물. 지성출판사, 1998.

송재철. 식탁 위의 식품첨가물 공포와 부업의 혁명. UUP, 2008.

송형익 외 5인. 식품위생학. 지구문화사, 2009.

식품안전사전 편찬위원회 편. 종합식품안전사전. 한국사전연구사, 1997.

식품의약품안전처 식품의약품안전평가원. 미생물 위해평가지침서, 2011.

식품의약품안전처 식품의약품안전평가원. 수산물 중 잔류동물용의약품 모니터링 연구, 2015.

식품의약품안전처 식품의약품안전평가원. 위해평가보고서 작성 가이드라인, 2015

식품의약품안전처 식품의약품안전평가원. 축산물 중 잔류동물용의약품 신속검사법개선 및 모니터링, 2015.

식품의약품안전처 첨가물기준과. 식품첨가물 바로알기, 2017.

식품의약품안전처 첨가물기준과. 식품첨가물 용도 중심으로 분류체계 개편, 2015.

식품의약품안전처 첨가물포장과. 식품첨가물 관리동향, 2009.

식품의약품안전처 축산물기준과. 식품의 농약 잔류허용기준(Pesticides MRLs in Food), 2016.

식품의약품안전처. 미생물 위해 기술서 I, II. 2016

식품의약품안전처, 어린이급식관리지원센터. 어린이 급식관리 지침서, 2015.

식품의약품안전처. HACCP 평가 매뉴얼, 2013.

식품의약품안전처. 단순처리 농·수산물 위생관리 매뉴얼, 2016.

식품의약품안전처. 식재료 관리 및 위생관리 매뉴얼.

식품의약품안전처. 식품 등 기준설정 원칙 및 적용, 2014.

식품의약품안전처. 식품 중 잔류동물용의약품! 무엇이 궁금하세요?, 2008.

식품의약품안전처. 식품첨가물의 기준 및 규격 설정과 사용기준 개정 신청에 관한 가이드라인, 2017

식품의약품안전처. 알아두면 힘이되는 식품 알레르기 표시바로알기, 2016.

식품의약품안전처. 유전자변형식품 올바로 알아보기, 2016.

식품의약품안전처. 집단급식소 등 위생관리 매뉴얼. 서울특별시 식품안전정보, 2010.

식품재료사전 편찬위원회 편. 식품재료사전. 한국사전연구사, 2001.

신광순 외. 최신식품위생학. 신광출판사, 1998.

신동화 외. 식품위생안전성학. 한미의학출판사, 2001.

양철영 외. 축산식품이용학. 형설출판사, 1998.

오세욱 외. 재미있는 식품위생학. 수학사, 2012.

오태영 외 7인. 경기지역 학교 단체급식소 식품 및 환경 중 식중독균 분석. 한국식품영양과학회지 44(12): 1895-1904, 2015.

윤혜경. 식품위생학. 효일문화사, 1998.

이다연 외 4인. Prevalence and Classification of Escherichia coli Isolated from bibimbap in Korea. 한국식품과학회지 47(1): 126-131, 2015.

이은지. 한국인 상용식품 중 카드뮴 및 납 데이터베이스 구축 및 식품으로 인한 카드뮴 및 납 노출의 역학적 특성. 서울대 보건대학원 학위논문, 2015

이종경 외 6인. 최근 2년간(2009-2010) 우리나라 병원성 대장균 식중독 역학조사 보고서 분석. 한국식품위생안전성학회지 27(4): 366-374, 2012.

이종경 외. Systemic Analysis of Foodborne Disease Outbreak in Korea. *Foodborne Pathogens and Disease*, 2016

이종경 외. 식품미생물학. 파워북, 2014.

이종경. 식중독 저감화를 위한 CODEX 미생물학적 위해관리 정책의 절차 및 영국의 활용 사례. 식품과학과 산업 46(1), 2013.

이종경. 농식품 안전에 관한 국제 논의동향 및 시사점. 세계식품과 농수산, 2017.

장현기 외. 식품위생학 및 실험. 형설출판사, 1997.

조양희. 제외국의 식품첨가물 제도 및 관리현황. 식품산업지, 2004.

최성희. 식품첨가물의 섭취량 평가. 식품과학과 산업 49(1), 2016.

최해연, 김학연, 윤혜려, 성정인, 김옥선, 권수연. 식품위생학 및 법규. 파워북, 2014.

한국식품과학회 편. 식품과학용어집. 교문사, 2015.

한국식품영약학회 편. 식품영양학사전. 한국사전연구사, 1997.

한명규. 최신식품학. 형설출판사, 1997.

藤原喜久夫, 粟飯原景昭監修, 食品衛生ハンドブック(南江堂), 1992

Bojan Papić, Mateja Pate, Urška Henigman, Urška Zajc, Igor Gruntar, Majda Biasizzo, Matjaž Ocepek, Darja Kušar, New Approaches on Quantification of Campylobacter jejuni in Poultry Samples: The Use of Digital PCR and Real-time PCR against the ISO Standard Plate Count Method. *Frontiers in Microbiology* 9, 2017.

CODEX. Food hygiene Basic texts Fourth edition, 2009.

Cody M.M., Keith, M. *Food safety For professional: a reference and study guide*. The American Dietetic Association, 1991.

Cole M. Priciples of microbiological testing: statistical basis of sampling, symposium on Relating Microbiological Testing and Microbiological Criteria to Public Health Goals, http://www.icmsf.org/pdf/Nov05Symp/ColeFinal2.pdf, 2005.

Daya Marasini, Mohamed K. Fakhr, Exploring PFGE for Detecting Large Plasmids in *Campylobacter jejuni* and *Campylobacter coli* Isolated from Various Retail Meats. *Pathogens* 3(4): 833–844, 2014.

Draghici Sorin, Khatri Purvesh, Eklund Aron C., Szallasi Zoltan. Reliability and re-producibility issues in DNA microarray measurements. *Trends in Genetics* 22(2): 101–109, 2005.

Elaheh Hashemi, Mehdi Forouzandeh. Designing a new biosensor "DNA ELISA" to detect *Escherichia coli* using genomic DNA and comparison of this method to PCR-ELISA. *Journal of Enzyme Inhibition and Medicinal Chemistry* 33(1): 722–725, 2018.

Eva Hong, Michel Doumith, Sandra Duperrier, Ines Giovannacci, Anne Morvan, Philippe Glaser, Carmen Buchrieser, Christine Jacquet, Paul Martin. Genetic diversity of *Listeria monocytogenes* recovered from infected persons and pork, seafood and dairy products on retail sale in France during 2000 and 2001. *International Journal of Food Microbiology* 114(2): 187–281, 2007.

Filipe Dantas-Torres. Rocky Mountain spotted fever. *The Lancet: Infectious diseases.* 7(11): 724-732, 2007.

Food and agriculture organization of the united nation, http://www.fao.org

Forsythe S.J., Hayes P.R. *Food Hyglene, Microbiology and HACCP* 3[rd] ed. Aspen publishers, Inc. Maryland, USA, 1998.

Griffiths M.W. Applications of bioluminoscence in the dairy industry. *J Dairy Sei* 76: 3118–3125, 1993.

International Commission on Microbiological specification for Foods. *Microbiological testing in food safety management.* New York, NY: Kluwer Academic/Plenum publisher, 2002.

J.M. Farber, P.I. Peterkin. *Listeria monocytogenes*, a food-borne pathogen. *Microbiology and Molecular Biology Reviews* 55(3): 476–511, 1991.

James M. Jay et al. *Modern Food Microbiology* 7[th] edition. Springer Science & Business Media, 2008.

Jay J.M., Lossner M.J., Glolden D.A. *Modern Food Microbiology* 7[th] ed. Springer, 2005.

J.K. Lee et al. Systemic analysis of foodborne disease outbreak in Korea. *Foodborne*

*Pathogens and Disease*, 2016.

Knechtges P.L. *Food Safety. Theory and Practice.* Jones & Bartlett, LLC, an Ascend Learning Company. MA, USA., 2012.

Magdalena A. Olszewska, Helena Panfil-Kuncewicz, Łucja Łaniewska-Trokenheim. Detection of Viable but Nonculturable Cells of L isteria monocytogenes with the Use of Direct Epifluorescent Filter Technique. *Journal of Food Safety* 35(1): 86-90, 2015.

Marie Ragon, Thierry Wirth, Florian Hollandt, Rachel Lavenir, Marc Lecuit, Alban Le Monnier, Sylvain Brisse. A new perspective on Listeria monocytogenes evolution, *PLoS Pathogens* 4(9), 2008.

Marriott N.G., Gravani R.B. *Principles of Food sanitation* 5th ed. Springer, Inc. New York, USA, 2006.

Miren Iturriza-Gómara, Gagandeep Kang, Jim Gray. Rotavirus genotyping: keeping up with an evolving population of human rotaviruses, *Journal of clinical virology : the official publication of the Pan American Society for Clinical Virology* 31(4): 259-324, 2004.

Peck Michael W., Stringer Sandra C., Carter Andrew T. *Clostridium botulinum* in the post-genomic era. *Food Microbiology* 28(2): 183-191, 2010.

Ray, B. *Fundamental food microbiology* 2nd ed. CRC, 2000.

Sun Nana, Ding Yuan, Tao Zhexuan, You Hongjie, Hua Xiude, Wang Minghua. Development of an upconversion fluorescence DNA probe for the detection of acetamiprid by magnetic nanoparticles separation. *Food Chemistry* 257: 289-294, 2018.

Todar's online textbook of bacteriology http://textbookofbacteriology.net/nutgro.html, 2004.

UK 3M. 3M petrifilm plates and plate Reader Full Line Brochure-Brochure(PDF1.6MB). http://www.3m.com/product/information/Petrifilm-Plate.html, 2013.

UK Health Protection Agency Working Group. Guidelines for Assessing the Microbiological Safety of Ready-to-Eat Foods Placed on the Market. www.hpa.org.uk/webc/HPAwebFile/HPAweb_C/1259151921557, 2009.

US FDA. Bacteriological Analytical Manual (BAM) available from: http://www.fda.gov/Food/FoodScienceResearch/LaboratoryMethods/ucm2006949.htm, 2013.

WHO. *Five keys for safer food manual*, 2006.

WHO. *WHO estimates of the global burden of foodborne disease*, 2015.

### 참고 웹문서 및 웹사이트

식품 및 식품첨가물공전 http://www.foodsafetykorea.go.kr/foodcode/01_01.jsp 2017

식품공전 http://www.foodsafetykorea.go.kr/foodcode/index.jsp

식품안전나라 http://www.foodsafetykorea.go.kr/main.do

식품안전나라 식중독통계 https://www.foodsafetykorea.go.kr/portal/healthyfoodlife/foodPoisoningStat.do

식품위생법 http://www.law.go.kr/lsInfoP.do?lsiSeq=199799&efYd=20171219#0000

식품위생법 시행규칙 http://www.law.go.kr/lsInfoP.do?lsiSeq=200653&efYd=20180101#0000

식품의약품안전처 https://www.mfds.go.kr

식품의약품안전처. 식중독 발생시 위기대응 https://www.mfds.go.kr/fm/content/view.do?contentKey=22&menuKey=134

식품의약품안전처. 여름철 식중독 예방 대책 본격 시행 http://fm.mfds.go.kr/fm/article/view.do?articleKey=2022&searchTitleFlag=1&boardKey=5&menuKey=168&currentPageNo=2

식품의약품안전처. 역학조사 이해 https://www.mfds.go.kr/fm/content/view.do?contentKey=31&menuKey=159

위키피디아. 노로바이러스 https://en.wikipedia.org/wiki/Norovirus

한국식품안전관리인증원 https://www.haccp.or.kr/site/haccp/main 2017

한의신문(2018.01.16.). 식약처, 평창동계올림픽 앞두고 안전관리 모의훈련 http://www.akomnews.com/?p=390206

UK Seward Co. http://seward.co.uk/stomacher-400-circulator, 2013.

US FDA. https://www/fda.gov

https://commons.wikimedia.org/wiki/File:Salmonella_typhimurium.png

https://www.flickr.com/photos/82066314@N06/9663508671

찾아보기

## ㅊ



## ㅋ



## ㅌ



## ㅍ



## ㅎ



## A



## B



## C

# 저자 소개

**윤기선**
미국 로드아일랜드주립대학교 이학박사
현재 경희대학교 식품영양학과 교수

**엄애선**
한양대학교 이학박사
현재 한양대학교 식품영양학과 교수

**정윤경**
미국 오하이오주립대학교 이학박사
현재 한경대학교 웰니스산업융합학부 식품영양학전공 교수

**김경임**
고려대학교 이학박사
현재 혜전대학교 호텔조리계열 교수

**이종경**
영국 노팅엄대학교 이학박사
현재 한양여자대학교 식품영양학과 교수

**구옥경**
미국 퍼듀대학교 이학박사
현재 충남대학교 식품공학과 교수

개정판 식품위생학

2018년 9월 20일 초 판 발행
2022년 3월 5일 개정판 발행

지은이 | 윤기선 · 엄애선 · 정윤경 · 김경임 · 이종경 · 구옥경
발행인 | 유제구
발행처 | 파워북
주 소 | 경기도 고양시 일산동구 호수로 358-25
동문타워 2차 529호
전 화 | (02) 730-1412
팩 스 | (031) 908-1410
등 록 | 1997년 1월 31일 제2014-000067호

정 가 22,000원
ISBN 978-89-8160-473-8 (93590)

잘못된 책은 바꿔드립니다.